U0175652

燃煤锅炉运行技术

方久文　著

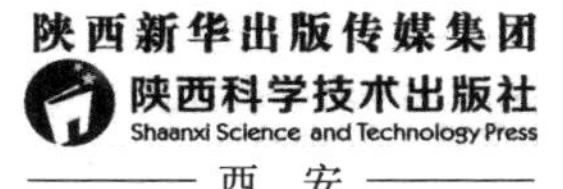

西　安

图书在版编目（CIP）数据

燃煤锅炉运行技术/方久文著.—西安：陕西科学技术出版社，2021.1

ISBN 978-7-5369-7969-7

Ⅰ.①燃… Ⅱ.①方… Ⅲ.①燃煤锅炉-锅炉运行 Ⅳ.①TK229.6

中国版本图书馆CIP数据核字（2020）第235719号

RANMEI GUOLU YUNXING JISHU

燃煤锅炉运行技术

方久文 著

责任编辑 高 曼 刘亚梅

封面设计 人文在线

出 版 者 陕西新华出版传媒集团 陕西科学技术出版社
西安市曲江新区登高路1388号陕西新华出版传媒产业大厦B座
电话（029）81205187 传真（029）81205155 邮编710061
http://www.snstp.com

发 行 者 陕西新华出版传媒集团 陕西科学技术出版社
电话（029）81205180 81206809

印 刷 凯德印刷（天津）有限公司

规 格 710mm×1000mm 16开

印 张 20

字 数 336千字

版 次 2021年1月第1版
2021年1月第1次印刷

书 号 ISBN 978-7-5369-7969-7

定 价 78.00元

前　言

这是一本关于锅炉运行调整技术的书。作者根据锅炉的原理、设备特性、系统构成等知识，结合多年的研究心得和实践经验，对实际工作中多个“碎片化”的小问题进行归纳提炼，较系统地介绍锅炉的运行调整，空预器技术，锅炉燃烧技术，风烟系统运行，电厂的脱硫、脱硝、脱汞、除尘等环保技术，火电厂制粉系统等内容。本书既有传统技术的传承，又有超临界与超超临界等新技术专题、前沿的热电技术和实际应用介绍，能切实帮助从业人员进行燃烧调整、事故预防与处理等。

特别鸣谢在本书编写过程中给予技术支持的张忠厚先生。

本书在使用过程中将根据技术的发展，不断扩充、完善。对于本书的缺点与不足之处，敬请随时函告，以便再版时修改。

目　　录

第一章　锅炉本体

第一节　燃烧器失效

燃烧器失效，一般指的是燃烧器喷口过热、变形、磨损，如图 1 – 1 所示。

图 1 – 1　磨损的燃烧器

1. 产生原因

产生这些现象的原因很复杂，涉及燃烧器本身受煤粉高速冲刷和受到炉膛火焰辐射作用条件下热疲劳裂纹、剥落及变形磨损等问题。主要受以下因素影响：

（1）燃烧器的材质。

（2）风速和煤粉细度。

（3）调整不当造成局部超温。

2. 失效的影响

以最常见的直流燃烧器为例，燃烧器的喷口、中间盾体、浓缩器叶片都是两相流介质冲刷的直接受害者。

喷嘴的侵蚀主要是指喷嘴变形或出现裂纹。燃烧器喷嘴、隔板因暴露在炉膛中，直接接受炉膛的高温辐射热，局部产生应力集中，导致发生变形或裂纹（见图 1 – 2）。

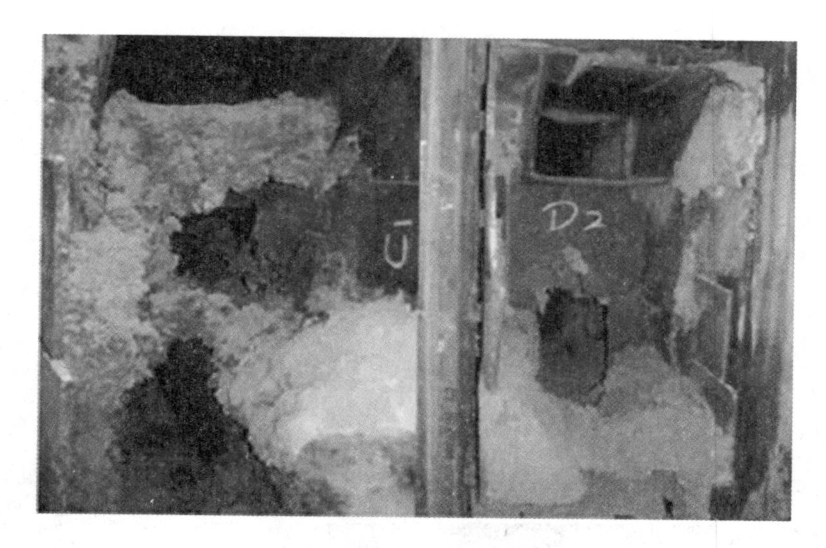

图 1-2　被冲刷磨损的燃烧器

另外一种损害燃烧器的原因是燃烧器的区域温度过高，炉膛内的火焰中心温度偏高，高温烟气对于燃烧器的辐射换热增强，如果燃烧器周界冷风量不足，就会导致燃烧器的喷口温度比较高，从而对燃烧器造成烧损。

在运行调整方面：首先是因为煤粉的着火距离比较近，由于通风的阻力较大，所以进口的一次风量比设计值要低，这样就会造成着火的距离比较近，进而造成燃烧器的烧损情况发生；其次是为了使机组的用电率得到有效降低，对于锅炉内的氧气含量控制不够，二次风的风速也不高，这样也会造成燃烧器的烧损；第三是由于煤质的变化因素也会对燃烧器产生一定的影响，入炉煤的煤质挥发分的变化范围比较大，设计的煤种相差甚远，在挥发分得到提高之后一次风喷口的煤粉着火的距离就会变近。在磨煤机停运时对应的燃烧器周界的风开度比较小，一次风的喷口没有得到及时的冷却，这就会使得燃烧器发生烧损。

燃烧器失效后造成的最恐怖的后果就是喷口附近的水冷壁管子容易发生局部磨损。其特征是：局部磨损面积比其他受热面（过热器、省煤器等）管子大。我们都知道，二次风风速较高，大约是一次风的 2 倍，二次风射流喷出后，不断卷吸周围的空气，同时还不断卷吸其上下的一次风粉混合物。如若燃烧器失效造成二次风刷墙，则卷吸的煤粉就会磨水冷壁，磨损面减薄后在管内高压炉水作用下翻开，呈开窗状泄漏点，造成大量炉水喷入炉膛。

如果泄漏发生在上一次风喷口附近，则炉膛火焰马上被水浇灭；如果泄漏发生在下二次风喷口附近，也会因为锅炉保持不了水位而被迫紧急停炉。所以对于单元制机组来说，喷口附近的水冷壁磨损会造成停炉停机事故，给电网安全带来威胁。

如果燃烧器二次风喷口因失效导致风量不足，会使喷口处的温度急剧上升，最大可相差500℃左右。即使锅炉用耐热钢板，也会发生烧变形的情况，从而加剧磨损。

3. 如何应对

（1）合理投运周界风。高负荷时开启周界风，加强一次风强度，防止煤粉扩展而冲刷周围水冷壁，并及时补充燃烧所需氧量，同时削弱水冷壁附近的还原性气氛，避免水冷壁发生高温腐蚀；低负荷时可以满足在停磨后上层一次风喷口的冷却要求，防止燃烧器的烧坏。

（2）利用停炉机会，检查燃烧器的安装角度，确保炉膛设计切圆的正确。做好机组一次风速的冷、热态的调匀试验及二次风的冷态挡板特性试验，保证炉膛火焰中心不偏斜。

（3）运行人员及时掌握入炉煤种的变化，根据煤质分析报告，相应调整好制粉系统的运行，保证煤粉细度在最佳范围。同时在高低负荷工况时，调整好炉内燃烧，调整好一次风、二次风的配比，保证炉膛火焰不偏斜。

（4）重新设计燃烧器，材质更换为耐热铸钢喷口，可以有效防止运行中的高温变形。

第二节 等离子燃烧器结焦原因分析

1. 等离子燃烧器结焦图（图1-3）

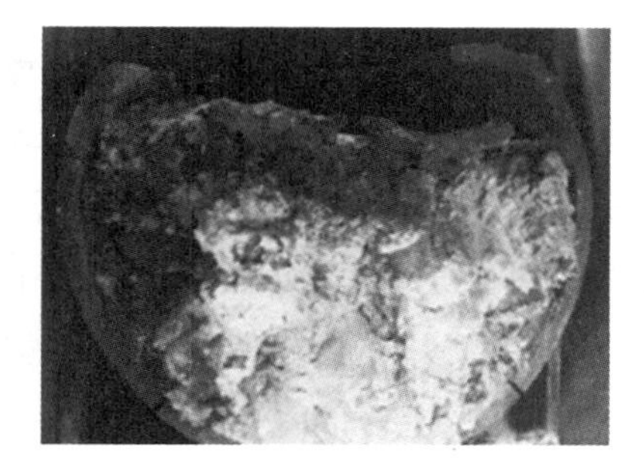

图1-3 结焦后的燃烧器

2. 等离子点火过程

等离子燃烧器是借助等离子发生器的电弧来点燃煤粉，与以往的煤粉燃烧器相比，等离子燃烧器在煤粉进入燃烧器的初始阶段采用等离子弧将煤粉点燃，并将火焰在燃烧器内逐级放大，属于内燃型燃烧器。这种燃烧器可在炉膛内无火焰状态下直接点燃煤粉，从而实现锅炉的无油启动和无油低负荷稳燃。

为了扩大燃烧器对一次风速的适应范围，等离子燃烧器的最后一级煤粉可不在燃烧室内燃烧而直接进入炉膛，因为煤粉燃烧释放出的热量使空气体积迅速膨胀，受燃烧器内空间的限制，燃烧室内的风速会成倍提高，造成火焰扩散的速度小于煤粉的传播速度而导致燃烧不稳，最后一级煤粉直接进入炉膛内燃烧有利于降低燃烧室内的风速，使等离子燃烧器对风速的要求降低了 30%，燃烧更为稳定，煤粉燃尽度也大大提高（图 1 -4）。

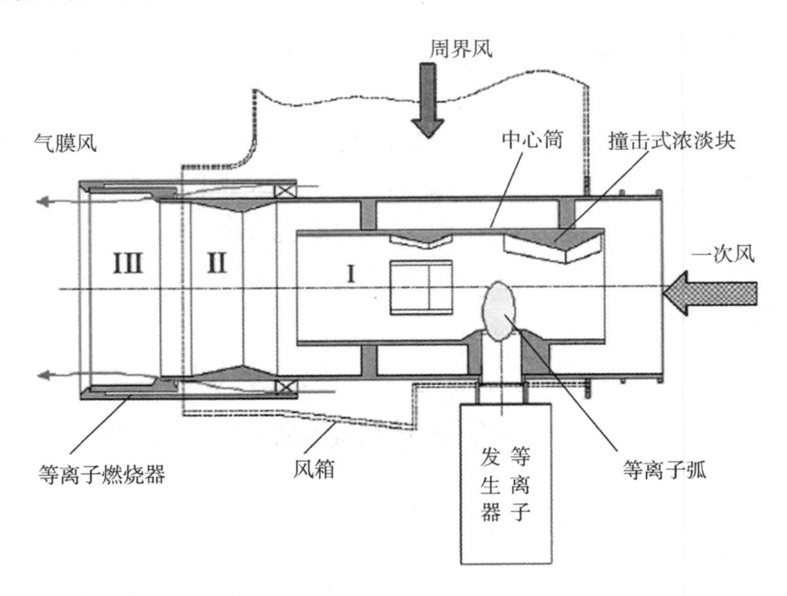

图 1 -4　等离子燃烧器结构

煤粉浓度影响煤粉的着火温度，在点火区适当提高煤粉浓度有利于点火。等离子燃烧器内通过采用撞击式浓缩块获得点火区的相对较高浓度。当燃烧器前有弯头，因弯头的分离作用可能造成中心筒点火区的煤粉浓度降低。为了解决这个问题，通常在弯头内加入弯板或扭转板，改变进入点火区的煤粉浓度分布，图 1 -5 示意了加装扭转板后，高浓度煤粉位置的变化。

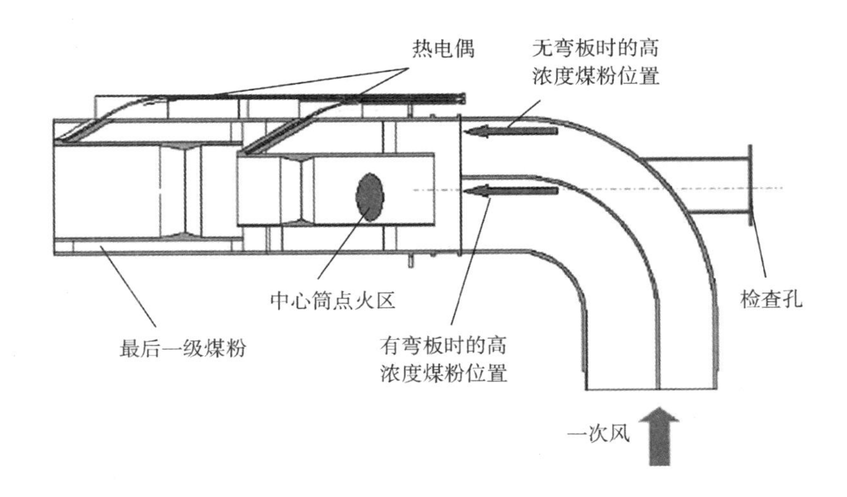

图 1－5 加装扭转板的燃烧器

3. 冷却水泄漏造成煤粉沉积

等离子阴极在运行一段时间后，容易发生穿孔泄漏，冷却水在燃烧器内筒形成水幕，煤粉变湿沉积，堵塞内筒。如果发现及时，可以停运燃烧器并进行吹扫，但由于等离子燃烧器没有观察孔，内筒堵塞难以发现。当等离子再次拉弧，或因为接受炉膛火焰的高温辐射，沉积的煤粉着火燃烧，轻则导致喷口结焦，严重的造成内筒堵塞，从而造成整个等离子装置的退出。

目前，对于四角切圆燃烧，等离子燃烧器通常布置在磨煤机一端的风管出口，另一端采用常规燃烧器。因等离子燃烧器流通面积少，其阻力要明显高于常规燃烧器，这会引起磨煤机煤粉气流分布不均匀，进而导致等离子燃烧器所对应的磨煤机出口端流量低。如果磨煤机运行中维持的风量较低，等离子燃烧器的喷口将发生煤粉沉积，沉积的煤粉受火焰辐射、高温烟气回流加热而着火，造成喷口结焦堵塞。这时，阻力进一步增加，煤粉沉积加剧，引起燃烧器内筒大量结焦或烧毁。

4. 吹扫不力

燃烧器停用后，没有及时吹扫；有时由于风门故障或紧急停磨时吹扫，燃烧器喷口沉积的煤粉着火，都会造成燃烧器喷口结焦或烧毁。

第三节　短暂的燃烧

煤的燃烧过程：煤从进入炉膛到燃烧完毕，一般经历4个阶段：

（1）水分蒸发阶段。当温度达到100℃左右时，水分全部被蒸发，这个阶段煤是不发热的，而是要大量吸热。

（2）挥发物着火阶段。煤不断吸收热量后，温度继续上升，挥发物随之析出。当温度达到着火点时，挥发物开始燃烧，这个温度就是煤的着火温度。例如褐煤，挥发分析出温度为130～170℃，着火温度为300～400℃，这就解释了为什么在掺烧褐煤的安全措施中，规定了磨煤机入口温度不能高于280℃的原因。挥发物燃烧速度快，一般只为煤整个燃烧时间的1/10左右，但它在整个燃烧中起到的作用却是举足轻重的。

（3）焦炭燃烧阶段。煤中的挥发物着火燃烧后，余下的炭和灰组成的固体物便是焦炭。焦炭燃烧需要大量的氧气，以便释放出大量的热能，而大部分的烟气生成物就是在这个阶段产生的。因此挥发分与焦炭燃烧的关系很微妙，这种变化烧锅炉的人最能体会到。

（4）焦炭燃尽阶段。此时焦炭温度上升很快，固定炭剧烈燃烧，放出大量的热量。

整个过程以着火开始，以燃尽结束，过程短暂。

第四节　MFT的效用

主燃烧跳闸（main fuel trip，MFT），是锅炉安全保护的核心内容。它的作用是连续监视预先确定的各种安全运行条件是否满足，一旦出现可能危及锅炉安全运行的工况，就会快速切断进入炉膛的燃料，避免事故发生。锅炉安全灭火保护逻辑监视燃料及炉膛情况并产生跳闸信号来切断油、燃料或整个锅炉的燃料。至于切断哪个燃料需要看具体哪个条件超过了定值。跳闸后画面上会给出首次跳闸原因的指示，这样操作员就可以进行正确的判断并采取必要的补救措施。当锅炉吹扫结束后，MFT首出才会被复位。

一般工厂里的保护大同小异：

汽机跳闸；

送风机全停；

引风机全停；

总风量小于30%；

炉膛压力高2值；

炉膛压力低2值；

汽包水位高3值；

汽包水位低3值；

空气预热器全停；

失去火检冷却风；

全炉膛灭火；

全燃料丧失；

所有给水泵停运；

2台1次风机停运；

手动停炉；

再热保护丧失；

脱硫系统综合保护；

脱硝综合保护。

MFT设计成软硬件互相冗余的，当MFT条件出现时软件会送出相应的信号来停掉相关的设备，同时MFT继电器也会向这些设备中的绝大部分送出一个硬接线信号来停掉它们。如MFT发生时，保护逻辑会通过相应的模块输出信号来关闭油母管跳闸阀，同时MFT接点也会送出信号来直接关闭该闸阀。这种软硬件互相冗余有效提高了MFT动作的可靠性。

第五节 锅炉MFT动作后的处理

MFT监视各种运行条件，一旦条件达到威胁锅炉安全运行设定值时，触发MFT，联动相关设备，保护锅炉。

一旦发生锅炉MFT，值班员要及时通知主值及值长，处理过程包括3个方面：锅炉专业、汽机和电气专业和辅机专业。

1. 锅炉专业

第一步：检查锅炉连锁动作情况，简单记忆为“三断”即断煤、断油、断水。

具体来讲：

断煤：一次风机停运，磨煤机停运，磨机出口关断门关闭，给煤机停运。

断油：供回油快关阀关闭，所有油角阀关闭，油枪全部在退出位。

断水：此处水指的是减温水，关闭过热器和再热器减温水的电动门和调门。

另外，值班员还要检查空预器、炉膛吹灰枪自动退出和脱硝系统跳闸等情况。

第二步：查明 MFT 动作原因。

（1）全厂失电造成，全面解除连锁备用。如若锅炉保安段已恢复，应立即启动空预器、火检冷却风机和停机冷却水泵运行；如若锅炉保安段短时间无法恢复，应立即派人就地关闭空预器入口烟气挡板，手动盘空预器运行。另外还应注意锅炉超压和锅炉闷炉问题，直至厂用电恢复并进行吹扫。

（2）若是其他简单原因造成，检查火检风机和空预器运行正常，手动调整炉膛负压，调整总风量，进行炉膛吹扫，进行闷炉。另外，压力过高时还应通过 PCV 阀或高低旁泄压，尽早启动炉水循环泵运行，以防水冷壁温差过大，造成水冷壁管拉裂。

第三步：派人就地全面检查锅炉本体。

关闭所有油枪手动门和隔绝拱上油循环，MFT 原因查明后，需极热态启机，应注意以下几点：

（1）主汽压升得快，主汽温升得慢甚至回落。应利用高低旁路综合调整汽温和汽压。

（2）超温。燃料量不能加太快，特别是煤的控制。另外，由于炉膛初期燃烧不稳，送风不宜过多。

（3）大屏和过热器超温，而最开始时过热器减温水效果很差，应收小过热器挡板，甚至不影响炉膛燃烧的情况下关至零位，造成的再热器超温用减温水调节。

（4）冲转参数的匹配，特别是汽温的控制，不应操之过急，造成汽机进水。

2. 汽机和电气专业

第一，汽机专业。

检查大连锁动作正常：汽机跳闸，发变组开关跳闸。

（1）检查汽机跳闸的原因，是否应破坏真空停机。

（2）大机转速下降，主汽门、调门、中主门已关闭至零位，派人就地检查确实已关闭，就地转速表在下降，大机声音振动正常。

（3）大机联动设备正常，小机跳闸，高排逆止门、BDV、VV 阀打开，割断抽汽逆止门、电动门关闭，管路疏水已打开。

（4）全厂失电下应紧急启动大机直流油泵和密封油泵，一般正常情况下应启动 TOP、MSP、顶轴油泵 1 台运行。

（5）保轴封压力，隔断辅汽联箱的其他用户，专门用辅汽保轴封，关闭溢流主路和旁路门，如若保不住，应开启冷再至轴封的起源。如若保持不住，应开启主蒸汽至轴封汽源，这一路起源因压力太高，应尽量避免使用。

（6）循环水中断的停机，应派人隔绝一切进入凝汽器的疏水，DCS 上管路疏水气动门应全部关闭，密切监视机组排汽压力和温度。

（7）调整凝汽器、除氧器水位正常，及时调整氢温和大小机油温正常。

（8）监视大机 TSI 参数，大机零转速时应投入盘车运行。

第二，电气专业。

（1）发变组开关跳闸，立即派人去升压站和继保室检查动作正常。

（2）检查灭磁开关跳闸。

（3）检查厂用电切换成功。

（4）若是厂用电全失，立即启动柴发，派人去就地检查，然后联系地调通过 110kV 尽早恢复保安段运行。另外还应检查 UPS、110V、220V 是否正常。

3. 辅机专业

锅炉 MFT 后，处理好主机的同时，应迅速通知化学专业和脱硫除灰专业，检查电除尘就地已跳闸，特别是机组全厂失电时，化学隔离高温盘间取样仪器、加强检查氢站、酸罐等危险化学品。

脱硫保安段（柴发联起不成功则应断开脱硫保安负荷，防止锅炉保安过负荷）恢复以后及时启动脱硫塔浆液搅拌器，当然所有跳闸设备都应检查复位。若厂用电恢复，化学人员应迅速对工业水泵送电，以便机组使用冷却水。

第六节 FSSS 系统

炉膛安全系统（furnace safeguard supervisory system，FSSS），当锅炉启动、点火、运行或工况突变时，保护系统监视有关参数和状态的变化，防止锅炉或燃烧系统煤粉的爆燃，并对危险状态做出逻辑判断和进行紧急处理，停炉后和点火前进行炉膛吹扫等保护措施，实现炉膛安全监控的系统。

FSSS 系统是现代大型锅炉设备使用的保护控制系统。它是根据一定的程序以及设备的允许条件完成锅炉的启动、升负荷、正常运行监视和事故连锁保护等功能，以提高设备的可靠性和运行的经济性。

FSSS 系统是由火焰检测、油层控制、煤层控制、电源装置和主逻辑控制 5 部分构成。它具有以下主要功能：

（1）监视锅炉各燃烧器火焰及全炉膛火焰。

（2）当炉膛正、负压力超过规定值时，发出报警信号，提醒运行人员注意。

（3）当炉膛火焰出现燃烧不稳的临界状态时，及时发出报警信号，警告运行人员迅速进行燃烧调整。

（4）当出现危及锅炉安全运行情况，如突然灭火、给水中断、送风中断等，应立即切断锅炉的所有燃料供给，防止锅炉发生恶性事故，这称为主燃料跳闸功能（MFT）。

（5）当主燃料跳闸以后，在满足一定的吹扫条件下进行自动吹扫，消除炉膛内残余的可燃物质，防止点火时爆燃。

（6）自动记忆引起主燃料跳闸的首次原因及事故发生的时间，以供分析判断事故情况参考。

（7）在吹扫完成以后，对每个油燃烧器进行自动点火。

（8）当油燃烧器点燃以后，允许启动磨煤系统，煤粉燃烧器自动投入运行。

（9）能对事故发生的原因和参数进行追忆，按顺序打印出产生事故的各种原因及参数变化情况。

FSSS 系统有以下几种跳闸条件：

（1）2 台送风机全停。

（2）2 台引风机全停。

（3）有煤无油一次风全停。

（4）汽机跳闸。

（5）全炉膛灭火。

（6）汽包水位高。

（7）汽包水位低。

（8）风量 <30%。

（9）炉膛压力高。

（10）炉膛压力低。

（11）失去所有燃料跳闸。

（12）总风量 <25%。

（13）2 台空预器均停。

第七节 锅炉炉管失效原因

新机组发生的炉管失效主要是由于管材不合格（包括错用钢材）、异物堵塞等引起的爆管和由焊接接头缺陷引起的泄漏造成的。老机组发生的炉管失效主要是由不同超温幅度引起的过热爆管、管子内外壁被腐蚀、热疲劳、飞灰磨损等造成的。

1. 长期过热爆管

炉管由于长期处于超温状态运行而发生蠕变破裂的现象称为长期过热爆管。长期过热爆管的破口具有蠕变断裂的一般特征。管子呈脆性断裂特性，破口粗糙、边缘为不平整的钝边；壁厚减薄不多，内外壁有一层较厚的易剥落的氧化物，沿破口周围有很多平行于破口的纵向裂纹，整个破口张开不大。其微观特征是在破口附近有许多类平行的沿晶小裂纹和晶界孔洞，珠光体区域形态消失，晶界有明显的碳化物聚集，背火侧组织明显好于向火侧组织。

2. 短时过热爆管

炉管在运行中由于冷却条件的恶化，使部分管壁温度短时间内迅速上升至钢的下临界点附近，甚至可达上临界点以上。在此温度下，管子向火侧产生塑性变形、管径胀粗、管壁减薄而爆管的现象称为短时过热爆管。短时过热爆管的破口具有完全延性断裂的特征。爆管胀粗明显，破口张开很大，呈喇叭状；破口表面比较光滑，边缘锋利呈刀刃形，破口附近没有裂纹。其微观特征是破口处金属出现相变或不完全相变组织，未相变的铁素体沿变形方向被拉长，而背火面组织变化不大，如图 1 -6 所示。

图 1 -6　短时过热炉管

第八节　超临界锅炉受热面损坏的原因与处理

1. 影响

在锅炉设备的各类事故中，受热面（省煤器、水冷壁、过热器、再热器）泄漏、爆破等损坏事故最为普遍，约占各类事故总数的 30% 左右。锅炉受热面一旦发生泄漏或爆破，大多均须停炉后方可处理，由此造成的经济损失将是巨大的。当受热面发生爆破时，由于大量汽水外喷将对锅炉运行工况产生较大的扰动，爆破侧烟温将明显降低，使锅炉两侧烟温偏差增大，给参数的控制调整带来了困难。水冷壁发生爆管时，还将影响锅炉燃烧稳定性，严重时甚至会造成锅炉熄火。当受热面发生泄漏或爆破后，如不及时调停处理，还极易造成相邻受热面管壁的吹损，并对空气预热器、电除尘、吸风机等设备带来不良的影响。因此，发生受热面损失事故后应认真查找原因，制定防止对策，尽量减少泄漏或爆管事故的发生。

2. 原因

锅炉受热面发生泄漏或爆破，一般来说，主要有如下原因：

（1）制造质量方面的原因。

受热面材质不良，设计选材不当或制造、安装、焊接工艺不合格。

（2）设计、安装方面的原因。

受热面支吊或定位不合理，造成管屏晃动或自由膨胀不均，管间或屏间相对位移、相互摩擦损坏管子，吹灰器喷嘴位置不正确造成吹损管子。

（3）材质变化方面的原因。

给水品质长期不合格或局部热负荷过高，造成管内结垢后严重，垢下腐蚀或高温腐蚀，使管材强度降低。由于热力偏差或工质流量分配不均造成局部管壁长期超温，强度下降。由于飞灰磨损造成受热面管壁减薄或设备运行年久、管材老化所造成的泄漏和爆管事故是较为常见的故障。此外，对于直流锅炉而言，如发生管内工质流量或给水温度的大幅度变化，还将造成锅内相变区发生位移，从而使相变区壁温产生大幅度的变化导致管壁疲劳损坏。

（4）运行及其他方面的原因。

造成炉管泄露或爆破的原因是多种多样的，其中有设备问题也有运行操作上的问题。如吹灰压力控制过高或疏水不彻底造成的吹损管壁、由于燃烧不良造成的火焰冲刷管屏以及大块焦渣坠落所造成的水冷壁管损坏等。此外，受热面管内或水冷壁管屏进口节流调节阀或节流圈处结垢或被异物堵塞，使部分管子流量明显减少、管壁过热而造成的设备损坏事故，运行中也较为常见。

3. 现象与处理

锅炉受热面损坏时炉膛或烟道内可听到泄露声或爆破声，锅炉各参数由于自动调节虽基本保持不变，但给水流量却不正常地大于主蒸汽流量，锅炉两侧烟温差、气温差将明显增大，受热面损坏侧的烟温将大幅度降低，炉内燃烧可能不稳，严重时甚至造成锅炉熄火。在炉膛负压投自动的情况下吸风机开度将自行增大，电流增加。在吸风未投自动时，炉膛负压将偏正，此时应立即手操开大吸风，维持炉膛负压正常。

当受热面泄露不严重尚可继续运行时，应及时调整燃料、给水和风量，维持锅炉各参数在正常范围内运行。给水自动如动作不正常时应及时切至手操控制，必要时还可适当降低主蒸汽压力或降低锅炉运行负荷，严密监视泄露部位的发展趋势，做好事故预案，向总工程师汇报，申请调度停炉并做好停炉前的准备工作。

如受热面泄露严重或爆破，使工质温度急剧升高，导致管壁严重超温，不能维持锅炉正常运行或危及人身、设备安全时，应即按手动紧急停炉进行处理。停炉后为防止汽水外喷，应保留吸风机运行，维持正常炉膛负压，直至泄露或爆破处蒸汽基本消失后方可停用吸风机。为了防止电除尘器极板积灰，应立即停止向电除尘器供电，保持电除尘器连续振打方式。为了防止灰斗堵灰，应将电除尘器、回转式空气预热器、省煤器灰斗内的积灰放尽。

此外，还应制定好泄露或爆破点附近及周围（如省煤器灰斗等）防止汽、水喷出伤人的安全措施。若受热面爆破引起锅炉全熄火或角熄火时，则应按锅炉熄火 MFT 处理。由于受热面损坏引起主蒸汽温度、再热蒸汽温度过高、过低或两侧偏差过大时，还应结合汽温异常的有关要求进行处理。

第九节　亚临界机组再热器失效案例

案例锅炉由哈尔滨锅炉厂有限责任公司制造，型号为 HG－2045/17.4－PM6，锅炉露天布置，属亚临界、单炉膛、一次中间再热、平衡通风、固态排渣、控制循环汽包炉。2011 年 8 月 30 日，2#锅炉炉管泄漏报警，紧急停炉检修，发现其屏式再热器由 A 向 B 数第 26 屏由外向内数第 4 根管子泄漏，泄漏位置为管子迎烟侧弯头处，同时吹漏周围 3 根管子。检查发现，2#炉屏式再热器管自下弯头向上区域外表面存在明显结焦现象，尤其是外第 4、第 5 圈材质为 12Cr1MoVG 的管子，迎烟侧区域外壁结焦较为严重。截至 2011 年 9 月 2 日停炉，2#炉累计运行时间 45859h，启停合计 30 次。为确定漏泄原因及材质状况，对后屏再热器进行了取样分析。

1. 设备概述

（1）屏式再热器基本情况。

屏式再热器位于炉膛上部折焰角旁的烟道口处。

屏式再热器共有 44 屏，每屏 18 根（圈），管子规格 ϕ70mm×4mm。其中外 3 圈管材质为 SA－213TP304H，外第 4 圈向内的 15 圈管材质均为 12Cr1MoVG。设计压力为 4.6MPa，12Cr1MoVG 管子蒸汽温度设计最高约 521℃，管子外壁温度约 563℃。

（2）取样情况。

本次共取 9 根管样，包括换下的泄漏管、吹损管及其附近对比试验管。所取管样均为材质 12Cr1MoVG 的 ϕ70mm×4mm 管子。

本次所取弯管6根，分别取自A向B数第17、26、27、38屏，包括5根前弯管、1根后弯管（注：迎汽侧弯管为前弯，其后斜管弯管为后弯）。所取直管3根，分别取自第26屏、第27屏前后弯管以上直管段。本次所取管样包含了泄漏管及附近不同管屏，同一管屏中的不同管子（第4、5根），同一管子的不同部位（前弯、后弯）不同区域（直管、弯管）。因此具有一定的代表性（表1－1）。

表1－1 取样管位置及编号

自编号	管样编号		取样位置
1#	弯管	A17－4	由A向B数第17屏，外向内第4根
2#		A26－4（泄漏弯）	由A向B数第26屏，外向内第4根
3#		A26－5（吹损管）	由A向B数第26屏，外向内第5根
4#		A27－4（吹损管）	由A向B数第27屏，外向内第4根
5#		A27－4（后弯）	由A向B数第27屏，外向内第4根后弯管
6#		A38－4	由A向B数第38屏，外向内第4根
7#	直管	A26－4弯上2m	由A向B数第26屏，外向内第4根直管
8#		A27－4（后弯上2m）	由A向B数第27屏，外向内第4根后弯直管
9#		A27－5（弯上直段）	由A向B数第27屏，外向内第5根直管

2. 试验分析

（1）宏观状态分析。

从宏观上看，所取2#炉屏再管样迎烟侧外表面存在较厚的氧化腐蚀结垢，外层较疏松呈土黄色，内层较坚实呈黑褐色。除泄漏管外，所取样管未见明显变形及胀粗现象。总体而言，不同管屏弯管外表面状况差别不大，均呈现弯管及向上区域迎烟侧外表面结垢现象；

同一管屏的不同管子略有差异，第4圈管比第5圈管氧化结焦区域更多更明显；

同一管子的不同部位存在差异，前弯管比后弯管结焦区域更明显；

同一管子自弯管3～4m以上的直管段相比弯管区域外壁结焦状况明显好转。

（2）高温拉伸试验。

根据来样情况，针对本次所取屏式再热器第A17－4（1#）、A26－4（7#）、A26－5（3#）、A27－4（8#）、A27－5（9#）、A38－4（6#）管的直管段，分别

在迎烟侧、背烟侧区域，各取1～2根纵向原厚度条状试样，进行高温拉伸试验。试验温度选取510℃，与屏式再热器管工质温度相近。试验结果从表1－2可以看出：

本次所取6根管样在510℃试验温度下，向火面、背火面的高温屈服强度指标满足GB5310－2008标准要求。

相比而言，同一根管样迎烟侧向火面强度均低于背火面。

弯管以上独立取样管段（7#、8#、9#试样），强度水平高于弯管附近管段。

对比《火力发电厂金属材料手册》所列12Cr1MoVG钢（热处理状态：980～1020℃正火、720～760℃回火），510℃高温拉伸性能统计值，本次所取管样高温抗拉强度 *Rm*、高温屈服强度 *Rp*0.2均偏低。其中高温抗拉强度最大降幅达25%（A17－4、A26－5管样），高温屈服强度最大降幅达20%（A17－4、A26－5、A38－4管样）。

表1－2　510℃高温拉伸试验结果

管样编号	取样位置	抗拉强度 *Rm*/MPa	屈服强度 *Rp*0.2/MPa	延伸率 *A*/%
1#（A17－4）	迎烟侧向火面－1	300	220	25.0
	迎烟侧向火面－2	305	225	24.0
	背火面－1	310	225	25.0
	背火面－2	310	235	25.0
3#（A26－5）	迎烟侧向火面	300	220	22.0
	背火面	370	300	24.0
6#（A38－4）	迎烟侧向火面－1	310	215	24.0
	迎烟侧向火面－2	335	240	25.5
	背火面－1	360	265	24.0
	背火面－2	330	240	24.5
7#（A26－4）	迎烟侧向火面－1	355	250	24.0
	迎烟侧向火面－2	330	260	27.0
	背火面－1	360	270	24.5
	背火面－2	360	270	28.5

续表

管样编号	取样位置	抗拉强度 Rm/MPa	屈服强度 Rp0.2/MPa	延伸率 A/%
8#（A27－4）	迎烟侧向火面－1	375	260	23.5
	迎烟侧向火面－2	380	270	25.5
	背火面－1	400	285	25.5
	背火面－2	395	290	24.5
9#（A27－5）	迎烟侧向火面－1	355	255	24.0
	迎烟侧向火面－2	375	245	24.0
	背火面－1	375	255	26.5
	背火面－2	385	260	25.5
GB 5310－2008 标准（12Cr1MoVG）		/	≥199	/
参考《火力发电厂金属材料手册》（510℃高温拉伸性能统计平均值）		404	272	/

（3）金相分析。

针对本次所取6根弯管、3根直管管样，分别在弯管处、直管段切取环形金相试样，横截面制样，在NEOPHOT－32金相显微镜下进行微观组织分析。

共对6个弯管区域、6个直管部位的向火面（迎烟侧）、背火面进行了微观组织分析，合计金相试样24个。其中，3个直管试样取自弯管附近管段（1#、3#、6#），另外3个直管试样取自现场送来的独立直管段（7#、8#、9#），这3段直管段取自弯管上2m处。

具体微观组织分析结果（表1－3）。

表1－3 微观组织分析结果

管样编号	取样部位		微观组织
A17－4	弯管（1#）	向火面	铁素体＋碳化物＋少量珠光体，球化级别：4级
		背火面	铁素体＋珠光体，球化级别：2～3级
	直管段（1#）	向火面	铁素体＋少量珠光体＋碳化物，球化级别：3～4级
		背火面	铁素体＋珠光体，球化级别：2～3级

续表

管样编号	取样部位		微观组织
A26－4（泄漏管）	弯管（2#）	向火面	铁素体＋碳化物，球化级别：5级
		背火面	铁素体＋碳化物＋少量珠光体，球化级别：3～4级
	直管段（7#）	向火面	铁素体＋碳化物，球化级别：3级
		背火面	铁素体＋珠光体，球化级别：3级
A26－5（吹损管）	弯管（3#）	向火面	铁素体＋碳化物＋少量珠光体，球化级别：5级
		背火面	铁素体＋珠光体，球化级别：3级
	直管段（3#）	向火面	铁素体＋碳化物＋少量珠光体，球化级别：4～5级
		背火面	铁素体＋珠光体，球化级别：3级
A27－4（吹损管）	弯管（4#）	向火面	铁素体＋碳化物，球化级别：5级
		背火面	铁素体＋碳化物＋少量珠光体，球化级别：4～5级
	弯管（5#）	向火面	铁素体＋少量珠光体＋碳化物，球化级别：3～4级
		背火面	铁素体＋珠光体，球化级别：3级
	直管段（8#）	向火面	铁素体＋碳化物，球化级别：3级
		背火面	铁素体＋珠光体，球化级别：3级
A38－4	弯管（6#）	向火面	铁素体＋碳化物，球化级别：5级
		背火面	铁素体＋碳化物＋少量珠光体，球化级别：3～4级
	直管段（6#）	向火面	铁素体＋碳化物＋少量珠光体，球化级别：4～5级
		背火面	铁素体＋珠光体，球化级别：3级
A27－5	直管段（9#）	向火面	铁素体＋碳化物＋少量珠光体，球化级别：3～4级
		背火面	铁素体＋珠光体，球化级别：3级

分析结果表明：

本次所取管样涉及的7根管子，向火面（迎烟侧）微观组织球化级别大多已接近完全球化，其中A26－4、A26－5、A27－4、A38－4，这4根管样弯管部位向火面球化级别已达5级，珠光体区域形态已完全消失，碳化物粒子在晶界分布并趋于形成双晶界，已达严重球化水平。

相比而言，同一根取样管弯管部位球化级别普遍高于直管段。管子同一部位，向火面（迎烟侧）球化级别明显高于背火面（非迎烟侧）。

内、外壁氧化皮厚度测定

针对本次所取管样横截面金相试样，采用金相分析方法进行内、外壁氧化物厚度测定。具体测定结果（表1-4）。本次测定结果为去除外表面所结焦垢后的实际氧化物厚度。

表1-4　内外壁氧化物厚度测定结果

管样编号		内壁氧化物厚度/mm	外壁氧化物厚度/mm	备注
A17-4	1#弯管处	0.10	0.15	横截面金相法测定
A26-4	2#弯管处	0.20	0.10	横截面金相法测定
	2#爆口附近	1.30	1.00	
A26-5	3#弯管处	0.30	0.60	横截面金相法测定
	3#直管处	0.10	0.08	
A27-4	4#弯管处	0.35	0.40	横截面金相法测定
A27-4	5#弯管处	0.10	0.08	横截面金相法测定
A38-4	6#弯管处	0.15	0.15	横截面金相法测定
	6#直管处	0.20	0.40	
A26-4	7#直管处	0.10	0.10	横截面金相法测定
A27-4	8#直管处	0.08	0.08	横截面金相法测定
A27-5	9#直管处	0.10	0.08	横截面金相法测定

综上可知，迎烟侧管子弯头处氧化物高，背烟侧低，屏再管排中间管子氧化物厚，靠两边稍低。但在靠近B侧，氧化物厚度又上升，并且对照2#炉末再热管壁温度，发现上述情况与之能很好吻合。屏再管子中间温度高，两侧温度低，而靠近B侧温度又上升。根据相关资料，管壁温度越高，其氧化物增加速度越快。

3. 综合分析

综合上述各项试验结果，我们认为，本次所取2#炉12Cr1MoVG钢管屏式再热器管已存在明显材质老化情况，尤其是迎烟侧弯管及以上结焦区域屏式再热器管段，处于炉膛上部折焰角旁的迎烟口处，管子外表面迎烟侧区域黏结了较厚的焦垢，该区域钢管处于长时局部过热状态，致使管材微观组织发生改变，珠光体形态逐步消失，碳化物聚集，直至珠光体严重球化，材质劣化；同时，管子内外壁氧化物逐渐增厚，管材有效面积减少。因而导致管材力学性能的强度指标（常温、高温）大大降低，最终势必导致爆管。

本次所取屏式再热器取样管向火面最高球化级别5级、4~5级，最低常温抗拉强度300MPa，低于标准，但屈服强度均合格。

虽然本次取样管510℃试验温度下高温屈服强度指标满足GB5310－2008标准要求，但对比正常供货态12Cr1MoVG钢高温拉伸性能统计值，不难看出，本次所取管样高温抗拉强度 *Rm*、高温屈服强度 *Rp*0.2远低于统计数据，向火面高温抗拉强度、高温屈服强度最大25%、20%的降幅，表明本次所取屏式再热器管运行温度下的高温性能已大大降低。

不难理解，管子背火面（非迎烟侧）由于管壁外表面未结焦，未处于局部过热状态，因而相比向火面（迎烟侧）而言，微观组织珠光体球化级别较低，大多处于中度球化水平，管材常温拉伸强度明显高于向火面试样，高温力学性能指标也与统计数据较为接近，材质老化程度明显低于向火面。

对比本次所取代表性管样各项试验结果，可以得出以下几点结论：

（1）本次所取12Cr1MoVG钢屏式再热器管A17－4、A26－4、A26－5、A27－4、A38－4弯管管样，向火面（迎烟侧）区域的材质已严重劣化，丧失了工作温度压力下的正常服役能力。A27－4（后弯）、A27－5管样，管材材质状况亦已出现明显劣化迹象。

（2）同一管屏中，外圈管材质状况较差于内圈管。如：A26－4管（由A间B数第26屏外向内数第4根）略差于A26－5管（由A间B数第26屏外向内数第5根）。这与外圈管迎烟侧更易结焦受热有关。

（3）同一管子，迎汽侧前弯管材质状况较差于后斜管弯管。如：A27－4前弯管略差于A27－4后弯管。这与前弯管迎烟侧更易结焦受热有关。

（4）同一管子，直管材质状况明显好于弯管，即愈远离迎烟侧下弯管的直段，外表面结焦受热区域愈少，材质状况愈趋于正常。

值得一提的是，屏式再热器管外3圈材质为TP304H钢的管子，与外第4圈管以内的12Cr1MoVG钢管不同，并未发生外表面明显氧化结焦情况。我们认为，其原因与管材耐受高温、耐氧化腐蚀的能力不同有关。

炉外温度测点装于管屏出口，测的是炉外管壁的温度或蒸汽温度，而对于屏式再热器其温度最高点位于迎烟侧弯头等部位，炉外壁温测点测的温度并非管子的最高温度，存在一定温度差。根据相关资料一般相差30～50℃，在偏差大的情况，可能达90℃，12Cr1MoVG的最高允许使用温度在580℃，壁温每超10℃，持久寿命降低40%～50%。而根据设计其管壁计算最高温度在563℃，与该管子的最高使用温度相差17℃，设计余量偏小，一旦工况异常，调整不当或出现煤质问题都会使其处于超温状态。

4. 结论及建议

（1）本次所取2#炉屏式再热器7根取样管中的5根（A17－4、A26－4、A26－5、A27－4、A38－4），材质状况已严重劣化，迎烟侧向火面区域微观组织严重球化，内外壁氧化皮明显增厚，管材力学性能指标大大降低，已无法胜任正常服役工作。

（2）其余2根管样（A27－4后弯、A27－5），迎烟侧向火面区域管材的材质状况也已出现明显劣化迹象，存在一定的安全隐患。

（3）2#炉屏式再热器管屏整体处于长期超温状态，中间管屏超温幅度最高。

（4）屏式再热管子内16圈设计为12CrMoVG管子存在一定问题，设计余量偏小。

（5）建议及早对2#炉屏式再热器内圈12Cr1MoVG管子弯头进行更换，并将内16圈管子更换为T91等耐受温度等级在600℃以上的管材。

第十节　屏式过热器的特点

1. 屏式过热器的优点

（1）吸收部分炉内辐射热，能有效地降低炉膛出口烟温，防止对流过热器结渣。

（2）烟道出口处的屏间距离大，稀疏布置的管屏起了凝结熔渣的作用。

（3）屏式过热器能在1000～1300℃烟温区内可靠工作，与对流过热器相比，烟温提高，传热温差增大，传热强度高，受热面积可减少。

（4）屏式过热器以辐射为主，与对流过热器联合使用，可改善汽温变化特性。

2. 屏式过热器的缺点

（1）屏式过热器区域烟气温度高，管壁与管内工质的温差大（可达100～120℃），工作条件恶劣。

（2）屏式过热器中紧密排列的各U型管受到的辐射热和所接触的烟气温度有明显差别，并且内外管圈长度不同会导致蒸汽流量存在差别，因此平行工作的各U型管的吸热偏差较大，有时管与管之间的壁温差可达80～90℃。

（3）屏式过热器最外圈U型管工质行程长、阻力大、流量大，又受到高温烟气的直接冲刷，接受炉膛辐射热的表面积较其他管子大很多，工质焓增大，极易超温烧坏。

第十一节　再热器的特点

再热器的进汽是高压缸的排汽，它的压力约为主蒸汽压力的20%，温度稍高于相应的饱和温度，流量约为主蒸汽流量的80%，与过热器相比有以下特点：

（1）再热蒸汽的压力低，蒸汽与管壁之间的对流放热系数小，对管壁冷却效果差，而再热蒸汽出口温度与主蒸汽相同，为使再热器管壁不超温，在出口段采用高级合金钢，并且将再热器尽量布置在烟气温度较低区域。

（2）虽然再热蒸汽质量流量约为主蒸汽流量的80%，但由于再热蒸汽的压力低、温度高、比容大，再热蒸汽的容积流量比主蒸汽大得多，因此再热蒸汽连接管道直径大。

（3）再热器蒸汽侧阻力的大小直接影响机组效率，阻力每增大0.98MPa，汽轮机的汽耗增加0.28%。

（4）再热器对汽温偏差敏感。

（5）再热器出口汽温受进口汽温的影响。

（6）当汽轮机甩负荷或机组启停时，再热器无蒸汽冷却，可能烧坏。

再热器的汽温特性是指再热器的出口汽温、事故喷水量、再热器侧的烟气份额随主蒸汽流量变化而变化的特性。

（1）再热器的出口汽温在50%～100%BMCR的范围内保持额定值。

（2）事故喷水量正常运行时为0t/h，仅用于紧急事故工况。

（3）再热器侧的烟气份额随主蒸汽流量的增加而减少，在100%BMCR工况下再热器侧的烟气份额最小。

第十二节 二次再热系统

二次中间再热技术是提高机组热效率的另一种有效方法。蒸汽中间再热是指将汽轮机高压缸中膨胀至某一中间压力的蒸汽全部引出，送入到锅炉再热器中再次加热，然后送回到汽轮机中压缸或低压缸中继续做功。再热技术可以提高蒸汽膨胀终了的干度，提高蒸汽的做功能力，蒸汽中间再热可分为一次再热和二次再热。31MPa/566℃/566℃/566℃二次再热技术相比传统的24.1MPa/566℃/566℃一次再热技术，其热效率可提高约5%。此外，由于二次再热技术中蒸汽参数相对700℃超超临界机组低很多，目前已有的材料可满足二次再热机组的大规模生产，不存在明显的技术瓶颈。然而二次再热机组的热力系统相对复杂，带来相对高昂的初期建设投资，运行和操作相对传统一次再热机组也更为复杂。

典型一次再热与二次再热热力系统如图1-7所示，一次再热系统中蒸汽在高压缸做功后进入锅炉进行一次再加热；而二次再热系统中蒸汽在超高压缸和高压缸中做功后会分别在锅炉的一次再热器和二次再热器中再次加热。相比一次再热系统，二次再热系统锅炉增加一级再热系统，汽轮机则增加一级循环做功。

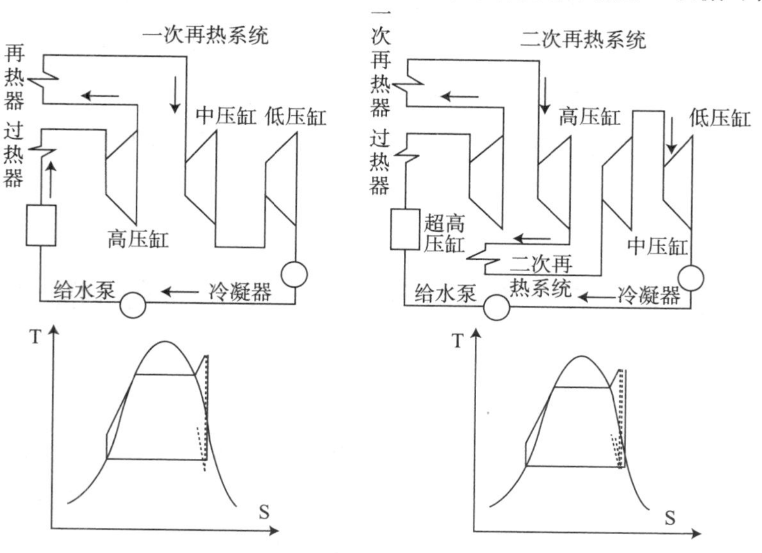

图1-7 典型一次再热与二次再热热力系统及其循环T-S图

由2种系统的热力循环温－熵（T－S）图1－7可见，整个热力循环可以等效为朗肯循叠加一个附加循环。二次再热系统比一次再热系统多叠加一个高参数的附加循环，其循环效率将比一次再热系统高。图1－8表示一次再热、二次再热机组在蒸汽温度参数一定时，蒸汽压力变化对机组热效率的影响。随着蒸汽参数的增加，机组热效率明显提高，在相同蒸汽压力温度条件下，二次再热机组的热效率比一次再热机组提高2%左右。

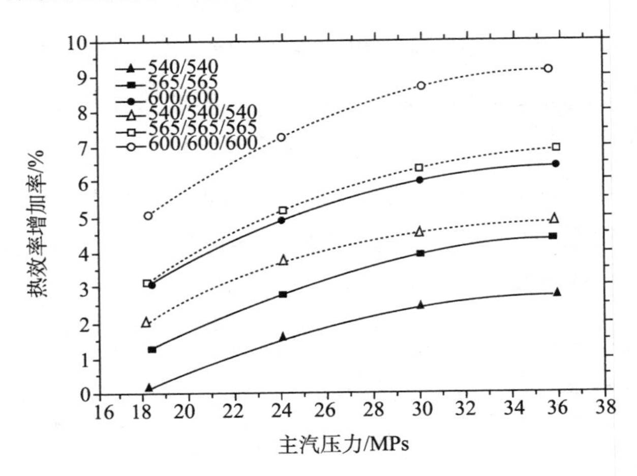

图1－8　蒸汽参数对机组热效率的影响

在超超临界机组参数范围条件下，即主蒸汽压力大于31MPa，主蒸汽温度高于600℃时，采用一次再热主蒸汽压力每提高1MPa，机组热耗率降低0.13%～0.15%，主蒸汽温度每提高10℃，机组热耗率降低0.25%～0.3%，再热蒸汽温度升高10℃，机组热耗率降低0.15%～0.2%；若采用二次再热，热耗率将进一步降低1.5%左右。

第十三节　防止飞灰对受热面磨损的措施

1. *燃料方面*

加强运行管理，燃料必须保证质量，尽可能符合锅炉设计煤种，为稳定燃烧提供物质基础。燃煤中灰分越高，烟气中的灰分也越高，相应燃煤的发热量越低，必然导致单位时间内燃煤量增大，致使烟气中的飞灰浓度进一步增加，受热面磨损速度加剧，所以，我们必须从平衡燃料煤费用和降低检修费用、制粉费用，以及采用减少输灰费用方法入手，尽可能选用灰量低的燃煤的节约生产成本。

2. 运行方面

（1）运行人员应了解近期锅炉煤质情况，及时做好燃料的调整，保证最佳的过量空气系数和减少漏风，合理配风和防止炉内气流偏斜，注意控制煤粉细度，降低炉膛出口残余旋转和烟温偏差，减少热偏差，防止炉内火焰偏斜，注意炉膛出口温度偏高问题，避免积灰和过热器、再热器表面金属发生过热。保证燃烧完全，火焰均匀充满度好，加强对受热面的吹灰，有效减轻各受热面的结焦和积灰，增强传热，适当减少燃料，降低烟速，减轻磨损。

（2）烟气流速的提高，在传热温差一定的情况下，可提高对流放热系数，降低生产成本。根据实际选用合适的煤种，认真分析，利用控制风门开度，采用合理经济的烟气流速，减少对受热面的磨损。

3. 检修方面

（1）建立防磨防爆制度。加强设备维护制度管理，建立健全锅炉防磨防爆制度，在锅炉大、中、小修每次停炉中，对受热面磨损、管外腐蚀、胀粗和撕裂等情况作定期有计划地检查，防患于未然，保证锅炉长周期运行。

（2）防止烟气走廊的产生。控制受热面中产生局部过高的浓度，以防形成局部的烟气走廊。保持受热面的横向节距均匀，防止受热面局部堵灰，受热面管弯头与炉墙之间和管弯头之间的间隙越大，则局部烟速超过平均烟速越多，越容易形成烟气走廊，在保证受热面膨胀间隙的前提下，尽量减小烟气走廊的间隙。另外增加合适的阻流板，以减少局部流速，在尾部竖井两侧为避免形成烟气走廊，而增加阻流板，避免了磨损严重的现象。

（3）在局部磨损较重的部位加装防磨盖板。受热面的磨损总是带有局部性，所以在容易引起磨损的部位，装设各种型号的防磨装置。对于受磨损严重的弯头部位可加装集中的防磨板，或在省煤器的弯头和直段部分加装半圆形防磨罩。为了消除省煤器弯头和炉膛之间烟气走廊，还可加设多孔防流板，乌海热电厂的烟气支撑磨损特别厉害，在原支撑管上加装角支撑进行导流，同时这加装防磨套管等，有效减少了对受热面的磨损。

（4）采用合理的受热面结构布置。燃用多灰燃料时，受热面采用顺列布置和较大管径可减轻磨损。对于错列的管束，宜使 S1/d >4。采用膜式省煤器，以较低的烟速获得较高的传热率。

第十四节　受热面低温腐蚀的原因

1. 低温腐蚀的机理

低温腐蚀是锅炉尾部烟道中低温受热面烟气侧产生的腐蚀。主要发生在低温空气预热器的冷端。产生低温腐蚀有2个要素：一是烟气中有硫酸蒸汽；二是受热面壁温低。燃煤中的硫燃烧后生成SO_2，有一部分会再氧化成SO_3，SO_3与烟气中的水蒸气结合成为硫酸蒸汽。当受热面壁温低于烟气中硫酸蒸汽的露点时，烟气中的硫酸蒸汽就会在金属壁面上凝结成液态硫酸，对金属产生强烈的酸性腐蚀，即产生了低温腐蚀，因此酸露点也称为烟气露点。烟气露点可达140～160℃，甚至更高。

受热面的低温腐蚀与低温积灰往往相互影响而形成恶性循环。积灰后受热面壁温降低，有利于硫酸蒸汽的凝结，而且在350℃以下被凝结的低温积灰能吸附SO_3，使腐蚀加剧，同时又继续黏结飞灰；若腐蚀损坏受热面引起漏风，将使烟温进一步降低，从而加剧腐蚀与积灰的进行。

低温腐蚀会造成空气预热器受热面腐蚀穿孔，使大量空气漏入烟道，既增大风机电耗，又造成炉膛缺风，使燃烧恶化。低温积灰严重时将形成堵灰，不仅影响传热，而且可能因烟道阻力剧增而限制锅炉出力，甚至被迫停炉。

2. 影响低温腐蚀的因素

（1）烟气中SO_3的含量。烟气中SO_3含量越高则低温腐蚀越严重。烟气中SO_3的生成有3个途径：

①在炉膛高温条件下，部分氧分子离解成氧原子，氧原子又与SO_2氧化生成SO_3，这是SO_3生成的主要途径。所以，燃料中含硫量越高、过剩空气越多，火焰中氧原子的浓度就越大，则生成的SO_3就越多。

②在对流烟道中，SO_2在催化剂的作用下，与烟气中剩余的O_2结合生成SO_3。灰中的V_2O_5和受热面的氧化铁Fe_2O_3起到了催化作用。

（2）烟气的露点。烟气中SO_3含量直接影响烟气露点的高低。烟气中SO_3含量越多，烟气露点就越高，发生低温腐蚀的可能性越大，范围越广，腐蚀也越严重。据有关资料指出，烟气中只要有少量的SO_3存在，烟气露点就会显著提高。如烟气中SO_3含量为0.005%时，烟气露点即可提高到130～150℃。

第十五节 结渣的机理与危害

1. 结渣的机理

燃料中的灰分在高温下会熔化，如果它们积聚在一起并黏结在受热面上，就会形成熔渣，即“焦渣”。进入炉膛的煤粉经过加热、着火直至燃尽仅需2～4s，当灰粒经过火焰中心高温区时，会熔化成熔融状态。这些熔融的灰粒，一部分在重力的作用下重新回到炉膛；另一部分会随烟气上升至炉膛上部到达对流受热面区域。这些熔融的灰粒若不能冷却为固体灰粒，将会形成结渣。由于灰的导热性差，当黏附在管子表面时，灰渣的外表温度不断升高，黏附力增强，使灰渣熔粒更易于附着。而受热面结渣后吸热减少，使炉内烟温升高，结渣过程将更加剧烈。

2. 结渣的危害

受热面结渣在安全和经济方面都将对锅炉运行产生危害：

（1）结渣的管子吸热少，水循环受到影响。炉膛部分严重结渣时容易引起水冷壁爆管。

（2）炉内结的大渣块塌落下来，会砸坏冷灰斗水冷壁管，或因塌焦灭火。

（3）炉内结渣后，炉膛吸热量减少，炉膛出口烟温升高，结渣更加严重，有时会造成被迫减负荷，甚至停炉。

（4）燃烧器喷口及附近结渣，会影响炉内的空气动力工况，使燃烧工况恶化。

（5）水冷壁结渣使炉膛出口烟温升高，造成过热器、再热器管壁温度升高。

（6）对流受热面结渣，还会增加引风阻力，使风机电耗增大。结渣还使排烟温度升高，导致锅炉效率下降。

（7）炉膛结渣，运行人员打渣时若发生塌焦，易造成人员烧伤。

3. 燃煤结渣特性分析

煤的结渣（焦）是一个复杂的物理、化学过程。影响结渣的因素很多，它不但与燃煤本身的灰熔点、灰成分有关，而且与锅炉结构、燃烧器设计、运行工况等因素有关。单从燃煤的灰熔点及灰渣成分去判别燃煤是否会发生结焦结渣是不全面的，必须全面分析、综合判别。

目前，国外常用的燃煤结渣特性判别方法繁多，但准确率低。为了准确地判别燃煤结渣性能，我国科研院所对国内多个典型煤样，在单一判别指数的基础上，采用加权平均的方法，建立了灰、渣特性综合判别指数，其准确率可达90%左右。

4. 防止结渣的措施

防止结渣的原则是消除产生结渣的基本条件。防止炉膛下部结渣主要从改善空气动力场入手；防止炉膛上部结渣主要在于降低烟气温度。

（1）锅炉设计制造、改造的措施。

①炉膛设计时选用适合煤种的热力特性参数，如容积热负荷、断面热负荷，以及燃烧器区域壁面热负荷；燃烧室的截面形状最好接近正方形，使炉内空气动力场有良好的先天条件。

②制定适当的燃烧室高度和上排一次风喷口至屏底高度，以利燃尽和冷却。

③炉膛出口烟温应比灰的软化温度低50～100℃。

④燃烧器设计和布置时，要考虑各层一次风口适当分散，以降低燃烧器区壁面热负荷。

⑤对于四角切圆燃烧方式，采用较小的假想切圆，适当减小燃烧器的高宽比，必要时可分成上下两组，以利于改善射流两侧的补气条件，防止炉内气流刷墙或火焰偏斜。

⑥为了使炉内壁面气流成为氧化性气体，应考虑采用合理的过量空气和较好的燃烧器（如具有偏置周界风水平浓淡的燃烧器）。

⑦配备位置合理、质优的吹灰器。

（2）运行中防止结渣的措施。

①降低炉膛出口烟气温度。合理组织炉内燃烧工况，调整好一、二次风速，保持风粉混合均匀，燃烧器气流对称，火焰中心适中，不上抬、不刷墙。控制一次风温、喷口风速及煤粉浓度，使燃煤适时着火。着火适当提前，有可能降低炉膛出口烟温。炉膛热负荷保持适度。尽量使用下排燃烧器，降低火焰中心。

②保持适当的过量空气，防止因缺风而产生还原性气体，以避免灰熔点降低而加剧结渣。

③保持合理的煤粉细度和均匀度。煤粉太粗会使燃烧推迟、火焰拉长，导致炉膛出口烟温升高。

④加强水冷壁和对流受热面的吹灰。

⑤加强锅炉的堵漏风工作，将入炉风量控制在合理范围。

⑥改善来煤质量，掌握来煤特性。

第十六节 影响炉膛结渣的运行因素

受热面结渣过程与多种复杂因素有关，任何原因的结渣都由 2 个基本条件构成，一是火焰贴近炉墙时，烟气中的灰仍呈熔化状态；二是火焰直接冲刷受热面。但是，与这 2 个因素相关的具体原因很复杂。

1. 煤灰特性

煤灰特性主要表现在 2 个方面：一是煤灰的熔点温度，二是灰渣的黏性。一般灰熔点低的煤容易结渣，因为低灰熔点的灰分通常黏附性也强，因而增加了结渣的可能性。

在运行条件变化时，煤灰的结渣特性也可能变化。例如，炉膛温度升高，或受热表面积灰导致壁面温度升高，火炉内局部地区产生还原性气氛，使灰的熔点温度降低，此时结渣倾向就可能增加。

2. 炉膛温度

炉内燃烧器区域的温度越高，煤灰越容易达到软化或熔融状态，结渣的可能性就越大。而影响燃烧器区域温度水平的因素也很多，例如前述的断面热强度与燃烧器区域的壁面热强度、燃料的发热量、水分含量以及锅炉负荷的变化等。

如果锅炉改烧发热量大的同类煤时，由于燃放热增多，燃烧器区域温度水平就高，结渣的可能性就大。而锅炉负荷越高，送入炉内的热量也越多，结渣的可能性也就越大。

3. 火焰贴墙

对于四角布置直流式燃烧器的炉膛，煤粉气流由于受到气流刚度，补气条件和邻角气流的撞击等影响而引起火焰贴墙时，就必然造成结渣。对于布置旋流式燃烧器的炉膛，当旋流强度太大时，会引起火焰贴壁。或某只燃烧器的旋流强度过小、气流射程太长时，可能使气流直冲对面炉墙或顶撞对面的火焰而导致结渣。

4. 过量空气系数

当炉内局部区域过量空气过小且煤粉与空气混合不均匀时，可能产生还原性气氛，而煤粉在还原性气氛中不能充分氧化，灰分中的Fe_2O_3被还原成FeO，FeO与SiO_2等形成共晶体，其熔点温度就会降低，有时会使熔点下降150～200℃，因而，结渣倾向随之增加。

当采用高煤粉浓度燃烧方式时，由于燃烧放热过于集中，使局部区域温度升高且处于还原性气氛中，结渣倾向也会严重。当然这也与灰的熔融特性有关。

5. 煤粉细度

粗煤粉的燃烧时间比较长，当煤粉中粗煤粉的比例增加时，容易引起火焰延长，导致炉膛出口处的受热面结渣。

6. 吹灰

吹灰器长期不投用，受热面积灰增多时，可能导致结渣。

7. 燃用混煤

锅炉燃用混煤时，灰渣的特性有可能改变。一般结渣性强的煤与结渣性弱的煤混合时，结渣会减轻。

锅炉结渣是多种因素综合影响的结果，不过总是有几个关键因素起主导作用，如煤灰的熔融特性、水冷壁的冷却能力、以及火焰贴墙等。

第十七节　直流锅炉蒸汽参数调整原则

锅炉的运行必须保证汽轮机所需要的蒸汽量以及过热蒸汽压力和温度的稳定，锅炉蒸汽参数的稳定取决于：汽轮机功率与锅炉蒸发量的平衡，以及燃料量与给水量的平衡。第一个平衡可稳住汽压，第二个平衡则能稳定汽温。但是由于直流锅炉的加热、蒸发和过热这3个过程无固定的分界面，使得锅炉的汽压、汽温和蒸发量之间又是相互依赖相互关联的，一个调节手段不仅仅只影响一个被调参数。因此，实际上汽压和汽温这2个被调参数的调节不能分开，它们是一个调节过程的2个方面。除了被调参数的相关性，还在于直流锅炉的蓄热能力低，运行工况一旦被扰动，蒸汽参数的变化会很快、很敏感。

1. 蒸汽压力的调节

压力调节实际上就是保持锅炉出力和汽机所需蒸汽量的相等。只要时刻保持这个平衡，过热蒸汽压力就能稳定在额定数值上。所以压力的变化是汽机负荷或锅炉出力的变动引起的，压力的变化反映了这两者之间的不平衡。由于直流锅炉的蒸发量等于进入锅炉的给水量，因而只有当锅炉给水量改变时才会引起锅炉负荷的变化。因此，直流锅炉的出力首先应由给水量来保证，然后相应调整燃料量以保持其他参数稳定。

在带有基本负荷的直流锅炉上，如使用自动调节，还可采用调节汽机阀门的方法来稳定汽压。

2. 过热蒸汽温度的调节

直流锅炉蒸汽温度的调节主要是调整燃料量与给水量。但是在实际运行中，由于锅炉效率、燃料发热量和给水焓（取决于给水温度）等也会发生变化，因此，在实际锅炉运行中要保证燃水比的精确值是非常不容易的。燃煤锅炉还因燃料量发生波动而引起蒸汽温度的变化，这就迫使直流锅炉除了采用燃水比作为粗调的调节手段外，还必须采用喷水减温的方法作为细调的调节手段。有些锅炉也有采用烟气再循环、烟道挡板和摆动火焰中心的方法作为辅助调节手段，但国内常用这些方法来调节再热汽温。

在运行中，为维持锅炉出口汽温的稳定，通常在过热区段中间部分取一温度测点，将它固定在相应的数值上，这就是通常所说的中间点温度。通过实际运行操作总结出直流炉汽温调节经验：给水调压，燃料配合给水调温，抓住中间点温度，喷水微调。

3. 再热汽温的调节

直流锅炉再热汽温的调节不同于过热汽温，不能用燃水比来进行调节。

对于中间再热锅炉，再热汽温偏离额定值同样会影响机组运行的经济性和可靠性。再热汽温过低，将使汽轮机汽耗量增加；再热汽温过高，也可能会造成金属材料的损坏。特别是再热汽温的急剧改变，将会导致汽轮机中压缸与转子间的膨胀差发生显著的变化，引起汽轮机的剧烈震动和事故，威胁汽轮机的安全。因此，运行中也要采取必要的调节措施，使再热汽温保持在规定的范围内。

再热蒸汽温度的控制采用尾部烟道烟气挡板调节和高温再热器进口微量喷水减温，正常运行中要尽量避免采用再热器减温水进行汽温调整，以免降低机组循环效率。

滑压运行时，锅炉侧再热蒸汽温度在机组 50% ~100% B - MCR 负荷范围内应控制两侧蒸汽温度偏差小于10℃。同时受热面工质温度、受热面金属温度不超过报警值，烟气挡板开度应在40% ~60%范围内，再热器减温水全关。正常运行期间，再热蒸汽温度由布置在尾部烟道中的烟气挡板调节，2个烟道的挡板（过热器侧与再热器侧）以相反的方向动作，过热器侧挡板与再热器侧挡板开度之和为110%，且挡板开度维持在30% ~70%之间，以免开度过低导致挡板振动过大，且一般有负荷越高，再热器侧烟道挡板开度越小的特性。当再热蒸汽温度升高时则关小再热器侧烟道挡板以增加再热器烟道阻力，减少通过再热器烟道烟气量，降低再热蒸汽温度，同时过热器侧烟道挡板向开大方向调整，可降低过热器烟道阻力，这样将减少通过再热器对流受热面的烟气量，以降低再热器出口汽温。

由于烟气挡板系统的响应有一定的滞后性，在瞬变状态或需要时，可以开启布置在高温再热器进口管道上的减温器喷水减温，喷水水源取自给水泵的中间抽头。锅炉低负荷运行时要尽量避免使用减温水，防止减温水不能及时蒸发造成受热面积水，再热器减温水调节时要注意减温后的温度必须保持20℃以上的过热度，防止再热器积水。

第十八节　防止锅炉尾部再燃烧事故的措施

防止锅炉尾部再次燃烧事故，除了防止回转式空气预热器转子蓄热元件发生再次燃烧事故外，还要防止脱硝装置的催化元件部位、除尘器及其干除灰系统以及锅炉底部干除渣系统的再次燃烧事故。

（1）在锅炉机组设计选型阶段，必须保证回转式空气预热器本身及其辅助系统设计合理、配套齐全，回转式空气预热器在运行中有完善的监控和防止再次燃烧事故的手段。

回转式空气预热器应设有独立的主辅电机、盘车装置、火灾报警装置、入口风气挡板、出入口风挡板及相应的连锁保护。

回转式空气预热器应设有可靠的停转报警装置，停转报警信号应取自空气预热器的主轴信号，而不能取自空气预热器的马达信号。

回转式空气预热器应有相配套的水冲洗系统，不论是采用固定式或者移动式水冲洗系统，设备性能都必须满足冲洗工艺要求，电厂必须配套制定出具体的水冲洗制度和水冲洗措施，并严格执行。

回转式空气预热器应设有完善的消防系统，在空气及烟气侧应装设消防水喷淋水管，喷淋面积应覆盖整个受热面。如采用蒸汽消防系统，其汽源必须与公共汽源相连，以保证启停及正常运行时随时可投入蒸汽进行隔绝空气式消防。

回转式空气预热器应配套设计完善合理的吹灰系统，冷热端均应设有吹灰器。如采用蒸汽吹灰，其汽源应合理选择，且必须与公共汽源相连，疏水设计合理，以能够满足机组启动和低负荷运行期间的吹灰需要。

（2）锅炉设计和改造时，必须高度重视油枪、小油枪、等离子燃烧器等锅炉点火、助燃系统和设备的适应性与完善性。

在锅炉设计与改造中，加强选型等前期工作，保证油燃烧器的出力、雾化质量和配风相匹配。

无论是煤粉锅炉的油燃烧器还是循环流化床锅炉的风道燃烧器，都必须加装配风器，以保证油枪点火可靠、着火稳定和燃烧完全。

对于循环流化床锅炉，油燃烧器出口必须设计足够的油燃烧空间，保证油进入炉膛前能够完全燃烧。

锅炉采用少油/无油点火技术进行设计和改造时，必须充分把握燃用煤质特性，保证小油枪设备可靠、出力合理，保证等离子发生装置功率与燃用煤质、等离子燃烧器和炉内整体空气动力场的匹配性，以保证锅炉少油/无油点火的可靠性和锅炉启动初期的燃尽率以及整体性能。

所有燃烧器均应设计有完善可靠的火焰监测保护系统。

（3）回转式空气预热器在制造阶段必须采取正确保管方式，并应进行监造。

锅炉空气预热器的传热元件在出厂和安装保管期间不得采用浸油防腐方式。

在设备制造过程中，应重视回转式空气预热器着火报警系统测点元件的检查和验收。

（4）必须充分重视回转式空气预热器辅助设备及系统的可靠性和可用性。新机基建、调试和机组检修期间，必须按照要求完成相关系统与设备的传动检查和试运工作，以保证设备与系统可用，连锁保护正确。

机组基建、调试阶段和检修期间应重视空气预热器的全面检查和资料审查，重点包括空气预热器的热控逻辑、吹灰系统、水冲洗系统、消防系统、停转保护、报警系统及隔离挡板等。

机组基建调试和启动前，必须做好吹灰系统、冲洗系统、消防系统的调试、消缺和维护工作，应检查吹灰、冲洗、消防行程、喷头有无死角，有无堵塞问题并及时处理。有关空气预热器的所有系统都必须在锅炉点火前达到投运状态。

基建机组首次点火前或空气预热器检修后应逐项检查传动火灾报警测点和系统，确保火灾报警系统正常投用。

基建调试或机组检修期间应进入烟道内部，就地检查、调试空气预热器各烟风挡板，确保分散控制系统显示、就地刻度和挡板实际位置一致，且动作灵活，关闭严密，能起到隔绝作用。

（5）机组启动前要严格执行验收和检查工作，保证空气预热器和烟风系统干净无杂物、无堵塞。

空气预热器在安装后第一次投运时，应将杂物彻底清理干净，蓄热元件必须进行全面的通透性检查，经制造、施工、建设、生产等各方验收合格后方可投入运行。

基建或检修期间，不论在炉膛或者烟风道内进行工作后，必须彻底检查清理炉膛、风道和烟道，并经过验收，防止风机启动后杂物积聚在空气预热器换热元件表面上或缝隙中。

（6）要重视锅炉冷态点火前的系统准备和调试工作，保证锅炉冷态启动燃烧良好，特别要防止由于设备故障导致的燃烧不良。

新建机组或改造过的锅炉燃油系统必须经过辅汽吹扫，并按要求进行油循环，首次投运前必须经过燃油泄漏试验，以确保各油阀的严密性。

油枪、少油/无油点火系统必须保证安装正确，新设备和系统在投运前必须进行正确整定和冷态调试。

锅炉启动点火或锅炉灭火后重新点火前必须对炉膛及烟道进行充分吹扫，防止未燃尽物质聚集在尾部烟道造成再燃烧。

（7）精心做好锅炉启动后的运行调整工作，保证燃烧系统各参数合理，加强运行分析，以保证燃料燃烧完全、传热合理。

油燃烧器运行时，必须保证油枪根部燃烧所需用氧量，以保证燃油燃烧稳定完全。

锅炉燃用渣油或重油时，应保证燃油温度和油压在规定值内、雾化蒸汽参数在设计值内，以保证油枪雾化良好、燃烧完全。锅炉点火时应严格监视油枪雾化情况，一旦发现油枪雾化不好应立即停用，并进行清理检修。

采用少油/无油点火方式启动锅炉机组，应保证入炉煤质、调整煤粉细度和磨煤机通风量在合理范围，控制磨煤机出力和风、粉浓度，使着火稳定和燃烧充分。

煤油混烧情况下应防止燃烧器超出力。

采用少油/无油点火方式启动时，应注意检查和分析燃烧情况和锅炉沿程温度、阻力变化情况。

（8）要重视空气预热器的吹灰，必须精心组织机组冷态启动和低负荷运行情况下的吹灰工作，做到合理吹灰。

投入蒸汽吹灰器前应进行充分疏水，确保吹灰要求的蒸汽过热度。

采用等离子及微油点火方式启动的机组，在锅炉启动初期，空气预热器必须连续吹灰。

机组启动期间，锅炉负荷低于25%额定负荷时，空气预热器应连续吹灰；锅炉负荷大于25%额定负荷时，至少每8h吹灰1次；当回转式空气预热器烟气侧压差增加时，应增加吹灰次数；当低负荷煤、油混烧时，应连续吹灰。

（9）要加强对空气预热器的检查，重视发挥水冲洗的作用，精心组织，对回转式空气预热器正确进行水冲洗。

锅炉停炉1周以上时，必须对回转式空气预热器受热面进行检查，若存在挂油垢或积灰堵塞的现象，应及时清理并进行通风干燥。

若锅炉较长时间低负荷燃油或煤油混烧，可根据具体情况，利用停炉对回转式空气预热器受热面进行检查，重点检查中层和下层传热元件，若发现有残留物积存，应及时组织进行水冲洗。

机组运行中，如果回转式空气预热器阻力超过对应工况设计阻力的150%，应及时安排水冲洗；机组每次大、小修均应对空气预热器受热面进行检查，若发现受热元件有残留物积存，必要时可以进行水冲洗。

对空气预热器不论选择哪种冲洗方式，都必须事先制定全面的冲洗措施并经过审批，整个冲洗工作要严格按措施执行，必须严格达到冲洗工艺要求，一次性彻底冲洗干净，验收合格。

回转式空气预热器冲洗后必须正确进行干燥，并保证彻底干燥。不能立即启动引送风机进行强制通风干燥，防止炉内积灰被空气预热器金属表面水膜吸附造成二次污染。

（10）应重视加强对锅炉尾部再次燃烧事故风险点的监控。

运行规程应明确省煤器、脱硝装置、空气预热器等部位烟道在不同工况的烟气温度限制值。运行中应当加强监视回转式空气预热器出口烟风温度变化情况，当烟气温度超过规定值、有再燃前兆时，应立即停炉，并及时采取消防措施。

机组停运后和温热态启动时，是回转式空气预热器受热和冷却条件发生巨大变化的时候，容易产生热量积聚引发着火，更应重视运行监控和检查，如有再燃前兆，必须及早发现、及早处理。

锅炉停炉后，严格按照运行规程和厂家要求停运空气预热器，应加强停炉后回转式空气预热器运行监控，防止异常发生。

（11）回转式空气预热器跳闸后需要正确处理，防止发生再燃及空气预热器故障事故。

若发现回转式空气预热器停转，应立即将其隔绝，投入消防蒸汽和盘车装置。若挡板隔绝不严或转子盘不动，应立即停炉。

若回转式空气预热器未设出入口烟/风挡板，发现回转式空气预热器停转，应立即停炉。

（12）加强空气预热器以外的其他特殊设备和部位防再次燃烧事故工作。

锅炉安装脱硝系统，在低负荷煤油混烧、等离子点火期间，脱硝反应器内必须加强吹灰，监控反应器前后阻力及烟气温度，防止反应器内催化剂区域有未燃尽物质燃烧，反应器灰斗需要及时排灰，防止沉积。

干排渣系统在低负荷燃油、等离子点火或煤油混烧期间，防止干排渣系统由于锅炉未燃尽的物质落入钢带二次燃烧，损坏钢带，需要派人就地监控。

新建燃煤机组尾部烟道下部省煤器灰斗应设输灰系统，以保证未燃物可以及时输送出去。

如果在低负荷燃油、等离子点火或煤油混烧期间投入电除尘器，电除尘器应降低二次电压电流运行，防止在集尘极和放电极之间燃烧，除灰系统在此期间连续输送。

第十九节　影响蒸汽温度的因素

影响过热器、再热器蒸汽温度的因素有很多，如负荷增减、煤质变化、风量调整、受热面沾污、指标竞赛、值班员心情等等。下面简要分类说明。

1. 过热器

（1）燃水比。燃水比变大，过热汽温高。

（2）给水温度。给水温度降低，蒸发段后移，过热段减少，过热汽温下降。

（3）过量空气系数。过量空气系数加大，排烟损失增加，工质吸热减少，过热汽温下降。另外，对流吸热量所占比率加大，即再热器吸热量加大，过热器吸热量减少，过热汽温下降。

（4）火焰中心。火焰中心上移，烟气温度升高，再热器吸热量大，温度升高，过热汽温下降。

（5）受热面沾污。沾污使受热面吸热减少，汽温下降。

2. 再热器

（1）锅炉负荷。对于对流式再热器，再热汽温随着锅炉负荷增大而增大；对于辐射式再热器，再热汽温随着锅炉负荷增大而下降。

（2）给水温度。给水温度升高，工质在锅炉中的总吸热量减少，燃料量减少，炉膛温度水平降低，辐射传热下降，对流换热量也随烟温、烟压降低而减少，再热器温度降低。

（3）过量空气系数。过量空气系数增大，对流换热增强，再热汽温升高。

（4）燃料。燃气、燃油燃烧火炬短，火焰中心位置低，再热汽温下降。

（5）受热面污染。炉膛受热面结渣或积灰，辐射传热量减少，再热器区域烟温提高，再热汽温升高。再热器本身积灰或结渣，汽温下降。

（6）火焰中心位置。火焰中心位置升高，再热汽温升高。

（7）饱和蒸汽用量或排污量。吹灰用的饱和蒸汽量增加时，燃料量增大，汽温升高。

第二十节　爆燃、爆炸和内爆

炉膛爆燃、炉膛爆炸和炉膛内爆都是锅炉燃烧事故，有时可能由此造成设备损坏及人员伤亡。

1. 炉膛爆燃

炉膛内可燃混合物发生局部性小爆炸，使炉内气体压力瞬时以较大幅度波动，但尚不足以使炉膛结构损坏的现象，称为炉膛爆燃。

2. 炉膛爆炸

炉膛内可燃混合物发生爆炸时，炉内气体压力瞬时剧增，所产生的爆炸力超过结构强度，造成向外爆破的事故，称为炉膛爆炸，俗称炉膛打炮（图1－9）。

图1－9 炉膛爆燃后的风道

3. 炉膛内爆

采用平衡通风方式的锅炉，由于炉膛内负压过大，使炉内外气体压差剧增，压差超过结构强度而造成的向内压坏事故，称为炉膛内爆。锅炉突然发生灭火、送风机突然全部停止时，有可能出现炉膛内爆现象。

第二十一节 炉膛爆燃的影响因素

上文我们粗略介绍了炉膛爆燃、炉膛爆炸和炉膛内爆的区别，现在我们着重阐述炉膛爆燃产生的条件及防治措施：

（1）从磨煤机到燃烧器的煤粉输送过程中，不正确的操作会导致危险工况。如燃烧器退出运行时，操作顺序不当，可能引起煤粉在煤粉管道中沉积，当再次启动该燃烧器时，可能引起炉膛爆燃。

（2）停用燃烧器时，要用一定量的空气进行吹扫，同时还要采取措施防止烟气反流进入停用的燃烧器和烧坏停用的燃烧器。

（3）1台磨煤机引出多根煤粉管道，由于各根管道长度不等，各管内风速可能也不同。因此，最低管内安全风速，必须以同一台磨煤机中速度最低的那根管道为基础。另外，为平衡各一次风管阻力，中速磨煤机出口常装有节流孔板，其运行一段时间后，会由于磨损改变其阻力特性，致使四角煤粉管均衡性变差，对四角切圆燃烧工况有很大影响。

（4）保持磨煤机出口温度。磨煤机出口温度太低使出力降低，对磨煤不利；出口温度太高会引起煤粉爆炸，还可能导致磨煤机着火。因此，对于不同煤种有不同出口温度要求。

（5）对于中速磨煤机直吹制粉系统，应把冷却、吹扫磨煤机作为有关燃烧器停运程序的一部分。此外，在正压磨煤机系统中，必须防止失去磨煤机至原煤仓的密封。因为如果此密封失去，一次风有可能进入原煤仓，引起爆燃的危险性。

第二十二节　防止锅炉发生爆燃的措施

防止锅炉发生爆燃的措施主要有以下几点：

（1）应确保火检的灵敏度调好，任何人不准擅自将磨煤机“煤层火焰丧失”跳闸保护解除，火检冷却风风压及风量正常；火检监视信号稳定符合要求；炉膛火焰电视摄像装置完好，显示正常。

（2）控制好磨煤机的出力，给煤量适当，保证一次风量和一次风温度达到规定值要求，确保燃烧完全。

（3）运行人员要经常检查炉膛结焦情况，如发现大块结焦要及时清除，防止当炉膛上部大渣突然掉下使部分燃烧器失去火焰，或发生灭火。若发生锅炉灭火，严禁继续送入燃料和空气，或在此情况下强投点火器，企图以爆燃法挽救灭火。

（4）注意观察炉膛燃烧情况，及时调整燃烧，使炉膛火焰清晰明亮。

（5）正常运行时，应将燃烧系统投入自动模式，监视好汽温、汽压、火检信号、炉膛负压、燃水比、负荷、氧量等的变化。

（6）磨煤机出口空气煤粉混合物的温度应控制在55～80℃，温度高时，容易引起磨煤机着火，导致爆炸。

（7）锅炉运行中当炉膛负压监视故障，不能正常监视炉膛压力或进行炉膛压力调节，短时间（8h）不能恢复时，应申请停炉。

（8）当锅炉过低负荷运行或煤质较差时，视燃烧情况，及时调整配风方式，必要时投入油枪或等离子燃烧器稳燃。

（9）锅炉灭火保护装置可靠投入，加强运行维护与管理。因设备缺陷必须退出运行时，应经总工程师批准，并做好相应的安全措施。运行中当达到保护值而保护拒动时，要立即手动MFT，紧急停止锅炉运行。

（10）加强油系统的管理，消除泄漏情况，防止燃油漏入炉膛发生爆燃。对燃油速断阀要定期进行试验，确保油枪动作正确，且燃油速断阀关闭严密。

（11）加强燃煤的监督管理，完善混煤设施。加强配煤管理和煤质分析，并及时将煤质情况通知值长，做好调整燃烧的应变措施，防止发生锅炉灭火。

（12）制粉系统停运时，应按运行规程进行系统吹扫，防止磨煤机内积煤粉管路积粉，再次启动时导致大量煤粉进入炉膛，造成炉膛爆燃现象发生。

第二十三节　炉膛负压波动的原因

采用平衡通风方式的锅炉，炉膛负压一般维持在－100～－50Pa。正常运行时由于燃烧的脉动，负压会有轻微的波动。如果炉膛负压波动范围很大，对运行安全性是有影响的，应注意查找原因并及时予以消除。引起炉膛负压波动的主要原因有以下几点：

（1）引风机或送风机调节挡板摆动。调节挡板有时会在原位作小范围摆动，相当于忽开忽关，造成风量忽大忽小，从而引起炉膛负压不稳定。

（2）燃料供应量不稳定。由于给煤机或管道原因，使进入炉膛内的燃料量发生波动，燃烧产生的烟气量也相应波动，从而引起炉膛负压不稳定。

（3）燃烧不稳。运行过程中由于燃料质量的变化或其他原因，使炉内燃烧时强时弱，从而引起负压波动。

（4）吹灰、掉焦的影响。吹灰时突然有大量蒸汽或空气喷入炉内，从而使炉膛负压波动，因此要求吹灰时预先适当提高炉膛负压。炉膛的大块结渣突然掉下时，由于冲击作用致使炉内气体产生冲击波，导致炉内烟气压力会有较大的波动，严重时有可能造成锅炉灭火。

（5）调节不当。负荷变化时，需对燃料量和引、送风量作相应调节，如果调节操作过猛，或是调节程序不当，都将引起炉膛负压波动。

当然还有其他因素，如是否打开了干排渣机的检查门倒垃圾，维护人员是否拉开碎渣机大门进行检查，送风机的动叶片是不是摆动等。

第二十四节 锅炉燃烧优化

1. 燃烧优化

在锅炉燃烧过程中，需要对以下参数进行控制：蒸汽压力、主汽流量、燃料量、总风量、炉膛负压及水位。锅炉的燃烧控制系统决定了锅炉燃烧效率，因此燃烧优化的主要目的，是让燃烧的热量适应锅炉蒸汽负荷的需要，同时还能够保证锅炉的安全经济运行。

锅炉燃烧是一个相当复杂的过程，不可能建立一个精确的模型。由于热交换和汽水转变有明显的热力系统特征，所以此过程是一个大滞后、大延迟的过程。一旦燃料量或者热值发生变化，而锅炉的燃烧调节系统却没有及时做出动作来响应，就会出现较大的延迟调整，从而使锅炉产生一系列的问题，如超温、超压、减温水量大幅增加等，导致锅炉的经济性大大降低。

锅炉的燃烧优化，已经不仅仅是提高燃烧安全性与经济性了，同时要兼顾环保排放、AGC 跟踪能力等。其优化主要分为：控制模块的优化，燃烧调整的优化，在线检测设备优化，自动寻优。

2. 燃烧优化技术应用现状

燃烧优化大致分为 4 类：控制程序优化、燃烧优化调整、在线检测优化、预测与寻优控制。

（1）控制程序优化。

控制程序的基本任务就是保证锅炉燃烧发出的热量满足蒸汽负荷要求，同时保证安全性与经济性，而完成这些工作，需要从燃料量、送风量、引风量 3 个方面入手，对于燃烧系统来说，燃料控制子系统、送风控制子系统、引风控制子系统是 3 个协调配合不可分割的整体。

由于锅炉的多样性，每个电厂都根据自己设备的实际情况，在对锅炉系统进行机理分析的基础上，或者基于操作经验，给出经验公式或经验数据。对系统进行优化调整，就是说针对以上 3 个回路的 DCS 控制进行逻辑修改。

（2）常规性燃烧优化调整试验。

这类优化试验是从锅炉实际出发，根据不同的燃烧器和燃烧方式，确定需要调试的参数，通过常规性燃烧调整试验，采集当前机组试验数据，根据机组运行特点和经验，制定出重要参数的控制策略，使机组在较优的状态下运行。一般调整的参数有：氧量、一次风速、总风量、二次风速、配风方式等。根据不同燃烧设备，选取参数也不尽相同。

常规性燃烧调整只针对重要控制参数，制定出特定工况点及特定时段的优化控制策略，缺乏普遍适应性。这些策略对解决较小目标时比较有效，可以提供操作指导，但是对机组的动态变化作用就大打折扣了。

（3）基于在线检测设备的优化系统。

这类系统以有效的测量手段为基础，关注燃烧过程中关键参数：煤粉浓度、风量、氧量、飞灰含碳量、排烟温度等。通过这些参数实现锅炉的在线检测，根据这些参数的变化，利用专家系统给出操作建议，指导运行人员做出及时有效的调整。此类系统具有一般的故障诊断、运行指导功能，但是无法实现闭环控制，如何进行调整还需依赖操作人员的经验和水平。

（4）基于模型预测与自动寻优。

此类系统通过对各种影响因素数据的采集，利用概率统计、神经网络等工具，形成其特有的知识库。根据对当前机组状态进行模式识别，参照预设的目标（如：成本目标、环保排放目标及多种目标的综合），针对机组特性运行制定优化策略，提供开环指导或直接参与闭环控制。由于此类系统能动态响应机组的各种变化，具备良好的指导性和可控性。

第二十五节　改善燃烧的措施

1. 适当提高一次风温度

提高一次风温可减小着火热需要量，使煤粉入炉后迅速达到着火温度。当然，一次风温的高低是根据不同煤种来定的，对挥发分高的煤，一次风温就可以低些。

2. 适当控制一次风量

一次风量小，可减小着火热需要量，利于煤粉气流的迅速着火。但最小的一次风量也应满足挥发份燃烧对氧气的需要量，挥发份高的煤一次风量要大些。

3. 合适的煤粉细度

煤粉越细，相对表面积越大，本身热阻小，挥发份析出快，着火容易于达到完全燃烧。但煤粉过细，会增大用电量，所以应根据不同煤种，确定合理的煤粉细度。

4. 合理的一、二次风速

二次风速对煤粉气流的着火与燃烧有着较大影响。因为一、二次风速影响热烟气的回流，从而影响到煤粉气流的加热情况；一、二次风速影响一、二次风混合的迟早，从而影响燃烧阶段的进展；一、二次风速还影响燃烧后期气流扰动的强弱，进而影响燃料燃烧的完全程度。因此，必须根据煤种与燃烧器型号，选择适当的一、二次风速。

5. 维持燃烧区域适当高温

适当高的炉温，是煤粉气流着火与稳定燃烧的基本条件。炉温高，煤粉气流被迅速加热而着火，燃烧反应也迅速，并为保证完全燃烧提供条件。故在燃烧无烟煤或其他劣质煤时，常在燃烧区设立燃烧带或采取其他措施，以提高炉温。当然，在提高炉温时，要考虑防止出现结渣的可能性。

6. 适当的炉膛容积与合理的炉膛形状

炉膛容积大小，决定燃料在炉内停留时间的长短，从而影响其完全燃烧程度，所以着火、燃烧性能差的燃料，炉膛容积要大些。同时这种燃料还要求维持燃烧区域高温，因此常需要选用炉膛燃烧区域断面尺寸较小的瘦高型炉膛。

7. 锅炉负荷维持在适当范围内

锅炉负荷低时，炉内温度下降，对着火、燃烧均不利，使燃烧稳定性变差。锅炉负荷过高时，燃料在炉内停留时间短，出现不完全燃烧。同时由于炉温的升高，还有可能出现结渣及其他问题。因此，锅炉负荷应尽可能在许可的范围内调度。

第二十六节　水冷壁高温腐蚀的原因及对策

1. 高温腐蚀的原因

造成水冷壁高温腐蚀的因素，除煤质本身特性外，主要是壁面温度、近壁区烟气组分和烟气流场。

燃煤锅炉水冷壁高温腐蚀是典型的硫化物腐蚀，是煤粉在特定条件下燃烧形成的 H_2S 和自由态 S 与壁温 400～500℃ 的水冷壁发生反应造成的。烟气中 H_2S 和自由态 S 的含量取决于烟气中的氧量。若煤粉在富氧条件下燃烧，煤中 S 元素转化为 SO_2，对水冷壁基本没有腐蚀作用。若煤粉在贫氧条件下燃烧，煤中 S 元素转化为 SO_2 的同时，生成部分 H_2S 和自由态 S。一般而言，H_2S 和自由态 S 的生成量随着烟气中氧含量的降低而升高。

2. 水冷壁高温腐蚀的主要因素

水冷壁高温腐蚀的主要因素包含以下几个方面：燃料含硫量、水冷壁壁温、水冷壁近壁区氧量、炉内空气动力场。

首先是控制燃料。

表 1－5 说明：锅炉燃用的煤质特性应与炉型相适应，以设计煤质为基础，允许入炉煤的煤质有一定变化范围。

表 1－5　煤质允许偏差范围

煤种	Vdaf 偏差/%	Aad 偏差/%	Mad 偏差/%	Qad、net 偏差/%	ST 偏差/%
无烟煤	－1	±4	±3	—	—
贫煤	－2	±5	±3	—	—
低挥发分烟煤	±5	±5	±4	±10	－8
高挥发分烟煤	±5	＋5、－10	±4	—	—
褐煤	—	±5	±5	±5	—

注：挥发分、灰分、水分为与设计值的绝对偏差；发热值、ST 为与设计值的相对偏差值。

表 1－6 是设计煤种与掺烧煤种的匹配关系，而掺烧试验又有如下规定：

（1）掺烧过程宜进行燃烧试验，特别当不同入厂煤挥发分（Vdaf）绝对值相差大于 15% 时，必须进行燃烧试验。

（2）入炉混煤含硫量在满足脱硫设备能力要求的同时，应兼顾考虑炉膛内近壁气氛和空预器冷端控制情况，并进行必要的试验和测试。

（3）建议直吹式制粉系统采用分磨掺烧的方式，并通过燃烧试验确定不同层燃烧器及其对应磨煤机适应的煤种及磨煤机出口风温、一次风速和煤粉细度。

（4）根据煤质、设计参数、锅炉和煤场掺混条件，确定混煤煤种和不同煤种的掺烧比例，并通过掺烧试验验证最佳掺烧比例的合理性，掺烧试验应在锅炉额定负荷或商定负荷下经过168h考核试验。

（5）采用预混掺烧方式时，应采用试验方法确定最佳的煤粉细度。

表1－6　煤种掺烧匹配表

设计煤种 / 掺烧煤种	无烟煤	贫煤	烟煤	褐煤
无烟煤	√	√	×	×
贫煤	√	√	√	×
烟煤	√	√	√	√
褐煤	×	×	√	√

注：√表示可以相互掺烧；×表示不宜相互掺烧。

3. 设计选型与改造

因为造成水冷壁高温腐蚀的因素，主要是壁面温度、近壁区烟气组分和烟气流场。所以在水冷壁与燃烧器的设计选型上，对水冷壁均应进行传热恶化验算，从启动流量所对应的负荷到满负荷水动力工况应稳定；燃烧器形式和布置方式应与燃煤特征相适应，并考虑煤质在允许变化范围内的适应性；一、二次风应有较大的刚度；假想切圆不宜太大，宜采用水平浓淡“风包粉”燃烧方式，或设计侧二次风，改善水冷壁壁面附近烟气气氛，使其不出现还原性气氛、火焰不贴壁、不刷墙、防止结渣。

重点是改造问题：

（1）低氮燃烧器改造前，应进行详尽的摸底试验，充分了解制粉系统、送引风系统等关键辅机运行现状，合理设计燃烧器关键参数。

（2）应考虑分级送风对主燃区氧量的影响，结合水冷壁壁面气氛分布情况和脱硝系统能力，选取合理的燃尽风风率和 NO_x 排放浓度值。

（3）低氮燃烧器的布置、设计应通过模化实验确定，尽可能采用对称燃烧。

（4）依据改造煤质特性对锅炉炉膛容积热负荷、炉膛断面热负荷、燃烧区热负荷进行校核计算，以防出现热负荷集中导致水冷壁温度局部超温的情况。

（5）增加水冷壁壁面氛围（O_2、CO 和 H_2S）测点，建议安装在线监测系统，改造前对水冷壁壁面氛围（O_2、CO 和 H_2S 浓度）进行摸底测试，改造后应将壁面烟气氛围作为调试指标，近壁区氧量不应低于 1.5%。

（6）增加燃尽风风量测点，确保二次风总风量和燃尽风风量测量结果准确，主控画面增加二次风测点，以便运行人员调节风量。

（7）对于前后墙对冲旋流燃烧锅炉，燃烧器应设置壁温测点，以防燃烧器烧损，影响炉内燃烧组织，进而造成热偏差。

（8）对于四角切圆燃烧锅炉，可适当将一次风喷口偏转一定角度，使其形成一个与原假想切圆旋转方向相反、直径较小的假想切圆，改造后应进行冷态动力场试验。

对于第 5 条，氛围测点建议选取抽吸式测量，因为光学式测量会受锅炉膨胀问题影响，测不准。

对于第 7 条，可以根据温度场测量，了解热辐射分布，并通过二次风的优化调整，及时纠正偏差。

第二十七节　氧化皮脱落的原因

内壁氧化皮脱落目前在各种参数的大容量电站锅炉中都有发生，蒸汽参数覆盖超高压至超超临界参数。发生内壁氧化皮大面积脱落的高温受热面主要包括高温过热器、后屏过热器（屏式过热器）、高温再热器；个别炉型也出现低再、屏再受热面内也存在较厚的内壁氧化皮。

内壁氧化皮大面积脱落与氧化皮厚度、氧化皮与母材的结合状态、运行中壁温变化幅度及变化速率等相关。其中，氧化皮厚度是衡量内壁氧化皮是否易于大面积脱落的主要依据；厚度易测试判断，较厚时脱落的内壁氧化皮刚度大，不易碎裂，呈大块状剥落，引起换热管堵塞的概率大。但氧化皮厚度与是否存在大面积脱落并不是对应关系，相同的换热管材料，有的锅炉内壁氧化皮达到 0.3 ~ 0.4mm，仍未发生大面积脱落，有的在 0.2mm 以上就发生脱落。

内壁氧化皮大面积脱落的主要原因是启停过程出现瞬时大幅度的壁温变化。启动过程出现升温升压不匹配，在启动过程中蒸汽流量很低时投减温水控制汽温，减温水调门的严密性较差，导致减温器出口汽温存在较大幅度地瞬时降温，严重时减温器出口汽温降低到饱和温度，出现较严重的蒸汽带水。如某电厂亚临界机组投减温水时，一级减温器安装在分隔屏进口，启动时开始投减温水导致后屏过热器出口壁温发生70～80℃的瞬间温降。在启动过程中还存在换热管下弯部积水较多，启动升温升压较快时，部分下弯头内积水不能及时蒸干，积水在换热管内波动，导致壁温较大幅度地波动；在启动过程中，出现机组缺陷、锅炉点火等待缺陷，导致汽温偏高，被迫投用减温水控制汽温。

在停炉过程中主要是机组滑停时，滑停蒸汽过低，停机时靠大量喷减温水控制汽温，锅炉热负荷不稳定时会导致较大的汽温波动；严重时停机前减温水量仍较大，停机时锅炉保持燃烧，等待时间较长的情况下壁温突然回升。停机时其他引起壁温大幅度波动的原因有：停机前烧空粉仓或原煤仓时，煤位很低时会出现搭桥或自流状态，进入炉膛的煤量波动较大，使得炉膛热负荷大幅度波动，导致换热管壁温大幅度波动，减温水流量快速变化，特别对于辐射吸热量较大的外圈第1根管（不锈钢材料）影响较大；停炉时不及时停运风机，造成较长时间的通风冷却；停炉后闷炉时间短，采用通风快速冷却方式等。

第二十八节　锅炉过热器管壁超温的原因

过热器是锅炉中工质温度最高的部件，过热蒸汽的吸热能力差，对管子的冷却能力较低，而其中的高温过热器又直接布置在水平烟道的前端，直接接受炉膛出口高温烟气流的对流冲刷，这使得过热器成为锅炉受热面中工作条件最恶化的部件。因此从运行角度来防止过热器管壁超温过热，保证管子金属温度长期安全工作在设计的允许值范围内，是锅炉机组运行中必须考虑的重要问题。

过热器管壁超温原因分析如下：

1. 启动时疏水，排汽量不够，升负荷速度过快

锅炉启动过程中过热器受热面的冷却靠自身蒸汽的流动进行，此时若热偏差过大，就会引起过热器管壁金属超温，锅炉升压期间工质的流速慢，换热效果差，如果不进行充分的疏水及排汽，极易发生管壁超温事故。在投加热期间过热器内的蒸汽为饱和蒸汽，但因烟道内温度低而冷却成水，此时立式过热器内往往冷凝水，立式过热器内的积水很难通过过热器的疏水装置排放掉。在升压时，这部分积水便会形成水塞，阻碍蒸汽的流动。对于平行管子，由于布置等原因，管内的积水分布是不均匀的，在通汽压力不足时，积水多的管子往往处于水塞状态，造成管内工质流量的差异，使过热器各管子之间产生热偏差。启动中由于锅炉燃烧器投入数量较少，炉膛热负荷低，燃烧工况不稳定，极易造成炉膛出口烟气流量和烟气温度分布不均匀，形成烟气侧的热偏差。由于在锅炉启动中往往存在蒸汽侧和烟气侧因素引起的热偏差现象，因此必须在启动中充分进行过热器受热面的疏水、排汽，严格按照锅炉的启动升温升压曲线运行，合理调整燃烧，严格控制锅炉的升负荷速度，尽量消除或减小管子的热偏差现象。

2. 减温水调整使用不当

减温水除了调整控制锅炉过热蒸汽温度在额定值以满足汽机侧的要求外，合理搭配使用过热器受热面上各级减温水量，可以很好地控制各段过热器受热面的管壁温度在允许值内，运行中在过热蒸汽温度正常情况下，应尽量开大过热器前端第一级减温水量，使末级减温水保持较小的流量，尽量降低过热器前端的蒸汽温度，以加强对管子的吸热能力，尽量降低受热面管壁温度，杜绝受热面前端第一级减温水量小的情况，依靠开大末级减温水量控制锅炉主蒸汽温度，忽略对过热器管壁温度的控制。

3. 汽水品质不良造成管内结垢

锅炉运行中，由于炉水化学处理不当或化学监督不严，未按规定进行排污，影响了锅炉的炉水品质，流经过热器受热面的过热蒸汽品质恶化，长期运行会造成过热器管子内壁结垢积盐，这样在过热蒸汽与受热面管子内壁之间形成了较大的热阻，明显降低了蒸汽对管子的冷却能力，降低了蒸汽的吸热量，很容易引起受热面管壁超温。

4. 锅炉燃烧方式安排不当

在锅炉正常运行中，为保证过热蒸汽、再热蒸汽温度控制正常范围值以内运行时，应重视由于燃烧火焰中心上移引起的过热器管子超温现象。蒸汽参数正常时，应尽量设法降低炉膛火焰中心位置，加大下层燃烧器的出力，降低上排燃烧器出力，缩小燃烧器的上倾角，降低炉膛负压，以免增大锅炉漏风量。合理安排燃烧器配风方式，为了降低燃烧中心往往多采用倒宝塔方式的配风工况，适当降低一次风速，提高一次风温，以防止燃料着火燃烧拖后拉长火焰。加强对制粉系统的调整维护，保证合格的煤粉细度，加强燃烧调整，尽量减小各项不完全燃烧损失，防止由于未燃烧完全的燃料在锅炉烟道部位发生再燃烧现象而造成受热面的严重超温。严格控制炉膛出口的烟气温度在允许范围内，由于煤质方面偏离设计煤种值较大，经采用燃烧调整手段不能保证炉膛出口烟气温度在正常范围时，应适当限制锅炉热负荷，降低炉膛出口烟气温度，防止管壁超温。

5. 锅炉超负荷运行

锅炉超负荷运行时，由于送入炉膛的燃料量、风量都大于最大允许值，炉膛的热负荷强度也超过了最大设计值，必将造成燃烧室火焰拉长和炉膛出口烟气量、烟气温度超过最大允许值的情况，增强了对过热器受热面的传热能力，容易造成受热面管壁的超温。由于炉膛热负荷，炉膛出口烟气温度均超过了设计允许值，使得锅炉水冷壁、炉膛出口部位的屏式、对流式过热器容易发生结焦现象。而随着结焦面积的增多，炉膛辐射吸热量下降而引起炉膛出口烟温进一步升高，容易在过热器部位形成烟气走廊，导致过热器管子间较大的热偏差，造成部分受热强的过热器管子发生超温现象。因此锅炉运行中应避免发生锅炉超负荷运行，汽机侧高压加热器未正常投运、锅炉给水温度低于设计值时，应及时按照规程要求限制电负荷，保持允许范围内的炉膛容积和截面积热负荷，避免锅炉超负荷运行。

6. 提高检修安装质量

在安装与检修过热器管组时，应尽量保证过热器各管排、管子间有相同的阻力特性，以避免由于部分管组存在较大的阻力，在运行中发生蒸汽流量小冷却能力不足而造成的管壁超温，同时防止由于管子内部有残留异物阻塞蒸汽流通而造成管壁严重超温。

7. 受热面结焦

及时对锅炉受热面进行吹灰、打焦，保证锅炉各部位受热面的清洁，防止由于吹灰，打焦不及时造成锅炉部分受热面积灰，结焦严重，引起锅炉炉膛出口烟温不正常升高，对流式受热面各部位烟气流量偏差大，局部形成烟气走廊，造成部分位置的受热面处烟气流量大、流速高，对管壁的加热强度大，而使该部位的受热面管壁发生超温。

因此，在锅炉运行中，保证处在炉膛出口和水平烟道高温烟气加热的屏式，对流式过热器安装有足够数量的、位置合适的管壁温度测点，保证锅炉运行工况下能及时监视到高温烟气区域工作的过热器管壁实际温度值，同时运行人员应及时根据检测到的管壁温度值，做出相应的调整，以防止出现过热器受热面的管壁超温现象。

第二十九节　燃煤锅炉节能调整策略

1. 掺配煤管理

为保证锅炉效率，应按照设计或接近于设计的煤种标准提供锅炉燃烧用燃料。因来煤复杂、不能满足上述要求的，应根据煤质情况，通过合理的掺配煤手段，使入炉煤的发热量、挥发分、灰分、含硫量等指标满足锅炉稳定燃烧要求。

（1）通过不同工况下的锅炉稳燃试验，制定不同煤种的混配掺烧方案。正常运行中，应严格按照掺配煤方案进行掺配，做到比例恰当，混合均匀。

对于特殊情况下的掺配煤，必须先通过全面的燃烧调整试验来确定方案，同时应注意以下事项：

①通过掺配煤解决锅炉的结渣性时，应根据灰熔点和灰的成分以及其他因素，综合判定混煤对锅炉结渣的影响。

②通过掺配煤解决煤的着火特性时，应考虑最终混煤的挥发分，注意用来掺配的煤的挥发分之间不能相差太多，否则应加大高挥发分煤的比例。

③掺入比设计煤种挥发分低的煤种时（如设计为贫煤的锅炉掺入无烟煤），应考虑掺配后锅炉的稳燃特性与经济性。

④掺入比设计煤种挥发分高的煤种（如设计为烟煤的锅炉中掺入优质的褐煤），要考虑其对燃烧器、制粉系统的影响。

（2）对于解决结渣性、稳燃特性等有特殊要求的锅炉，建议采用炉外掺配煤方式。

（3）煤场要合理规划，根据煤质不同分区、分层堆放，建立存煤档案，以方便配煤。按照“用旧存新”的原则，尽量减少原煤的存放时间，保证煤场存煤的正常置换。

（4）低温下易析出挥发分的优质烟煤和褐煤，应根据煤质情况及煤场条件，合理分配存煤方式及存煤时间，防止自燃亏卡。燃用外水分很大的煤种，可采用晾晒或干燥的方法减少外水分。

（5）多雨地区或存煤量较小的电厂应设置干煤棚等遮雨设施，并备足一定数量的干煤，防止潮湿的原煤直接进入原煤仓。

2. 制粉系统的节能潜力

制粉系统应保持良好的设备健康状况。所有的风门挡板应严密、动作灵活，一次风量、风温及风压测量指示要准确，各粉管一次风/粉均匀匹配，分离器挡板等调节煤粉细度的装置应可靠固定。一次风量显示须经过温度与压力修正，风量单位应统一采用标态体积流量或质量流量。

机组运行中，要加强对磨煤机的设备状态及磨损情况的检查，重点检查部位包括：分离器挡板、磨辊与磨盘、衬板、落煤管、筒体、石子煤箱等。

根据设备运行状况及机组检修安排，适时进行一次风调平工作。一次风调平时，必须保证阻力最大的煤粉管道缩孔全开，另外要注意缩孔的定期检查，2 年后磨损的缩孔几乎很难再起作用。煤粉管道的调节缩孔一旦调整到合适位置，在运行中不得随意改变；机组检修期间应对磨煤机的调节缩孔的磨损情况进行检查，检查时必须采取有效的技术措施保证缩孔的位置不发生变化（图 1－10）。

图 1－10　煤粉管道上的可调缩孔

中储式制粉系统漏风率要满足设计要求。

做好煤场煤中木块、石块、铁块等“三块”的清理工作，减少入炉煤中杂物。对于煤中石子煤含量大的企业，根据情况可增设入厂煤石子煤分选装置。

在正常工作条件下，中速磨煤机必须保证石子煤的顺利排出，石子煤量不应设限。石子煤发热量一般不应高于 6.7MJ/kg，如偏高，则应分析原因进行调整。

运行中，应保证碎煤机、滚轴筛等设备运行的可靠性，确保原煤粒径满足设计要求。

根据煤质情况，及时调整磨煤机加载力。在没有试验依据的情况下，不能简单通过提高一次风量来降低石子煤排放量。磨煤机经过全面调整后，石子煤排放仍无法满足要求时，应校核喷嘴环风速，必要时进行改造。

根据锅炉的入炉煤的燃烧要求、稳燃、结渣、燃尽和受热面是否有超温等情况，选择合理的煤粉细度（即保证安全条件下的经济煤粉细度），并根据具体燃烧情况适当调整，同时要定期通过全面的燃烧试验确定合理的煤粉细度。

煤粉细度的控制原则是：在不引起着火不稳，大渣与飞灰可燃物无明显升高，也没有过热器、再热器超温的情况下，R90 可适当放大。通常情况下，采用钢球磨的 R90 不要低于 6%，采用中速磨煤机的 R90 不要低于 10%。

中储式制粉系统要定期进行分离器试验，保证分离器工作效果，避免三次风大量带粉引起锅炉燃烧滞后、锅炉效率下降。

根据入炉煤的煤质及燃烧情况，运行中合理选择风煤比，并严格执行。风煤比要结合干燥无灰基挥发分与发热量的数据，根据燃烧调整试验的结果进行选择，但风煤比最大不宜超过 2.5，最小不宜低于 1.5。

中速磨煤机与双进双出钢球磨煤机低负荷时的最小风通风量限定条件为：风粉混合物的温度低于 160℃时，水平管道的风速不得低于 18m/s，高于 160℃时的中储式制粉系统煤粉管道内的风速不得低于 24m/s。

中储式系统的钢球磨煤机，应通过试验确定最佳通风量、最佳载球量，磨煤机检修期间应通过球径的分布来确定合适的加球方式。

在满足制粉系统运行安全的基础上，应合理控制磨煤机调温风量、密封风量。

3. 送风量控制

锅炉的烟风道必须保证严密、风门挡板特性良好。锅炉氧量计测点位置要合适，并定期校验。校验周期最长不得超过半年，应根据入炉煤质情况随时调整。要通过试验确定合理的氧量控制曲线，运行中严格按照控制曲线进行燃烧调整。遇到煤质、设备状态有明显变化时，必须通过燃烧调整试验对氧量曲线进行修正。四角锅炉配风方式应根据燃料特性、炉膛结构、燃烧策略来确定，一般可按如下原则控制：

（1）对燃用贫煤、无烟煤等着火与燃尽特性不好的煤种，建议采用分级配风，即倒塔型配风方式，二次风自下而上逐渐给入。

（2）对燃用烟煤等燃烧特性一般的煤种，可采用均匀配风方式，各层燃烧器给予均匀的二次风量。

（3）对燃用无结渣性的优质烟煤等燃烧特性较好的煤种，可采用正塔型配风方式，下层燃烧器二次风大，以降低火焰中心；对燃用易结渣的烟煤等燃烧特性较好的煤种，可采用缩腰型配风方式，把燃烧区分为两部分，以降低燃烧区热负荷。

4. 一、二次风配比（一次风率）

一次风主要用来燃烧挥发分，完成着火；二次风（含三次风）的作用是燃烧固定炭，应根据燃料情况总体考虑一次风率。燃用无烟煤、贫煤以及劣质烟煤等着火燃尽特性差的燃料时，需要降低一次风率；反之燃用着火燃尽特性好的燃料，需要提高一次风率。

防止结渣：通过合理的燃烧调整保证火焰居中，不扫墙贴壁、不飞边、不对冲，水冷壁附近必须保证非还原性气氛。角置式燃烧方式的锅炉，可以采用周界风来防止锅炉结渣。周界风设有单独风门的，可以采用风门的开度控制，没有的可采用二次风箱风压控制。

防止锅炉高温腐蚀：尽量减少油煤混烧的时间（特别是重油点火锅炉），对于含硫量高且灰成分中 Na_2O、K_2O 等碱性物质较多的煤种，燃烧高温区水冷壁附近保证弱氧化性气氛；同时，对流受热面要加强吹灰。

四角式锅炉未投运的燃烧器必须合理控制冷却风门开度，一般不超过 5%，避免大量冷风直接进入炉膛。旋流燃烧器通过燃烧器壁温来控制冷却风门开度。

从燃烧角度看，炉底漏风、炉膛与烟道的漏风、磨煤机调温风、备用磨煤机的通风及燃烧器的冷却风、磨煤机密封风、负压制粉系统漏风等，都是无效配风，会引起锅炉效率下降，因此应尽量减少。

磨煤机调温风、备用磨煤机的通风及燃烧器的冷却风、磨煤机密封风都是一次风的旁路风，每增加总风量的 1%，排烟温度会升高约 1℃。

应通过设备治理，减少炉膛、烟风道、制粉系统漏风；在保证安全的基础上，通过优化控制方式，合理降低干渣系统冷却风、磨煤机调温风、备用磨煤机的通风及燃烧器的冷却风、磨煤机密封风等的风量。炉底水封应保证完好。对于干除渣系统的锅炉，要保持干除渣系统的小水封密封良好，同时控制合理的冷却风；根据渣温的变化，及时进行冷却风量的调整；应至少安装一个渣温测点，以保证测量的可靠性。

第三十节　锅炉用钢的类型

锅炉钢板是锅炉制造中非常关键的材料之一，主要是指用来制造锅炉中的锅壳、锅筒、集箱端盖、支吊架等重要部件用的热轧专用碳素钢和低合金耐热钢中厚钢板材料。锅炉钢板常常在中、高温和高压状态下工作，除承受较高温度和压力外，还受到冲击、疲劳载荷及水和气的腐蚀，工作条件较差。如果锅炉在使用过程中发生破坏性事故，将会造成严重的损失。因此锅炉钢板必须具有良好的物理性能、力学性能和可加工性，并在材料标准的技术条款中给予严格的规定，以满足其使用安全。

目前国内外机组采用的锅炉用钢有以下几种：

（1）SA－210C（20、20G）：属于低碳钢，塑性、韧性好，焊接性好，在450℃以下有足够的强度，在530℃以下具有满意的抗氧化性，但长期在450℃以上使用会发生珠光体球化和石墨化，降低蠕变极限和持久强度，引起爆管。用于低中压锅炉（工作压力一般不大于5.88MPa，工作温度在450℃以下）的受热面管子；用于高压锅炉（工作压力一般在9.8MPa以上，工作温度在450～650℃之间）的受热面管子、省煤器、过热器、再热器、石化工业用管等。

（2）15CrMo（T11、T12、P11、P12）：由于铬元素提高了碳化物的稳定性，有效阻止了石墨化的倾向，但珠光体球化及合金元素再分配现象会导致材料的热强性下降，超过550℃时，热强性下降明显，抗氧化性变差。

（3）12Cr1MoV（T22、P22）：有较高的热强性及持久塑性，580℃时表面形成致密氧化物保护膜，有足够的抗氧化性、良好的焊接性，长期运行会出现珠光体球化和合金元素再分配现象，降低热强性。

（4）12Cr2MoWVTiB（钢102）：有良好的综合力学性能，但其热强性对热处理比较敏感，要求热处理工艺严格控制，主要用于壁温不大于600℃的过热器管、再热器管，很少用于蒸汽管道。

（5）T23：是在T22基础上，结合钢102的优点改进的，通过降低C含量和添加W、V、Nb、B而获得的低碳、多元、高强度、高韧性的贝氏体型耐热钢。在600℃时强度比T22高93%，与钢102相当，含碳量更低，焊接性和加工性更好。

（6）T91：是改良的9Cr－1Mo型高强度马氏体耐热钢，是一种综合性能优异的9% Cr钢。该钢通过降低含碳量、添加合金元素V和Nb，控制N和Al的含量，使钢具有更高的冲击韧性、热强性和抗腐蚀性。此外，该钢的线膨胀系数小，导热性好，主要用于亚临界参数、超临界参数锅炉中壁温不大于600℃的集箱及蒸汽管道。

（7）T92：是在T91的基础上通过减少Mo、增加W的含量，并控制B的含量得到的新型9% Cr的马氏体耐热钢，力学性能与T91相当，焊接性能有所改善。600～650℃的蠕变强度有很大提高，许用应力比T91高34%，强度是TP347H的1.12倍。

（8）T122：是一种12% Cr的马氏体耐热钢，添加2%的W、0.07% Nb和1%的Cu。该钢具有更高的热强性和耐腐蚀性，含碳量的降低，焊接性能也进一步得到改善，主要用于制造620℃以下的主蒸汽管道。

（9）SUPER304H：是TP304H的改进型钢，添加了3%的Cu、0.4%的Nb。由于细晶粒结构和细铜相的沉淀强化作用，获得了极高的蠕变强度，在600～650℃许用应力比TP304H高30%，在高温下具有优良的机械性能、抗蒸汽氧化和耐热腐蚀性能，可以在650℃以下长期运行，是超（超）临界锅炉过热器、再热器的首选材料。

（10）TP347HFG：是TP347H型不锈钢通过特定的热加工和热处理工艺，使晶粒细化到8级以上，经细化晶粒后许用应力提高了20%以上，也大大提高了材料抗蒸汽氧化的能力。

（11）HR3C钢（25Cr－20Ni－Nb－N钢）：是日本研制出的一种新型不锈钢。通过限制C含量，并添加0.20%～0.60%的Nb，0.15%～0.35%的N，利用弥散析出的强化相，材料具有优良的高温强度和抗高温蒸汽氧化性能，是650℃超（超）临界电站锅炉中末级过热器和再热器的主要耐热钢管材之一。

文中元素符号：N（氮）、C（碳）、Cr（铬）、Mo（钼）、V（钒）、Ni（镍）、W（钨）、Ti（钛）、Nb（铌）、Cu（铜）、B（硼）、Al（铝）、Mn（锰）。

第二章　风烟系统

第一节　认识锅炉燃烧器的各种“风”

1. 一次风

一次风是用来输送加热煤粉，使煤粉通过一次风管送入炉膛，并能供给煤粉中的挥发分着火燃烧所需的氧气。采用热风送煤粉的一次风，同时还具有对煤粉预热的作用。它除了维持一定的气粉混合物浓度以便于输送外，还要为燃料在燃烧初期提供足够的氧气。一次风有冷一次风与热一次风之分。热一次风用于保证煤粉进入锅炉时即有一定的温度，提高能量利用率；冷一次风用于调节热一次风温，以保证热交换率效果达到最大。一次风携带的煤粉进入炉膛后通过二次风提供氧气燃烧。

2. 二次风

二次风是通过燃烧器的单独通道送入炉膛的热空气，进入炉膛后才逐渐和一次风相混合。二次风为碳的燃烧提供氧气，并能加强气流的扰动，促进高温烟气的回流，促进可燃物与氧气的混合，为完全燃烧提供条件。二次风的风量在一次风、三次风中最大，在总风量中占有相当大的比例。

3. 三次风

三次风是制粉系统排出的干燥风，俗称乏气。它作为输送煤粉的介质，送煤粉时叫一次风，只有在以单独喷口送入炉膛时才叫作三次风。因三次风含有少量煤粉、风速高，对煤粉燃烧过程有强烈的混合作用，并补充燃尽阶段所需要的氧气。由于三次风风温低、含水蒸气多，有降低炉膛温度的影响。

4. 中心风

中心风是四通道燃烧器与三通道燃烧器的根本区别所在。中心风的作用：①冷却燃烧器端部，保护喷头。②在燃烧器端部形成碗状效应（气流内循环），使火焰更加稳定。③降低端部火焰温度，减少 NO_x 有害气体的形成。

5. 辅助风

辅助风控制系统以二次风风箱压力的差压为被调量，风箱/炉膛压差的定值取为负荷的函数。辅助风控制系统为一单冲量多输出控制系统，控制系统输出的同时控制各层的辅助风挡板。在运行时各层磨煤机的负荷可能各不相同，需要不同的配风，因此每层辅助风风门都设有一个操作员偏置站。当油枪程控点火时，相应的辅助风风门自动到“油枪点火”位置。

6. 燃料风（周界风）

燃料风（周界风）控制系统为比值控制系统，燃料风风门的开度由相应的给煤机转速决定，燃料风风门的开度为其相应的给煤机转速的函数。

7. 燃尽风

燃尽风控制系统也是比值控制系统，燃尽风风门的开度为锅炉负荷的函数。

第二节 降低排烟温度的方法

1. 降低排烟温度的必要性

燃料费用约占火力发电厂发电成本的70%。因此，如何提高锅炉燃烧的经济性及锅炉热效率，必然成为降耗增效的重点。根据锅炉的运行现状，在节能降耗方面，大有潜力可挖。近年来，许多电厂已开展降低锅炉排烟温度的试验研究工作，提出改造费用较省、实施方便且不影响锅炉整体安全性的技术改造方案。

一般情况下，排烟热损失为4%～8%，占锅炉热损失的60%～70%。排烟温度每增加10℃，排烟热损失增加0.6%～1.0%，从而需多耗煤1.2%～2.4%。若以燃用热值为20000kJ/kg煤的410t/h高压锅炉为例，则每年多消耗近万吨动力用煤。多耗煤除了影响锅炉的经济性外，还增加了污染物的排放量，加剧了对环境的污染。所以，消除排烟温度过高的问题对于节约燃料、降低污染都具有重要的实际意义。

在锅炉的各项热量损失中，排烟热量损失所占比例最大，而排烟温度在一定程度上决定了排烟损失的大小。应在大量参考电力资料的基础上，结合国内火力发电厂的实际运行现状，对影响电站锅炉排烟温度升高的各种原因进行归类分析，并给出降低排烟温度的措施，为降低排烟温度，使锅炉达到安全、经济的运行状态提供参考，以期能对解决电站锅炉排烟温度偏高问题有所帮助。

烟气离开锅炉机组的最后受热面时，还具有相当高的温度，该烟温称为排烟温度。排烟温度对锅炉的经济安全运行至关重要，而影响锅炉排烟温度的因素很多，也比较复杂，且共同作用，导致锅炉排烟温度上升。排烟温度升高的原因大致分为 2 大类：一类是通过运行、检修管理和结构改造可以消除的，如炉膛、制粉系统、烟道以及空气预热器漏风、给水温度的变化、掺入冷风量的变化、受热面的布置和积灰、结渣等；而另一类是不易消除的，如煤种和环境温度对排烟温度的影响（表 2 –1）。

表 2 –1　对排烟温度的影响因素

<table>
<tr><td>炉膛系统漏风</td><td rowspan="3">锅炉漏风</td><td rowspan="20">影响锅炉排烟温度偏高的因素</td></tr>
<tr><td>制粉系统漏风</td></tr>
<tr><td>烟道漏风</td></tr>
<tr><td>磨煤机出口温度偏低</td><td rowspan="4">掺冷风量增多</td></tr>
<tr><td>一次风率偏高</td></tr>
<tr><td>磨煤机出力下降</td></tr>
<tr><td>部分磨煤机停用</td></tr>
<tr><td>燃料发热量</td><td rowspan="4">煤种</td></tr>
<tr><td>水分</td></tr>
<tr><td>灰分</td></tr>
<tr><td>挥发分</td></tr>
<tr><td colspan="2">锅炉受热面结渣、积灰</td></tr>
<tr><td>给水温度</td><td rowspan="2">给水</td></tr>
<tr><td>水质</td></tr>
<tr><td colspan="2">冷空气温度</td></tr>
<tr><td colspan="2">尾部烟道积灰、堵灰</td></tr>
<tr><td colspan="2">炉膛出口过量空气系数</td></tr>
<tr><td colspan="2">锅炉负荷</td></tr>
<tr><td colspan="2">锅炉结构因素</td></tr>
<tr><td colspan="2">测点无代表性或测量元件故障</td></tr>
</table>

2. 运行方面的措施

分析排烟温度过高的原因可以看出，锅炉漏风、炉膛冷风的掺入量和受热面积灰结渣等都对排烟温度的影响较大，可以通过调节运行方式对上述原因进行控制。所以当锅炉排烟温度偏高时首先调整运行方式，相关措施有以下几点：

（1）减少漏风。

①减少炉膛漏风。锅炉运行的炉膛火焰时有刷墙现象，加之燃烧中心温度较高，使人孔、看火孔等受热变形，关闭困难，引起炉膛漏风。要减少炉膛漏风，要随时关闭各门、孔，特别是在启、停炉时，炉膛负压很不稳定，随时都有可能把炉本体的看火孔鼓开，所以运行人员要对炉本体周围勤检查，发现看火孔关闭异常时应及时处理。对于有防爆门的锅炉，接合面要进行研磨，接合面加石棉垫。干排渣机也是漏风的重点部位，注意巡检定期检查排渣机检查孔，要求全部严密关闭。此外，过渡渣斗与钢带的接合面也是检查重点。

②减少制粉系统漏风。对于负压制粉系统而言，应当经常检查漏风部位，如木块分离器、粗粉分离器、细粉分离器、磨煤机入口、给煤机检查孔等。一旦漏风，应采取措施及时处理。建议采用封闭式给煤机或密封性较好风门挡板，减少制粉系统的漏风。对于正压直吹式制粉系统，要控制密封风与一次风差压值，减少密封风漏入量。一般情况下，制粉系统的漏风系数大约每增加0.05，排烟温度将增高3℃左右。另外在制粉系统中，因热风的温度比制粉所需的干燥风要求高，出于安全考虑，运行中有时会利用向热风中掺入一些冷风或温风的方法，来降低磨煤机入口干燥风的温度和增加磨煤通风量，从而使流过空气预热器的空气量减少，空气预热器吸热量降低，最后也会导致排烟温度升高。

③减少烟道漏风。烟道漏风使得排烟温度升高的原因，在于空气预热器以前的烟道漏风会使烟温下降，传热温压降低，使受热面的吸热量下降而导致排烟温度升高、排烟损失增大。另外，空气预热器因烟气腐蚀和磨损而漏风的现象在电站锅炉中非常普遍，空气预热器漏风是空气侧的空气漏入烟气侧，不仅影响漏风点下游的传热过程，而且还直接改变烟气的热容量对锅炉排烟温度的影响。空气预热器漏风的结果是烟气温度降低和热传递减弱，降低了一次风和二次风温度，和炉膛内漏入冷风一样，使得排烟温度升高。在氧量不变的情况下。烟道漏风排挤一、二次风量，使排烟温度升高。

烟道各处漏风，都将使排烟处的过量空气系数增大，增加排烟热损失和引风机电耗，而不能改善燃烧。漏风使排烟热损失增大的原因，不仅是由于它增大了排烟容积，同时漏风也使排烟温度升高。这是因为漏入烟道的冷空气使漏风点处的烟气温度降低，从而使漏风点以后的所有受热面的传热量都减少，故而使排烟温度升高。且漏风点越靠近炉膛，其影响越大。当负荷增加时，可适当减少过量空气系数的运行，而在低负荷时为控制排烟温度经济运行可适当减小炉膛负压，减小漏风，同时在保持正常运行的前提下适当减小风量，减少排烟温度和排烟量。

在大修、小修中安排进行烟道的查漏和堵漏工作。主要是检查烟风道板壁的拼接处、膨胀节和槽钢的连接处、烟风道板壁和接口法兰以及大风箱和侧水冷壁之间密封连接处的缝隙是否满焊。

（2）降低一次风率，提高一次风温。

一次风率对排烟温度有很大的影响，因此通过降低一次风率，减少锅炉掺入冷风量，可以达到降低排烟温度的目的。但一次风率降低会使一次风速降低，造成一次风管内积粉，燃烧器结焦烧损。为此，采用减小一次风管径，缩小一次风流通面积的办法，以保持较高的风速。此外，须尽可能地使同层一次风管中风速相同。通常锅炉冷态所做的一次风速调平工作，只是调节煤粉混合器前的节流孔板，使并列的管道在纯空气流动状态下达到阻力相等，并不能做到锅炉正常运行时同层一次风管内流速相等。这是因为送粉管道的阻力与煤粉浓度有关，它随着煤粉浓度的增加而增加，且增幅相对较大。解决的办法是在煤粉混台器后管道上增加一节流孔板，在冷态一次风调平及投粉后，调节该节流孔板，使同层一次风管煤粉混台器后的管道阻力系数相同。降低一次风率的另一方法是随负荷不同而增减燃烧器。停用部分燃烧器后，不仅可减少一次风率而且能使火焰集中、低负荷时稳定燃烧。停用燃烧器的顺序应自上而下。

提高一次风温，同样可以降低锅炉掺烧冷风量，降低排烟温度。据有关资料介绍，烟煤挥发分 >20%，挥发分初始逸出温度为 210～260℃，因此，燃用烟煤，一次风粉混合温度低于挥发分的初始逸出温度，一次风管的安全性就可以保证。对于热风送粉，通常设计一次风粉混合温度低于 160℃，故一次风温有较大的提高余地。但一次风温提高，会导致燃烧器着火提前，燃烧器结焦、烧损、炉膛结焦。为此应对燃烧器进行改造，缩小一次风喷口尺寸，改变一、二次风喷口布置形式，改变配风形式，或采用浓淡型煤粉燃烧器，改善炉风燃烧，防止结焦，从而实现提高一次风温的目的。

（3）保持受热面清洁。

①合理吹灰。吹灰过频会造成受热面磨损，吹灰过少将使受热面结焦严重。运行人员不仅要适时地针对受热面吹扫，而且根据受热面实际情况及时调整吹灰次数，保证受热面清洁，将有利于控制锅炉排烟温度。

②利用大小修对受热面进行清洁、水冲洗，彻底清理吹灰器吹不到的积灰、结渣。

③长期大负荷运行期间，合理安排机组变负荷运行，利用机组热负荷变化自然落焦。

④探讨合理增加不同形式的吹灰器。一级过热器和省煤器由于管子密、积灰严重，蒸汽吹灰面积范围小、效果差，可以考虑增加吹灰器，提高其吹灰效果；屏式过热器结焦较严重，但其吹灰器少，吹灰效果一般，但是提高二、三级过热器的清洁是提高主汽温度、降低排烟温度的有效手段，需考虑屏式过热器吹灰器的分布或数量是否合理的问题。

⑤合理配煤，保证配煤质量，降低锅炉结焦的程度。

⑥加强加药和排污管理，强化运行管理和化学监督工作，严格控制锅炉汽水各项指标，防止汽水系统积盐结垢的发生。

（4）降低炉膛火焰中心高度。

炉膛的火焰中心越高，煤粉在炉膛内的停留时间越短，煤粉燃尽程度越低，导致火焰与炉膛内的受热面的换热量减少，炉膛的出口烟温升高，使烟气总的放热量减少，最终造成锅炉的排烟温度升高。与此同时，随着炉膛出口烟温的升高，烟气到达炉膛出口时得不到充分冷却，会使炉膛上部受热面结渣，附加热阻增大，使烟气中的热量不能及时被汽水吸收，烟气中的温度得不到释放，这样将会大大影响锅炉受热面的传热，使烟气流出尾部烟道后温度高于设计值，从而使排烟温度升高。因此必须采取行之有效的措施来降低炉膛火焰的中心高度，可以通过改变摆动式燃烧器的上下倾角、投运不同层次的燃烧器和控制炉底漏风来降低火焰中心高度，从而达到降低排烟温度的目的。

（5）冷风掺入量过大。

掺冷风是指因锅炉设计问题，造成预热器出口热风温度偏高，而要保证锅炉燃烧参数，必须在制粉系统或一次风中掺冷风。以前，锅炉厂在锅炉设计计算时往往不考虑制粉系统的实际用风情况，只按锅炉热力计算标准对用热风送粉的中间储仓式制粉系统取制粉系统漏风系数为0.1。而设计院根据制粉系统设计计算技术规定，选用漏风系数为0.3（磨煤机型号DM350/720钢球磨煤机），其结果是漏风系数大于0.3。这是因为机组运行时制粉系统按漏风系数0.3运行，势必造成锅炉热风温度提高，需进一步提高掺冷风系数，以维持制粉系统正常运行。

设计上不匹配是造成制粉系统漏风系数大的主要原因。实际运行中，制粉系统进入的冷风却受多种因素制约。例如，燃用含水分不同的煤种的掺冷风系数是不一样的（表2-2)，煤的水分较大时，需要较多的热风和较少的冷风；煤的水分较少时，则需要较少的热风和较多的冷风。制粉系统配入冷风的变化不仅影响排烟温度，而且影响燃烧系统中一、二、三次风的合理配比。因此，要设计出符合运行条件的锅炉，就必须根据制粉系统实际用风情况，将锅炉的热力计算和制粉系统的热力计算作为一个整体来考虑，根据计算结果来判定受热面布置是否合理，不合理时应增减受热面。

表2-2　不同煤种的掺冷风系数

名称	符号	单位	计算结果			
收到基水分	War	%	6.27	7.5	9.52	12
漏风系数			0.078 5	0.075 9	0.07 29	0.073 8
掺冷风系数			0.136 6	0.106 8	0.059 8	0.018 1
干燥介质温度		℃	185.2	209.8	251.8	305.6

掺冷风和漏风一样，也使流过空气预热器的空气量减少，使空气预热器的吸热量降低，烟气所含有的热量得不到及时的释放，烟气在离开空气预热器尾部受热面时温度仍然很高，这样最终导致排烟温度升高。

对于热风送粉的锅炉，有时为了控制风粉混合物的温度，通常要在一次风中掺冷风，一次风率升高必然使掺入的冷风量增加。为了控制磨煤机出口温度，使用的干燥剂为热空气加冷空气。对于乏气送粉锅炉，当一次风率增加时，磨煤机筒体通风量增加，虽然磨煤机出力有所增加，但每千克磨煤量的干燥剂量相对增多，这使冷风的掺入量增加。总之，一次风率的增加将使掺入的冷风量增大，使流过空气预热器的空气减少，最终导致排烟温度升高。

（6）燃煤成分影响。

燃料中的水分或灰分增加以及低位发热量降低均使排烟温度上升。这是因为这些变化将使烟气量和烟气比热增加，烟气在对流区中温降减小，排烟温度上升。燃用无烟煤或贫煤时，由于挥发分含量少、着火温度高，煤粉着火推迟，难以燃尽，造成炉膛出口温度升高，导致排烟温度同时升高。因煤种在运行中无法控制，所以难以找到有效措施来降低排烟温度，但在分析排烟温度高的原因时应考虑煤质变化。如，某电厂锅炉设计燃烧煤种为山西晋北烟煤，实际燃烧神华煤和准格尔掺烧煤种。煤的成分（主要是水分和发热量）直接影响锅炉的烟气量和烟气特性，煤中的水分增加，使排烟量上升，导致排烟温度上升。根据相关文献记载，应用基水分和低位发热量对排烟温度的综合影响可用折算水分 M 来计算，计算表明排烟温度与折算水分 M 近似呈线性关系。最后折算水分 M 每增大0.1，排烟温度升高0.6℃。某电厂设计煤种折算水分为1.79，掺烧煤种折算水分为2.49，因此排烟温度因煤种变化升高约4.2℃。

煤中的水分变成水蒸气，增加了烟气量，水分高，提高了烟气的酸露点，易产生低温腐蚀。为防止或减轻对低温受热面的腐蚀，最有效的方法就是提高空气预热器受热面的壁温，而要提高壁温就要提高排烟温度和入口空气温度。实际运行中提高壁温最常用的方法是提高空气入口温度，一般使用暖风器或热风再循环。安顺电厂采用的是加装暖风器，利用汽轮机的抽汽来加热冷风，以提高进风温度。但进风温度升高会使排烟温度也升高，因而排烟热损失将增大，而使锅炉经济性降低。一般估计，煤中的水分每增加5%，由于热损失而使锅炉效率下降0.5%。

（7）校核测量仪表。

为确保测量准确需加强对测量仪表的管理维护，提高热工测量水平。应制定定期校验制度，对各部热工仪表进行定期校验，保证测量准确性。对于烟气温度测点存在烟温测点的位置不合适、其测量值不能代表整个烟道截面的平均温度水平的问题，应对其进行修正。通过试验，在烟道截面均匀布置测点，测取烟气真实平均值，与测点指示值进行对比，修正绘制修正曲线，以指导运行调整。

第三节　炉膛出口烟温偏差控制

对于四角切圆燃烧锅炉，炉膛出口烟温偏差大一直是个头疼的问题，因四角切圆锅炉烟气流在炉膛内本来就是旋转的，所以炉膛出口的烟气左右侧就会存在烟气量大小及流速差，导致两侧存在烟温差。一般来说偏差在50℃以下对炉膛影响不大，反之就要调整烟温偏差，可以从以下几个方面着手：

（1）做好风量配比。从二次风下手，顶层二次风开大对扭转烟温偏差有一定的好处。调整顶部反切风的大小，要看底部的切圆方向，并且还要搞清楚是哪侧的温度高，以加大或减小顶部反切二次风。

（2）排除局部结焦。过热器积灰、某一侧结焦积灰的影响、长期未吹灰或吹灰器故障，都造成受热面结灰严重，要定期吹灰。

（3）如果一直是偏差很大，那就不是运行调整的问题了，应该是空气动力厂试验有问题。可能四角切圆的假想切圆不居中、某一个或几个角喷燃器口结焦、磨出口各角的一次风量不均等设计调试的原因了。这就需要停机时重做炉膛风量标定，或者校一下磨各角风量。

（4）热电偶的问题。热电偶上有积灰，会导致测点不准。

（5）燃烧方式不合理的问题。一次风速过高、减温水调节不当、各给煤点的煤量的大小、来煤品质等都会影响烟温偏差。

（6）2台引风机出力不均、水冷壁或过热器发生泄露、就地风箱风门开度有偏差、炉膛有漏风的地方、看火孔未关、二次风联络门故障、二次风挡板执行机构卡涩造成风门实际开度与指令不一致等等，都会导致烟温差。

对于运行人员来说，需要胆大心细，在平时多做调整，总结经验，实际运行中靠自己不断摸索，组织良好的炉内燃烧空气动力工况，控制火焰中心在合理高度，来达到减小偏差的目的。

第四节　一次风对燃烧的影响

一次风量主要取决于煤质条件。当锅炉燃用的煤质确定时，一次风量对煤粉气流着火速度和着火稳定性的影响是主要的。一次风量愈大，煤粉气流加热至着火所需的热量就越多，即着火热愈多。这时，着火速度就愈慢，因而，距离燃烧器出口的着火位置延长，使火焰在炉内的总行程缩短，即燃料在炉内的有效燃烧时间减少，导致燃烧不完全。显然，这时炉膛出口烟温也会升高，不但可能使炉膛出口的受热面结渣，还会引起过热器或再热器超温等一系列问题，严重影响锅炉安全经济运行。对于不同的燃料，由于它们的着火特性的差别较大，所需的一次风量也就不同。应在保证煤粉管道不沉积煤粉的前提下，尽可能减小一次风量（图 2－1）。

图 2－1 一次风速低造成的煤粉管堵塞

对一次风量的要求是，满足煤粉中挥发分着火燃烧所需的氧量，满足输送煤粉的需要。如果同时满足这 2 个条件有矛盾，则应首先考虑输送煤粉的需要，因为安全是最大的经济。

例如，对于贫煤和无烟煤来说，因挥发分含量很低，如按挥发分含量来决定一次风量，则不能满足输送煤粉的要求。为了保证输送煤粉，必须增大一次风量。但因此增加了着火的困难，需要落实快速与稳定着火的措施，即提高一次风温度，或采用其他稳燃措施。一次风量通常用一次风量占总风量的比值表示，称为一次风率。

一次风速：在燃烧器结构和燃用煤种一定时，确定了一次风量就等于确定了一次风速。一次风速不但决定着火燃烧的稳定性，而且还影响着一次风气流的刚度。一次风速过高，会推迟着火，引起燃烧不稳定，甚至灭火。任何一种燃料着火后，当氧浓度和温度一定时，具有一定的火焰传播速度。当一次风速过高，大于火焰传播速度时，就会吹灭火焰或者引起“脱火”。即便能着火，也可能产生其他问题。因为较粗的煤粉惯性大，容易穿过剧烈燃烧区而落下，形成不完全燃烧。有时甚至使煤粉气流直冲对面的炉墙，引起结渣。一次风速过低，对稳定燃烧和防止结渣也是不利的。

第五节　二次风对燃烧的影响

煤粉气流着火后，二次风的投入方式对着火稳定性和燃尽过程起着重要作用。对于大容量锅炉尤其要注意二次风穿透火焰的能力。简言之，就是风速、硬度（刚性）。忽略燃烧器喷口和二次风门喷口变化，二次风速只随二次风量变化而变化。

二次风是在煤粉气流着火后混入的。由于高温火焰的黏度很大，二次风必须以很高的速度才能穿透火焰，以增强空气与焦炭粒子表面的接触和混合，故通常二次风速比一次风速提高1倍以上。

配风方式不仅影响燃烧稳定性和燃烧效率，还关系到结渣、火焰中心高度的变化、氮氧化物生成、炉膛出口烟温的控制，从而进一步影响过热汽温与再热汽温。

二次风温从燃烧角度看，二次风温愈高，愈能强化燃烧，并能在低负荷运行时增强着火的稳定性。但是二次风温的提高受到空气预热器传热面积的限制，传热面积愈大，金属耗量就愈多，不但增加投资，而且将使预热器结构庞大，不便布置。

受低氮燃烧器的影响，二次风里又分出了燃尽风的份额，于是对二次风的调节又增加了复杂性。各种燃烧优化中，往往关注的就是二次风的开度，而忽略二次风的风箱差压。变负荷中，二次风速的变化不仅与风门开度相关，还与差压息息相关。

第六节　三次风对燃烧的影响

三次风只在中储式制粉系统中出现，直吹式磨煤机系统不会形成三次风。

细粉分离器将煤粉和输送煤粉的空气分离后，形成乏气。乏气中带有10%的细煤粉，这部分乏气一般送入炉膛燃烧，形成三次风。

三次风的特点是温度低、水分大、煤粉细。运行经验证明：三次风对燃烧有明显的不利影响。在大容量锅炉上，三次风的投入对过热汽温、再热汽温的影响很大。三次风对燃烧及汽温调节的不利影响是：①使火焰温度降低，燃烧不稳定。②火焰拖长，炉膛出口烟温升高，使过热汽温与再热汽温偏高，汽温调节幅度增大。同时增大过热器热偏差。③三次风高速射入，使火焰残余旋转增大，同时飞灰可燃物增加。④三次风量较大时，风速也增大，易扰乱炉内正常的空气流动，引起火焰贴墙结渣。为了减轻三次风对燃烧的不利影响，在大容量锅炉上可将三次风分为2段，即上三次风和下三次风。三次风的分级送入和合理布置，不仅能减轻上述的不利影响，还能把制粉系统乏气中的煤粉烧掉，并加强燃烧后期可燃物与空气的混合，促进燃烧。为了保证三次风穿透火焰，三次风速通常达50～60m/s。三次风温一般低于100℃，煤中水分较大时，只有60℃。三次风量约占总风量的10%～18%，有时可达30%。

三次风量的大小取决于一次风量。根据煤质的挥发分含量、着火的难易程度、水分含量等，一次风量首先以满足干燥原煤、输送煤粉的要求为原则。

当然有三次风也不是全无利处。在低氮燃烧的改造中，为了降低炉内氧量，减少污染物生成，把烟气再循环至三次风，作为乏气送至炉膛内，有着显著的降氮效果。

第七节 漏风对锅炉运行的影响

不同部位的漏风对锅炉运行造成的危害不完全相同。但无论什么部位的漏风，都会使烟气体积增大、排烟热损失升高、引风机电耗增大。如果漏风严重，引风机已开到最大还不能维持规定的负压（炉膛、烟道），被迫减小送风量时，会使不完全燃烧热损失增大，结渣可能性加剧，甚至不得不限制锅炉出力。

炉膛下部及燃烧器附近漏风可能影响燃料的着火与燃烧。由于炉膛温度下降，炉内辐射传热量减小，降低炉膛出口烟温。炉膛上部漏风，虽然对燃烧和炉内传热影响不大，但是炉膛出口烟温下降，对漏风点以后的受热面的传热量会减少。

对流烟道漏风将降低漏风点的烟温及以后受热面的传热温差，因而减小漏风点以后受热面的吸热量。由于吸热量减小，烟气经过更多受热面之后，烟温将达到或超过原有温度水平，会使排烟热损失明显上升。

空气预热器布置在锅炉的尾部，漏风对传热的影响与省煤器基本相同。但空气预热器漏风来源于空气侧，漏风的温度高于环境温度，此外空气预热器的漏风直接影响排烟温度。空气预热器处的漏风还影响制粉系统的出力，当漏风量过大时严重影响送风机的处理，造成锅炉出力下降。

综上所述，炉膛漏风要比烟道漏风危害大，烟道漏风的部位越靠前，其危害越大。锅炉机组漏风通常会造成排烟热损失，降低其热传递性能，还会加剧受热面磨损，增加风机运行负荷。因漏风过大迫使锅炉降低出力运行，需及时采取技术措施，最大限度控制漏风所造成的影响，如图 2－2、图 2－3 所示。

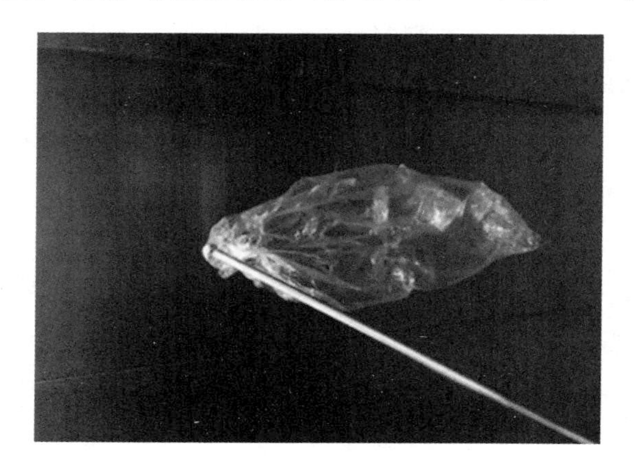

图 2－2　简易的查漏风设备

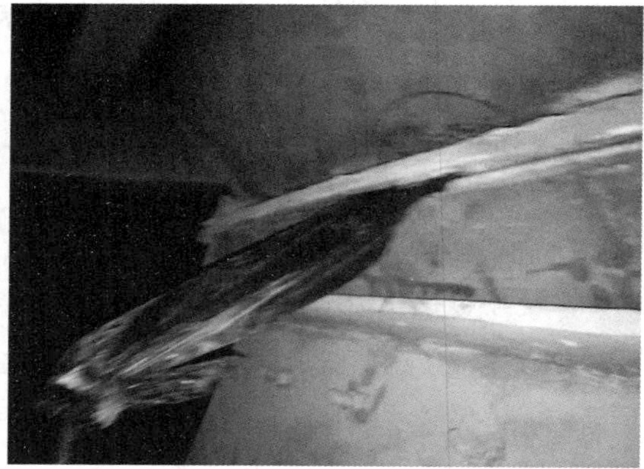

图 2－3　用塑料袋查漏风

第八节　炉膛火焰中心的控制措施

1. 概念

炉膛中的最高温度点称为火焰中心，也称燃烧中心。火焰中心在炉膛中的正确位置，一般应在燃烧器平均高度所在平面的几何中心处。

火焰中心位置会因人为原因及其他因素而发生变化，火焰中心位置的变动，对锅炉传热及锅炉安全工作均有影响。

火焰中心位置太低时，可能引起冷灰斗处结渣；火焰中心位置太高，使炉膛出口烟温升高，导致炉膛出口对流受热面结渣及过热器壁温升高；火焰中心在炉膛内偏向某一侧时，会引起该侧炉墙的结渣。当然，有时为了调节蒸汽温度的需要，还可人为地改变火焰中心位置。

在锅炉炉膛中，燃料燃烧放热的同时，还进行着热量的传递。由于不同部位处于不同的燃烧阶段，放热强度不一样，致使炉膛各部位的温度也不相同。

2. 控制措施

（1）煤粉细度存在一个最佳煤粉细度，可通过制粉系统和锅炉燃烧优化调整试验确定。

（2）一次风速越低，火焰中心越低，排烟温度也越低。但一次风速过低会造成一次风管堵粉或喷燃器烧损，因此一次风速应根据煤中确定一个合理风速，也可以通过优化试验确定。

（3）在保证磨煤机设备安全和满足制粉系统防爆要求的情况下，较高的一次风温有利于降低火焰中心和排烟温度。

（4）喷燃器摆角可直接调整火焰中心，要加强维护，保证调整单位可用，摆角下调有利于降低排烟温度和飞灰可燃物，但过低易引起主再热汽温偏低等问题，因此喷燃器摆角不同负荷各有一个合理位置。

（5）炉底漏风量过大，对火焰有托浮作用，应尽力避免炉底异常漏风。

（6）总风量过大，煤粉在炉膛内上升速度过快，且炉膛温度水平降低，火焰中心升高。配风不合理，下部配风过小，使燃烧推迟，从而造成火焰中心升高。总风量控制按最佳氧量控制，配风方式应通过试验进行优化。

（7）上部喷燃器热负荷高，火焰中心升高，喷燃器热负荷分配在不同负荷下，也要通过优化燃烧调整试验来确定。

（8）火焰充满度低，动力场偏斜，煤粉在炉膛内上升速度快，会使火焰中心上升，因此应进行空气动力场试验，保证动力场充满度、对称性。

（9）W 火焰下探动量小，前后墙热力及配风强度不对称，都会产生一次风气流短路，使火焰中心升高，因此运行中应保证合理的一次风下冲动量，各层二次风配风量和进风角度要合理，这些工作都可通过优化燃烧调整试验来解决。

（10）炉膛有效容若设计偏小，煤粉在炉膛内上升速度就快，火眼中心就会偏高，对于运行锅炉没有办法解决。

第九节　风机喘振探讨

之前我们探讨过喘振、失速与抢风之间的三角关系，下面我们着重谈谈喘振。

喘振：轴流风机在不稳定工况区运行时，可能发生流量、全压和电流的大幅度波动，气流会发生往复流动，风机及管道会产生强烈的振动，噪声显著增高，这种不稳定工况称为喘振。喘振的发生会破坏风机与管道的设备，威胁风机及整个系统的安全性。

如图 2－4 所示，轴流风机 $Q-H$ 性能曲线，若用节流调节方法减少风机流量，如风机工作点在 K 点右侧，则风机工作是稳定的。

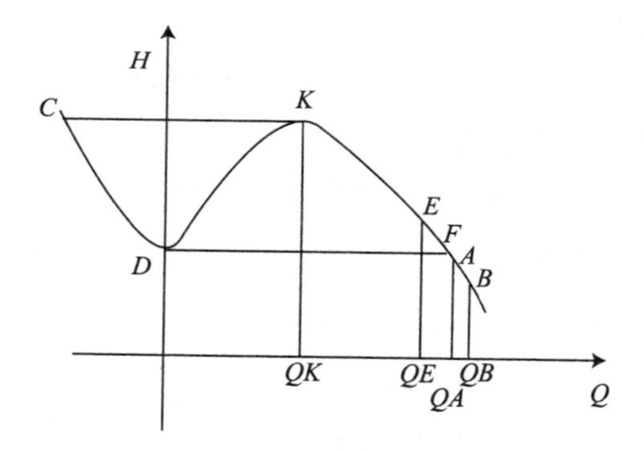

图 2－4　轴流风机性能曲线图

当风机的流量 $Q<QK$ 时，这时风机所产生的最大压头将随之下降，并小于管路中的压力。因为风道系统容量较大，在这一瞬间风道中的压力仍为 HK，因此风道中的压力大于风机所产生的压头，使气流开始反方向流动，由风道倒入风机中，工作点由 K 点迅速移至 C 点。但是气流倒流使风道系统中的风量减小，因而风道中压力迅速下降，工作点沿着 CD 线迅速下降至流量 $Q=0$ 时的 D 点，此时风机供给的风量为零。由于风机在继续运转，所以当风道中的压力降低到相应的 D 点时，风机又开始输出流量。为了与风道中压力相平衡，工况点又从 D 跳

至相应工况点 F。只要外界所需的流量保持小于 QK，上述过程又将重复出现。如果风机的工作状态按 $F-K-C-D-F$ 周而复始地进行，这种循环的频率如与风机系统的振荡频率合拍时，就会引起共振，导致风机发生喘振。

风机在喘振区工作时，流量急剧波动，产生气流的撞击，使风机发生强烈的振动，噪声增大，而且风压不断晃动。风机的容量与压头越大，则喘振的危害性越大。故风机产生喘振具备下述条件：

（1）风机的工作点落在具有驼峰形 $Q-H$ 性能曲线的不稳定区域内；

（2）风道系统具有足够大的容积，它与风机组成一个弹性的空气动力系统；

（3）整个循环的频率与系统的气流振荡频率合拍时，产生共振。

旋转脱流与喘振的发生都是在 $Q-H$ 性能曲线左侧的不稳定区域，所以它们是密切相关的，但是旋转脱流与喘振有着本质的区别。旋转脱流发生在如图所示的风机 $Q-H$ 性能曲线峰值以左的整个不稳定区域；而喘振只发生在 Q－H 性能曲线向右上方倾斜部分。旋转脱流的发生只决定叶轮本身叶片结构性能、气流情况等因素，与风道系统的容量、形状等无关，且旋转脱流对风机的正常运转影响不如喘振严重。

风机在运行时发生喘振，情况就不相同。喘振时，风机的流量、全压和功率产生脉动或大幅度的脉动，同时伴有明显的噪声，有时甚至是高分贝的噪声。喘振时的振动有时很剧烈的，会损坏风机与管道系统。所以喘振发生时，风机无法运行。

为防止轴流风机在运行时工作点落在旋转脱流、喘振区内，在选择轴流风机时应仔细核实风机的经常工作点是否落在稳定区内，同时在选择调节方法时，需注意工作点的变化情况。动叶可调轴流风机由于是改变动叶的安装角进行调节，所以当风机减少流量时，小风量使轴向速度降低而造成的气流冲角的改变，恰好由动叶安装角的改变得以补偿，使气流的冲角不至于增大，于是风机不会产生旋转脱流，更不会产生喘振。动叶安装角减小时，风机不稳定区越来越小，这对风机的稳定运行是非常有利的。

第十节 喘振、失速、抢风的关系

失速与喘振现象是 2 个不同的概念。失速是叶片结构特性造成的一种流体动力现象。它的一些基本特性，例如脱流区的旋转速度、脱流的起始点、消失点等，都有它自己的规律，不受泵与风机管路系统的容量和形状的影响。

喘振是泵与风机性能及管路系统耦合后振荡特性的一种表现形式。它的振幅、频率等基本特性受泵与风机管路系统容量的支配，其流量、全压和轴功率的波动是由不稳定工况区造成的。但是，试验研究表明，喘振现象总是与叶道内气流的旋转脱流密切相关，而冲角的增大也与流量的减小有关。所以，在出现喘振的不稳定工况区内必定会出现旋转脱流。

出现失速并不一定出现喘振，出现喘振一定已经出现了失速。失速只属于轴流风机内流特性，而喘振是轴流风机内外特性耦合的结果，与出口管路特性有必然的联系。在实际运行中，当风机喘振时，风机和管道会产生很大的振动，且发出噪声。失速的风机不会产生很大的振动，也不会发出噪声，只要对动叶或转速进行调整，就可以继续运行。

抢风肯定是发生在并联管路中，抢风时不一定发生失速与喘振，和管路情况有关。一般风机出现抢风现象，主要是由于2台风机的出口到负荷点管路系统的沿程阻力和局部阻力发生变化所引起的。如一侧空预器发生严重堵灰，脱硝、脱硫系统发生堵塞，有增压风机的系统出现增压风机故障等等，都会使沿程阻力和局部阻力发生变化。典型的如沿锅炉前后墙直列布置的磨煤机系统，因为各磨煤机一次风进口跟一次风母管的距离偏差很大，当1台磨煤机跳闸时，原本出力平衡的2台一次风机，因为沿程阻力偏差大，就可能使1台阻力大的风机的风被顶住，2台风机出力形成偏差。一般大流量时，抢风不会很严重。但如果在小流量时，就可能会使风机进入失速和喘振区，造成风机失速和喘振，形成严重的抢风现象。所以说2台风机中的1台发生失速与喘振肯定会发生抢风现象。

第十一节　四角切圆锅炉中二次风的作用

二次风运行控制原则是保持一、二次风的出口速度和风量在一定的范围内，并且比例合适，从而使风粉混合均匀，燃料能正常着火，炉内燃烧工况良好，无互相干扰和冲刷炉墙现象。一次风方面，需要根据煤种情况控制风速在合适范围内，既不过高以免着火推迟，燃烧不稳，也不过低使着火太早，引起燃烧器烧损，并且容易引起一次风管积粉。二次风需要与一次风密切配合，根据燃烧情况，给气流适当的混合扰动，从而保证燃烧的稳定性。

在煤质较好、燃烧稳定时，尤其在高负荷下，基本可以采取均等配风形式；低负荷下为保证火焰稳定，采用倒宝塔的配风形式，甚至下二次风只开 10%，避免冷风给燃烧带来影响，使燃烧不稳定。通常一次风上面的二次风是使煤粉着火后能及时燃烧，提供足够的热量，并且尽可能燃尽，同时确保火焰燃烧维持在炉内一定高度，保证炉膛出口温度在设计范围内。2 组一次风口之间的中部二次风，则提供燃烧火焰所需要的氧气，保证燃烧的稳定性。一次风口下面的下层二次风的作用是托住火焰，不让火焰冲刷冷灰斗，减少煤粉掉到渣斗中。增加上部二次风，则使火焰中心下移，对保证燃烧稳定有利；减少上部二次风，则可以使火焰中心上移，适当提高汽温。在实际操作控制中，操作人员需要通过观察实际燃烧情况，及时采取不同的措施，以获得最佳的效果。调整过程中，如果采取束腰型配风形式，控制中部二次风量，也能较好地保证锅炉燃烧的稳定性。

风量变化通过调整总风量偏置来实现。煤质发生变化时，先通过过热器后的氧量变化调整送风量偏置来调整燃料与风量的总量比例关系，再通过调节一次风和二次风比例调整燃烧。在燃煤较差时，一次风量控制适当缩小，以燃烧稳定为原则；反之，燃煤较好时，则适当开大一、二次风挡板。

各二次风挡板的控制。二次分风调节尽量在燃烧稳定状况下进行，调节过程中注意风箱压力与炉膛差压数值，不能过高或过低。差压低时，二次风进入炉内的量少，且无法很好地穿透炉内高温气流，不能有效地提供燃烧所需要的氧气；反过来，差压过高时，对一次风有干扰，会把煤粉着火的热量降低，不利于煤粉着火及稳定。

第十二节 降低排烟温度的改造技术

1. 空气预热器改造

空气预热器受热面改造适用于 2 种情况：空气预热器受热面腐蚀和空气预热器换热面积偏小。空气预热器改造方式有更换空气预热器蓄热片、增加蓄热片高度、增加蓄热片数量、整体更换空气预热器等形式。

（1）更换空气预热器蓄热。

如果锅炉排烟温度高的主要原因是由于空气预热器受热面严重腐蚀，造成空气预热器换热能力严重下降，排烟温度高，热风温度低，那么对空气预热器进行蓄热片的更换是有效的改造手段。此类情况在运行超过10年、原煤硫分高、空气预热器冷端腐蚀、堵灰严重的机组上较为常见。

更换空预器蓄热片时也可考虑更换蓄热片的波形，选择高效换热的蓄热片波纹型式，但是需注意的是，空预器蓄热片波形换热效果越好，空预器阻力越大。

（2）增加空气预热器高度。

近年来，某些新投产机组出现空气预热器受热面换热能力不足的问题，导致排烟温度升高，达不到设计值。如某厂1000MW机组锅炉投产后排烟温度较设计值高，检修人员在检修时利用空预器预留空间，加高空预器热段蓄热片高度，降低排烟温度3～5℃。

（3）增加蓄热片数量。

安徽某电厂600MW机组锅炉检修时，发现装载的蓄热片重量未达到设计要求，后通过增加空预器蓄热包中蓄热片数量的方式，降低了排烟温度。

（4）空气预热器冲洗。

空预器的水冲洗对减少积灰效果较好，能有效降低排烟温度。但是部分电厂在空预器水冲洗之后未能完全干燥空预器中残留的水分，机组启动后，空预器中水分与飞灰产生极难清理的板结灰垢，运行中吹灰器也无法将其清除，空预器阻力急剧升高。某些锅炉空预器阻力满负荷时甚至达到2kPa以上，换热能力严重下降。

合理的空预器水冲洗方式应该是利用检修机会将空预器拆包清洗。某厂600MW机组锅炉每次大小修时均将空预器蓄热片拆出锅炉，对堵塞严重的蓄热包进行拆包，逐片清洗，工期约为15d，清洗效果较好，能保证空预器通畅，换热效果较好。

（5）整体更换空气预热器。

整体对空预器进行更换改造是最直接的提高空预器换热能力的方式，但是投资较大。

2. 省煤器受热面改造

对于空预器前烟温较高、热风温度余量充足的锅炉，可考虑进行增加省煤器受热面改造。某厂300MW机组通过增加“H”型鳍片省煤器面积，降低排烟温度15℃，效果较为明显。锅炉增加省煤器改造是有效降低排烟温度的措施，但是改造高压省煤器时还需考虑到水温欠焓、省煤器布置空间的限制，以及空气预热器出口空气气温降低的问题。

3. 低压省煤器利用

锅炉排烟余热直接加热给水回热系统的低压给水（主凝结水）通常称之为低压省煤器，其结构与一般省煤器相似。低压省煤器水侧连接于汽轮机回热系统中的低压部分，由于内部流过的介质是凝结水泵供出的低压主凝结水，其水侧压力较低，故称为低压省煤器。低压省煤器改造后，排烟温度降低幅度基本能达到15℃以上。

4. 复合相变换热器

复合相变换热器技术灵活地使用了气化液化相变的强化换热技术，在换热器管内让传热工质处于相变工作中，在保证不受酸露腐蚀的情况下将烟气废热有效地利用，在冬季时将余热用来加热锅炉进风，替代暖风器；夏季时用来加热低加凝结水，节省汽轮机抽汽量，提高机组效率，降低热耗。根据山西某电厂的经验，加装复合相变换热器，年平均排烟温度降低10℃以上，夏季高负荷时通过调整凝结水流量，排烟温度降低达到30℃以上。

5. 热管空气预热器

近年来，热管式空气预热器在国内外电站锅炉中也有部分应用。与常规的管式空气预热器相比，热管空气预热器具有如下技术特征：

（1）良好的导热性能。热管采用管内工作介质的蒸发与冷凝来传递热量，其导热系数是相同尺寸纯铜的40～10000倍。

（2）热流密度的可变性。由于热管的加热段与冷却段可根据需要来调整，因而可根据需要改变加热段与冷却段热管的传热面积比来控制热管的传热量及管壁温度。

（3）由于采用冷热侧完全隔绝，杜绝了漏风。

第十三节　烟气再循环技术

烟气再循环是采用较多的控制温度型NO_x的有效方法，它可应用于大型锅炉。选取温度较低的排烟，通过再循环风机将烟气、空气送入一次风或者二次风混合，然后一起送往炉内。

烟气再循环方法的特点是降低炉内温度和氧气浓度，从而使 NO_x 生成量降低。再循环的一个作用是对热力型 NO_x 具有抑制效果，而对燃料型 NO_x 其抑制效果不显著。如果增大烟气再循环率，NO_x 生成的下降率也随之增大，但存在着一个极限值。而且在实际工作时，要受到火焰稳定性、锅炉本体振动和维持蒸汽温度等因素的制约。所以在设定烟气再循环率时，必须考虑各种工作条件，通常选取再循环率为20% ~30% 。另外一个作用是低负荷时，再循环能够调节燃烧器区域的含氧量，控制炉内温度场，有利于提高炉内参数。

在采用烟气再循环方法时，装置中需要设置再循环泵和管路设备以及用于控制烟气量的调整机构。

目前，烟气再循环技术主要用于循环流化床机组，对于控制流化床氧量高、环保指标超标有一定的作用。通过对已改造的案例进行统计分析，此项技术可以降低约 50% 的氧量、节约 30% 的喷氨量。

第十四节　干式排渣机运行对锅炉的影响

干式排渣机工作原理是自然风在煤粉炉炉膛负压作用下，逆向从干式排渣机外部壳体进风口进入干式排渣机内，将高温热渣在干式排渣机内冷却成可以直接储存和运输的干渣。冷却渣产生的热风直接进入锅炉炉膛，将渣从炉膛带走的热量再带回炉膛中，从而减少了锅炉的热量损失，提高了锅炉的效率。冷却风和热渣直接接触，渣中未完全燃烧的碳在干式排渣机中再燃烧，燃烧后的热量和热渣中所含的热量由冷却风带入炉膛，减少了锅炉的热量损失，提高了锅炉的效率。

冷空气与高温炉渣间完成热交换后升温到 300 ~400℃进入炉膛，约占锅炉总风量的 1% ，炉渣将逐渐降低到 150℃左右。排渣机头部接碎渣机，对大块渣进行破碎，破碎后的灰渣经旋转给料机输入到链斗式输渣机，直接将渣输送到位于锅炉房后的渣仓内。输送过程灰渣的温度进一步降低，达到存储的温度要求，定期通过加湿搅拌机对干渣进行处理后再运往用户。

干排渣系统冷却空气由炉底进入炉膛，增大了锅炉的漏风量，在某种情况下将影响炉内燃烧状况，也影响火焰中心、炉膛出口烟温、排烟温度、锅炉效率等参数变化。逆流的冷却空气在锅炉负压作用下带着高温炉渣所含的热量、辐射热量及渣中未完全燃烧的炭所含的热量进入锅炉燃烧室，又使锅炉效率有所提升。

热力计算结果表明，炉底漏风风温提高到200℃后，可以保证不会对燃烧和锅炉效率产生不良影响，并有利于提高锅炉效率。实际运行中，因为观察孔、检修孔、头尾部侧门等部件存在不严密的缝隙，炉底漏风量偏大；在50%负荷时，渣温会低于60℃，进入炉底冷却风温严重低于经济风温。现在几乎所有的火电机组都有调峰任务，在低负荷时，干排渣机的漏风严重影响到了锅炉的经济运行。

正常运行中，冷却风只能通过冷渣风口面积调整。为了能够更加精确地调节冷却风量，根据负荷及环境温度，开启或关闭小风门以改变通过的冷却风量，使得机组在低负荷渣量少时能减少冷却风量，减少炉底的过多无效漏风，提高锅炉的运行效率。

排渣机漏风率可以先通过关闭液压关断门，观察氧量变化再估算漏风率。如果漏风率大于1%，说明有节能的潜力。

通过对排渣机液压关断门“全开”与“全关”状态对比，对 q_2、q_4、q_6 进行对比分析：从灰渣物理热损失 q_6 看，全开液压关断门比全关液压关断门下降了0.095%。这是由于炉渣温度从800℃降到80℃左右，冷却炉渣产生的热风直接进入锅炉炉膛，将炉渣从炉膛带走的热量再带回炉膛中造成的。

从排烟热损失 q_2 看，全开液压关断门比全关液压关断门增加了0.07%，这是由于全开液压关断门时，通过空预器的风量减少，空预器吸热减少，排烟温度升高，从而使排烟热损失增加。

从机械不完全燃烧热损失 q_4 看，“全开”液压关断门比“全关”液压关断门降低了0.295%。这是由于冷空气在炉膛负压的作用下，由于排渣机壳体的各个进风口直达设备内部，与热渣进行热交换，冷空气吸热升温到300℃左右直接进入炉膛，进一步强化燃烧，降低了大渣和飞灰含碳量，减少了机械不完全燃烧热损失 $q4$。

因此得出结论：排渣温度控制在60～100℃较为合适。

第十五节　有效减少锅炉尾部低温腐蚀的措施——新型暖风器

烟气中含有大量水蒸气和硫酸蒸汽，当烟气进入空预器时，由于烟温降低或接触到温度较低的金属受热面，当受热面壁温接近或低于烟气酸露点时，烟气中的硫酸蒸汽将在金属壁面凝结，对壁面产生酸腐蚀。同时酸腐蚀也会加重积灰，使烟道阻力增大，造成送引风机出力不足，严重影响锅炉的安全经济运行。

通过提高入口空气温度来提高金属表面温度，是减轻和防止低温腐蚀的有效措施之一，也是最为普遍安全经济的方法。通常用热空气再循环或加暖风器来提高空预器入口空气温度。热空气再循环经济性差，主要是风机电耗大幅升高，热风再循环风门控制也存在问题。暖风器既安全又经济，成为防腐防堵的首选。

在锅炉冷态启动中，暖风器可用来提高点火风温，改善初始燃烧条件，不仅节省启动用油，而且大幅降低未燃尽油烟油垢聚积在尾部而引发二次燃烧的可能性，是锅炉安全经济启动不可缺少的重要措施之一。

但暖风器在使用中也常出现负面影响。暖风器布置在送风机与空预器之间，一年中有数月时间不通蒸汽，随着运行时间延续，风道入口带进粉尘飞虫等杂物沉积在散热片上，同样加大了风道阻力。

传统型暖风器投用不正常的另一个原因是，传热元件前后排靠弯管连接，运行中管内蒸汽一般经进口过热蒸汽，降温为饱和蒸汽，冷凝为饱和水，再降温为过冷水。易发生因温差大、疏水不畅、应力大而易泄漏，运行维护量大而被迫退出运行。

新型暖风器是针对传统型暖风器在机组长周期运行中出现问题而设计的。其特点有 3 方面：

一是满足暖风器通蒸汽时热交换能力不变，减轻和防止空预器低温腐蚀堵灰问题的发生。

二是满足暖风器不通蒸汽时，最大限度降低风道阻力的要求，即翻转 90°，不仅大幅降低风道阻力，而且减少了杂物在传热元件上沉积，再次投用时传热效果不减。

三是新型暖风器汽水回路与传统型不同，避免了蒸汽冷凝过程中体积大幅度减小而带来的问题。由于它的回路采用管套管方式，从而降低了因应力变化大而发生的泄漏故障。新型暖风器安装位置不变，在送风机与空预器入口风道之间，根据风道实际状况将暖风器分成几个汽水回路并安装在内置的框架上。这样做的目的既减轻重量，又方便转动，有利于汽水回路建立，避免了疏水不畅等现象发生。分组还可以根据运行情况，全投或分组投，从而提高了设备的可靠性。

新型可翻转暖风器的正常投用使热交换功能没有改变，空预器冬季低温腐蚀堵灰程度得到减轻，提高了空预器的热交换能力及锅炉燃烧风温，其安全效益和经济效益十分可观。同时可翻转的功能还使得夏季风道阻力大幅下降，有效改善了风机运行条件。

新型暖风器翻转功能可在机组正常运行中进行，结构上方便分组隔离和保养，与老式暖风器相比还排除了自身传热元件积灰堵塞问题，再次投用传热效果不减。传统暖风器经常发生泄漏的原因是因为热应力不均所至，新型暖风器汽水回路克服了这一点，设备可靠性大幅提高，其直接和间接安全效益和经济效益十分可观。

第三章　空气预热器

第一节　氨对空气预热器的影响

1. 逃逸的氨对空气预热器的影响

（1）硫酸氢铵堵塞催化剂孔，降低催化剂活性。

（2）硫酸氢铵和飞灰沉积在空气预热器表面，影响传热。

（3）硫酸氢铵与飞灰混合，改变 ESP 灰飞灰品质。

（4）GGH 净烟气侧形成气溶胶。

（5）亚硫酸对空预器和 GGH 有腐蚀，如图 3－1 所示。

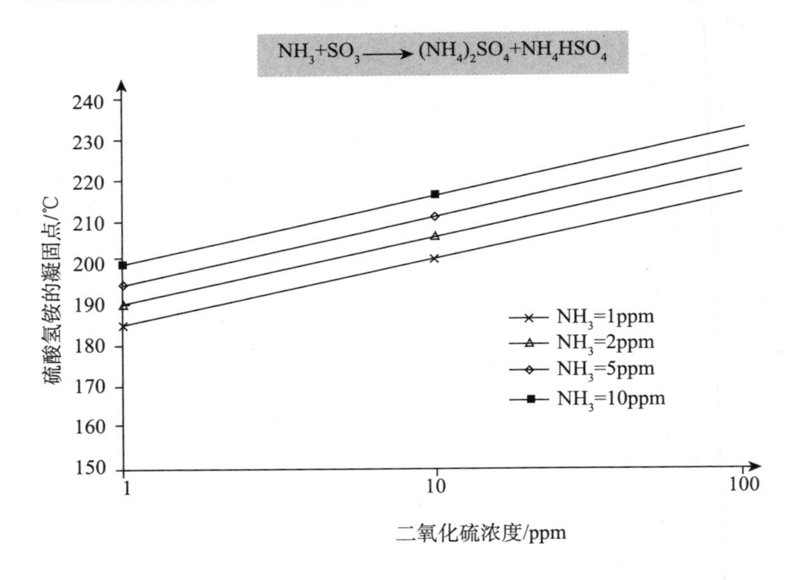

图 3－1　氨浓度与硫酸氢氨凝固点的关系

2. 降低硫酸氢铵沉积的措施

（1）减少未参加反应的 NH_3。

（2）减少 SO_3。

（3）提高燃油机组的燃尽度。

（4）降低燃煤机组的飞灰含碳量。

（5）选择合适的空气预热器和吹灰系统。

3. 降低 SO_3 的 3 种途径

（1）选用低硫燃料。

（2）采用低过量空气燃烧。

（3）采用低 SO_2/SO_3 转化率的 SCR 催化剂。

4. 对策

（1）传热元件采用高吹灰通透性的波形，如 DNF 替代原中温段的 DU 等波形。这种波形能保证吹灰和清洗效果，但换热性能不如原预热器用的 DU 等板型。因此，要维持预热器排烟温度不上升，需经计算确定增加的换热面积。

（2）合并传统的冷段和中温段。通常预热器冷段传热元件从 300mm 增高到 1000mm 左右，并使用换热效果好于传统预热器用的传热元件波形，这样能保证全部硫酸氢铵在该层内部完成凝结和固化，避免在两层传热元件之间产生积聚效应。同时，传热元件内部气流通道为局部封闭型，保证吹灰介质动量在元件层内不迅速衰减，从而提高吹灰有效深度。DNF 波形的吹灰穿透性远远优于传统中间层用的 DU 波形。

（3）冷段层采用搪瓷表面传热元件。硫酸氢铵是强腐蚀物，在预热器内部烟气温度范围内，它在烟气温度 230℃ 左右时，开始从气态凝结为液态，具有很强的黏结性，通常迅速黏在传热元件表面并进而吸附大量灰分，从而产生堵灰。采用搪瓷表面传热元件可以隔断腐蚀物（硫酸氢铵和由 SO_3 吸收水分产生的 H_2SO_4）和金属接触，而且表面光洁，易于清洗干净。搪瓷层稳定性好，耐磨损，使用寿命长，一般不低于 5 万小时。

（4）预热器吹灰器用双介质吹灰器，采用蒸汽作常规吹灰（1.4MPa，370℃，每班 1 次），高压水作停机清洗介质（10.5MPa，普通工业水，可以在线清洗）。因吹灰器成本有所上升，需加配高压水泵系统，热端一般考虑增加一台普通吹灰器。

（5）预热器转子等结构需作一些局部修改，如冷段元件也要改为从热端吊出，等等。

（6）为减少大颗粒灰尘对催化剂层的冲刷磨损，锅炉的省煤器出口应设有灰斗。

第二节　如何降低脱硝装置对锅炉运行的影响

1. 减少 SCR 脱硝催化剂积灰情况

烟气中灰尘的含量与煤种的灰分、燃烧调整有很大关系，但影响脱硝催化剂积灰的因素还与省煤器疏灰系统运行情况、脱硝装置所安装的吹灰器有关。省煤器疏灰系统不能正常工作，将会把大量的灰尘带入脱硝上层催化剂中，即便加强脱硝系统吹灰仍不能避免蜂窝状催化剂的堵塞。用于脱硝装置的吹灰器有声波吹灰和蒸汽吹灰 2 种方式。声波吹灰器在灰量较小时效果较为明显，并能彻底吹除边角的积灰。但灰量较大时耙式蒸汽吹灰器能起到很好的作用。当再投入蒸汽吹灰时，一定要充分疏水，否则会造成灰尘结块堵塞催化剂或对催化剂造成水蚀，影响催化剂的使用寿命。

脱硝烟道入口导流板应设计为流线机翼型，并尽可能偏向于炉前方向，这样可有效改善烟气分布流场，阻止较大灰分颗粒被烟气携带到催化剂蜂窝孔中，造成催化剂蜂窝孔堵塞。

2. 空预器传热元件及冲洗改造

安装 SCR 脱硝工艺的空预器在防止低温段腐蚀、积灰堵塞和清洗方面需要进行特殊设计。

为防止由于空预器脏污使传热效果降低，或空预器堵塞导致被迫停炉事件的发生，空预器低温段传热元件应采用搪瓷表面传热元件。一方面是搪瓷表面可以隔离腐蚀物与金属接触，其表面光洁，易于清洗；另一方面是搪瓷层稳定性好，耐磨损，使用寿命长。

为避免锅炉运行期间由于出现空预器严重堵塞而被迫停炉事件的发生，在空预器吹灰器选型时不妨可以考虑采用双介质吹灰器（蒸汽和水），实现对空预器在线水冲洗。正常运行时采用蒸汽定期吹灰，空预器堵塞严重时采用高压水冲洗。

3. 加强吹灰，定期对空预器进行冲洗

SCR 脱硝系统在运行过程中，催化剂和空预器积灰堵塞是在所难免的，必须加强 SCR 反应器区域和空预器的吹灰，尤其应加强空预器低温段的吹灰。发现烟道阻力增大时，及时对催化剂进行清理；发现空预器进、出口差压增大，应及时水冲洗。

4. 控制氨逃逸率

为减少脱硝装置运行时对锅炉的影响，控制硫酸氢氨的生成量就显得尤为重要。生成硫酸氢氨的反应速率主要与温度、烟气中氨气、SO_3 及水的含量有关。对于实际运行的火电机组，锅炉烟气中 SO_3 及水的含量无法控制。因此，必须严格控制氨的逃逸率。

（1）严格控制氨的喷入量，防止氨气过量而造成氨逃逸，正常情况下应控制氨逃逸率不超过 3mg/L。

（2）保持催化剂的活性。SCR 脱硝催化剂的寿命一般在 5～6 年，因此 SCR 脱硝装置运行一段时间后，催化剂活性会逐渐衰减，脱硝效率将会降低，氨逃逸率将会增加。SCR 脱硝装置设计均为 2＋1 方式，当脱硝效率达不到设计值或不能满足国家环保排放要求时，为确保锅炉的安全运行，就必须对催化剂进行清洗或安装备用层催化剂。

（3）针对氨流量计、氨逃逸率表计不能正常投入采取的措施：

①开大低氮燃烧器燃尽风风门开度，降低 SCR 脱硝装置入口 NO_x 指标，既满足了环保要求，又减少了喷氨量。

②通过对 SCR 脱硝装置后烟气分析试验，确定脱硝入口不同 NO_x 指标所对应的喷氨调整门开度。

③加强脱硝装置 CEMS 的维护工作，确保脱硝进、出口 NO_x 数据的准确性，为运行人员提供可靠的调整依据。

④对每日的耗氨量进行比对，避免出现过量喷氨情况。

⑤加强空预器进、出口差压的监视，发现空预器进、出口差压增大时及时减少喷氨量，增加空预器低温段的吹灰次数。

第三节 空气预热器防堵控制策略

电厂中常用的传热式空气预热器是管式空气预热器和回转式空气预热器（蓄热式空气预热器）。

低温腐蚀堵灰漏风是空气预器遇到最常见的问题。低温腐蚀会造成空气预热器受热面金属的破损，空气漏进烟气中，腐蚀也会使受热面积灰影响回转式空气预热器传热效率；空气预器积灰，使烟风道阻力加大，风机电耗增加，影响锅炉安全、经济运行。

1. 产生低温腐蚀的原因

燃烧过程中会生成一定的 SO_3，当烟气温度低于200℃时，SO_3会与水蒸气结合生成硫酸蒸汽，硫酸蒸汽的凝结温度比水蒸气高得多（可能达到140～160℃，甚至更高），因此烟气中只要含有很少量的硫酸蒸汽，烟气露点温度就会明显升高。烟气进入预热器，只要温度低于露点温度，水蒸气和硫酸蒸汽就会凝结。水蒸气在受热面上的凝结造成金属的氧腐蚀，硫酸蒸汽在受热面上的凝结，对金属产生严重的酸腐蚀。腐蚀产物和凝结产物与飞灰反应，生成酸性结灰。

酸性黏结灰能使烟气中的飞灰大量黏结沉积，形成不易被吹灰清除的低温黏结性结灰。由于结灰，使传热能力降低，受热面壁温降低，引起更严重的低温腐蚀和黏结积灰，最终有可能堵塞烟气通道。烟气中水蒸气的露点一般不超过70℃，但是烟气中含有硫酸蒸汽，就可以使酸露点增高。

影响低温腐蚀的因素是硫酸蒸汽的凝结量，凝结量越大，腐蚀越严重。凝结液中硫酸的浓度：烟气中的水蒸气与硫酸蒸汽遇到低温受热面开始凝结时，硫酸的浓度很大。随烟气的流动，硫酸蒸汽会继续凝结，但这时凝结液中硫酸的浓度却逐渐降低，开始凝结时产生的硫酸对受热面的腐蚀作用很小，而当浓度为56%时，腐蚀速度最大。随着浓度继续增大，腐蚀速度也逐渐降低。受热面的壁温：受热面的低温腐蚀速度与金属壁温有一定的关系。实践表明，腐蚀最严重的区域有2个：一个发生在壁温在水露点附近区域；另一个发生在烟气露点以下20～45℃区域。

2. 防止低温腐蚀的措施

（1）采用低氧燃烧。SO_2转化为 SO_3的量减小，烟气露点下降，腐蚀速度减小，但是化学不完全燃烧和机械不完全燃烧损失会有所增加。

（2）控制炉膛燃烧温度水平，减少 SO_3的生成量。

（3）定期吹灰。利于清除积灰，又利于防止低温腐蚀。

（4）定期冲洗。如空预热器冷端积灰，可以用碱性水冲洗受热面清除积灰。冲洗后一般可以恢复至原先的排烟温度，而且腐蚀减轻。

（5）避免和减少尾部受热面漏风。漏风会使受热面温度降低，腐蚀加速，特别是空气预热器漏风，漏风处温度大幅下降，导致严重的低温腐蚀。

空预热器的低温腐蚀产生的主要原因是燃料中的硫燃烧生成 SO_2，其中部分氧化形成 SO_3，当遇低温受热面时 SO_3 就会结露，进而腐蚀金属。影响腐蚀速度的因素有：硫酸量、浓度和壁温。预防低温腐蚀的措施有采用热风再循环、加装暖风器、采用耐腐蚀的材料、装设吹灰装置等。

3. SCR 投用对堵灰的影响

烟气中的 SO_3浓度高于逃逸氨浓度时主要生成硫酸氢氨，这种物质在一定的温度区间呈现液态，是一种高黏性液态物质，易冷凝沉积在空预器换热元件表面，黏附烟气中的飞灰颗粒堵塞换热元件通道，增加空预器阻力并影响换热效果。

4. 预防空预器堵塞的措施

（1）氨逃逸量控制：预留催化剂层，喷氨优化。

（2）SO_3生成量控制：燃烧调整。

（3）运行温度控制：SCR 脱硝催化剂的反应温度一般在 320～400℃，当运行温度低于该值时，催化剂活性下降，喷入的氨无法被有效利用，从而形成较高的氨逃逸。

（4）空预器改造。

（5）加强吹灰。

第四节　空气预热器的启停

当空气预热器热备用后再启动时，建议热备使用期间预热器继续转动，并仔细观察燃烧情况。不适当或不完全的燃烧可能造成炉膛中凝固的油雾和未燃烧的炭堆积在空气预热器的受热面上。如果这些物质是可燃的，在一定的条件下这些积灰可能着火，造成空气预热器传热元件和结构损坏。

（1）当空气预热器热备用后再启动时，运行人员应持续观察火焰，定期监视堆积物。火焰应是稳定的，没有火舌回闪到燃烧器喷口或进一步吹入炉膛。如出现下列任何一种情况，都应立即检查燃烧器并增加空预器吹灭：

①发现火焰后面有白烟；

②发现有白雾离开炉膛；

③发现有黑烟或白烟从烟囱冒出。

在送风机启动的同时启动空气预热器。当锅炉处于备用或压火状态时，空气预热器要一直保持运行状态。严禁可燃沉积物堆积在受热面上，因为它们的燃烧可导致破坏性的火灾。空气预热器启动期间应投入冷端吹灰器以控制正常积灰（不可燃积灰）的堆积速度。

（2）停炉时，应对空气预热器采取如下步骤：

①用吹灰设备清除堆积在受热面上的积灰；

②吹灰时风机继续运行，以使空气预热器温度迅速降低；

③转子继续转动，直至空气预热器的入口烟温降到120℃才可停转，这样也可减少转子热变形的情况。

第五节　一种新型脱硝优化方法

1. 引言

“十二五”期间，根据产业规划，我国采用的技术路线是：大力普及低NO_x燃烧器技术，积极开发和示范空气分段供给燃烧技术和超细煤粉再燃技术，推进各种烟气脱硝技术（SCR，SNCR，SNCR/SCR）国产化。预计到2020年，中国将安装SCR脱硝装置约1.5亿kW。因此，消化、吸收、研究并创新SCR脱硝技术，在我国有重要的现实意义。

随着我国环境保护法律、法规和标准的日趋严格及执法力度的加大，对采用SCR法脱硝的火力发电厂在确保烟气排放达标的同时，还要增强脱硝系统运行的可靠性、连续性和经济性。在保证脱硝效率的同时，如何应对机组大负荷波动，如何优化SCR脱硝系统性能，精确而经济地控制喷氨量、降低氨逃逸是脱硝系统运行面临的一个难点。

2. 影响SCR脱硝效率的因素

（1）微观因素。

在既定反应条件下，脱硝反应速率与催化剂微孔的面积和烟气中反应物浓度成正比，与表面化学反应阻力、外传质阻力和内传质阻力成反比。因此增加微孔横截面积和反应物浓度，减少反应中各类阻力有助于脱硝反应的进行和提高脱硝效率。通过提高氨气浓度和增加催化剂微孔内表面积的方法，可以减少化学反应阻力；通过改变烟气流动状态和提高烟气温度，减少层流膜的厚度，有利于减少外传阻力；通过减少催化剂外表面与微孔内表面积之间的平均距离，增大催化剂微孔内表面积和微孔平均截面积，能够减轻内传阻力，有效提高脱硝反应速率。

（2）宏观因素。

①烟气温度的影响。当催化剂在烟气温度280～400℃之间时，烟气温度越高，脱硝效率越大。但超过400℃后，脱硝效率随着温度升高开始下降。因此，为了降低烟温对脱硝效率的影响，应尽量保持锅炉工况稳定或采取带旁路的省煤器来调整脱硝入口烟温。

②氨氮比的影响。氨氮比＝1.0时能达到95%以上的NO_x脱除率，并能使NH_3的逃逸浓度维持在5mg/L或更小。实际生产中通常是多于理论量的氨被喷射进入系统，造成反应器后烟气下游氨逃逸超标，氨逃逸是影响SCR系统安全稳定运行的另一个重要参数。燃煤机组一般将NH_3的排放浓度控制在2mg/L以下，以减少对后续装置的堵塞。

（3）合理控制喷氨量。

喷氨量与烟气中的NO_x含量相对应，才能保证NO_x反应过程中脱硝效率、氨气逃逸率和催化剂寿命。在锅炉负荷变化过程中，若氨气流量与NO_x浓度对应，可以有效地避免由于过度喷氨造成的不良后果。

综上，对SCR系统的优化可以着重从2方面入手：一是为还原反应创造最佳的条件，改善设备结构和提供适宜的温度场、反应时间；二是在满足脱硝出口合格的前提下，优化脱硝控制，充分发挥温度场与NO_x生成物的耦合关系，尽可能地减少喷氨量，降低氨逃逸率，通过更精准的控制手段来控制喷氨量。

3. 脱硝系统运行现状分析

总结国内脱硝控制系统运行情况，对氨气流量的控制一般采用固定摩尔比控制方式和固定出口NO_x浓度控制方式。这2种控制方式各有自己的控制优势，但由于负荷的波动、设备运行工况因素的变化，造成各喷氨点后的氨气浓度与烟气浓度并不匹配，从而出现喷氨量增加，局部氨逃逸量过大，威胁到烟气下游设备的安全运行。有研究测试表明，NH_3逃逸率达到2mg/L，空预器运行半年后其阻力增加30%；NH_3逃逸率达到3mg/L，空预器运行半年后其阻力增加约50%。

一般的SCR自动控制中，以SCR出、入口NO_x浓度作为烟气自动调节的参考参数，但CEMS数据采集具有一定的误差和滞后性，并且由于SCR反应器内烟气流速不均，CEMS采样未必具备代表性。以上因素均会对SCR单闭环自动调节产生反应慢、调节失稳失准等影响。

4. 基于温度场的脱硝控制优化思路

AGAM型声波法炉膛温度场测量系统是一类先进的工业在线二维温度场全工况实时监测设备，此设备是德国某公司多年的科技研究成果，可实现在各种工况下对锅炉、焚烧炉和各种加热炉内高温燃烧气体温度的实时连续的全自动测量。

声波法气体温度测量技术，是通过测量锅炉内距离已知的一对声波收发装置之间一个声波脉冲的飞行时间，来计算该通道气体平均温度。声波测温系统可以使用一定数量的收发器形成一个测量网格，从而测量炉内一个水平面的温度分布情况。从通道网格测量数据可以计算得到平面二维温度分布，并使用层析成像算法得到等温图。通道温度、自定义区域温度值（网格子分区的平均值）、转换数值（最低、最高温度，标准偏差，各区间的平均温度差异）可以显示在外部控制设备上，用于锅炉诊断和操作优化。

声波测量技术是唯一不受辐射影响，也无漂移的高温炉膛内温度测量技术。在燃烧性能的控制方面首次应用是1993年在慕尼黑。在燃煤锅炉中，AGAM系统用来调整炉内温度场平衡。采用此温度场测量和平衡调整的主要好处在于可以提高锅炉的可用性（减少结渣和腐蚀），并获得更高的生产效率。声波测量系统的主要优点是声波温度信号的反应速度非常快，在4s内就可以刷新一次二维温度场分析测量的结果，温度测量的反应时间比其他传统的控制信号（例如蒸汽量或O_2浓度等）快半分钟至几分钟。因此，根据不同的锅炉类型，相对于蒸汽量和O_2浓度，使用声波方法测量炉内温度时，温度信号可以更快地传送至DCS，从而进行基于声波测温技术原理的各类燃烧过程优化控制（图3-2）。

5. 控制策略

以烟囱入口处的NO_x浓度测量值作为调节目标，根据现场试验结果，脱硝被控对象（NH_3流量→烟囱入口处NO_x浓度）的响应纯延迟时间接近3min，整个响应过程达十几分钟，是典型的大滞后被控对象，在此种方式下的控制难度将明显增加。为进一步实现喷氨量最优控制，优化控制可以与温度场测量技术相结合，基于大滞后被控对象的设计思路进行优化，从而有效提前调节过程，获得更好的控制品质。

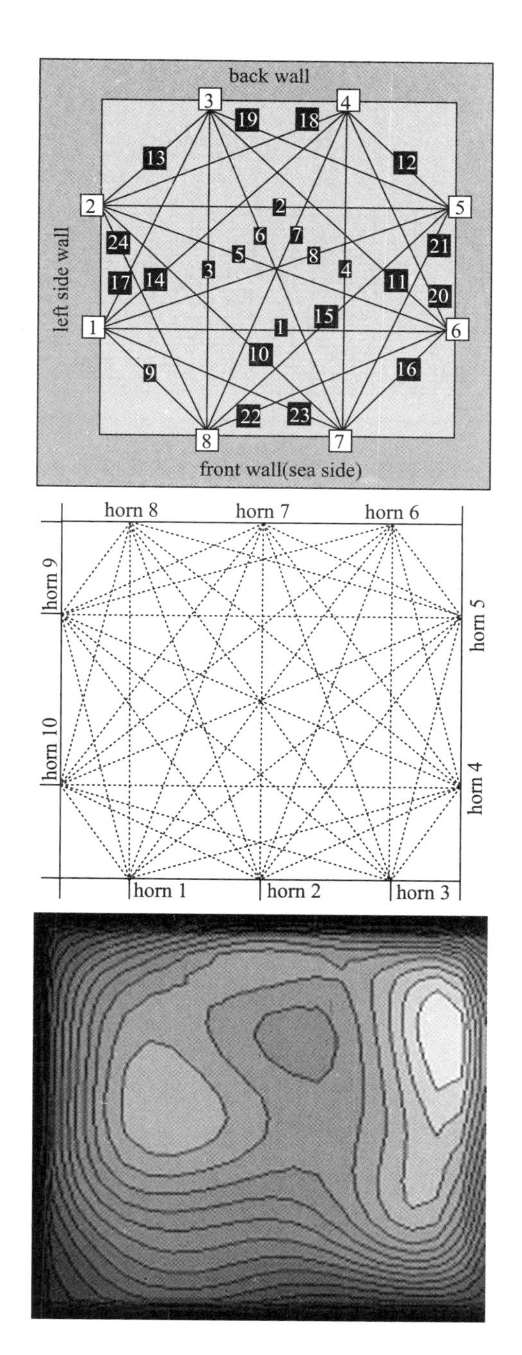

图 3-2 温度场测量原理

带有前馈回路的串级控制系统已可达到一般的控制出口合格的控制目标，但为实现喷氨量更优控制、使得控制目标与环保考核目标相一致，基于温度场的数据，通过过程数据与 NO_x 生成量的耦合关系，建立起动态模型，以适应控制过程中存在的大滞后延迟问题（图 3－3）。

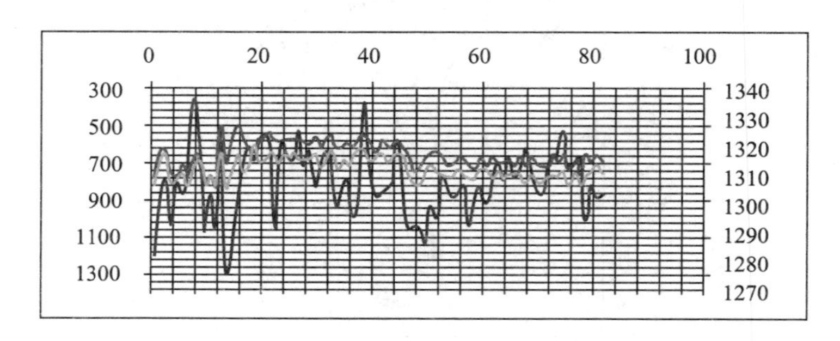

图 3－3　温度场与 NO_x 生成关系图

根据温度场模型预测未来 NO_x 的生成量，并根据实测 NO_x 数据，不断修正并在当前时刻给出最优的控制量。同时根据锅炉负荷情况、给煤量、烟气流量作为温度场校核因素，提高控制响应时间。

利用声波法测量温度场，是最近节能与优化调整又一新途径。因为锅炉温度场的分布，能直接反映出炉内燃烧工况，也直接影响到 NO_x 的生成，它能比预控制模块更直接、更迅速地作用到控制系统里。采用基于温度场的脱硝控制技术，可以大幅度提高氨气的利用率，降低氨气消耗量，以 330MW 机组为例，节省耗氨量 10%，年节约液氨费用约为 25 万元。SCR 自动控制采用优化控制策略情况下，可以提高 SCR 的最大脱硝效率，预计提高催化剂使用寿命 7%；同时由于还原剂的利用率提高，在最优的控制状态下，可以降低 40% 氨逃逸量，大大减少了对尾部烟道内设备的威胁，降低了因空预器、电除尘腐蚀堵塞造成的维护运营成本。

基于温度场的脱硝控制技术克服了以往脱硝控制中受监测手段、负荷变化、数据滞后不良因素的影响，实现了喷氨量最优控制，减少了 SCR 出口 NO_x 排放量和氨逃逸量，促进了火电厂 SCR 脱硝控制系统迈上一个新的高度。

第六节　空气预热器的低温腐蚀

1. 低温腐蚀机理

燃料中的硫在燃烧后生成 SO_2，其中有少量的 SO_2（只占 SO_2 的 1% 左右）

又会进一步氧化而形成 SO_3。由于 SO_3 在烟气中存在，又使烟气的露点温度升高，即 SO_3 和烟气中水蒸气化合，生成硫酸蒸汽，露点温度大为升高。当含有硫酸蒸汽的烟气流经低温受热面（空气预热器），受热面金属壁温低于硫酸蒸气的露点时，则在受热面金属表面结成硫酸露（也可在预热器低温冷端波纹板上结硫酸露），并腐蚀受热面金属。

蒸汽开始凝结的温度称为露点，通常烟气中水蒸气的露点称为水露点，烟气中硫酸蒸气的露点称为烟气露点（或酸露点）。

水露点取决于水蒸气在烟气中的分压力，一般为30～60℃。即使煤中水分很大时，烟气水露点也不超过66℃。一旦烟气中含 SO_3气体，则使烟气露点大大升高，如烟气中只要含有0.005%左右的 SO_3，烟气露点即可高达130～150℃或以上。

2. 低温腐蚀危害

强烈的低温腐蚀会造成空气预热器热面金属的破裂，大量空气漏进烟气中，使得送风燃烧恶化，锅炉效率降低，影响回转式空气预热器传热效率，同时腐蚀也会加重积灰，使烟风道阻力加大，影响锅炉安全、经济运行。

3. 预防和减轻低温腐蚀的主要措施

（1）减少 SO_3 的量。这样不但露点温度降低，而且减少了酸的凝结量，使腐蚀减轻。主要措施有燃料脱硫、低氧燃烧、加入添加剂等方法。

（2）提高空气预热器冷端的壁温，使其壁温高于烟气酸露点温度，至少应高于腐蚀速度最快时的壁温。实现这一途径的方法有热风再循环、加装暖风器等方法。

①采用热风再循环系统。采用热风再循环的目的在于提高冷端传热元件的金属壁温，以使烟气露点温度低于冷端传热元件的金属壁温，不使烟气出现结露，从而防止或减轻金属的腐蚀。

热风再循环系统是利用热风道与送风机吸风管之间的压差，将空气预热器出口的热空气经热风再循环管送一部分热风回到送风机的入口，以提高空气预热器的进口空气温度。热风再循环只宜将预热器进口的风温提高到50～65℃，否则会使排烟温度升高和风机耗电量增加，使锅炉经济性下降。

②暖风器。对于大容量锅炉，尤其是燃用含硫量较高的煤种，常采用暖风器预先加热空气的方法来提高空气预热器的进风温度。

暖风器为汽—气热交换器，它是利用蒸汽（在管内流动）的热量来加热进入空气预热器的冷风（在暖风器管外流动），使之达到所要求的温度。通常使用暖风器可将空气温度提高到80℃左右（实际上没有加热到此温度），在一般情况下，已能对预防低温腐蚀产生良好的效果。

暖风器的汽源有2处：一是启动锅炉来汽，机组启动或全厂停用时供汽；二是再热蒸汽冷段来汽，经减温减压后引入暖风器系统。

③采用耐腐蚀较好的金属材料。回转式空气预热器结构中常用抗腐蚀的措施。采用回转式空气预热器本身就是一个减轻腐蚀的措施，因它在相同的烟温和空气温度下，其烟气侧受热面壁温较管式空气预热器高，这对减轻低温腐蚀有好处；同时回转式空气预热器的传热元件沿高度方向分为3段，即热段、中间段、冷段，其中冷段最易受低温腐蚀。从结构上将冷端和不易受腐蚀的热段和中间段分开的目的在于简化传热元件的检修工作，降低维修费用，当冷端的波形板被腐蚀后，只需更换冷端的蓄热板。另外，为了增加冷端蓄热板的抗腐蚀性蓄热板常采用耐腐蚀的低合金钢制成，低合金钢板材较厚，一般在1.2mm。另外在回转式空气预热器中，烟气和空气交替冲刷受热面。当烟气流过受热面时，若壁面温度低于烟气露点，受热面上将有硫酸凝结，引起低温腐蚀。但当空气流过受热面时，因空气中没有硫酸蒸汽，且空气中水蒸气的分压力低，则凝结在受热面上的硫酸将蒸发。因此当空气流经受热面时，硫酸的凝结量不仅不增加，反而减少，从而降低腐蚀。

④装设吹灰器。受热面壁上发生积灰，它将会吸附烟气中的水蒸气、硫酸蒸气以及其他有腐蚀性气体，并使它们有充分的时间进行化学反应，导致腐蚀加剧。因此，装设吹灰器并合理进行吹灰可减轻受热面的积灰，从而对改善低温腐蚀起到一定的辅助作用。

第七节　烟气脱硝运行的影响分析

脱硝下游有一定量的氨逃逸，通常为1~3mg/L。烟气中SO_2在催化剂的作用下会被氧化，造成SCR下游SO_3浓度升高。

硫酸氢铵在不同温度下分别呈现气态、液态、颗粒状，同时会和飞灰发生耦合作用。对于燃煤机组，烟气中飞灰含量较高，硫酸氢铵在146~207℃温度范围内为液态；对于燃油、气机组，烟气中飞灰含量较低，硫酸氢氨在146～232℃温度范围为液态（图3－4）。

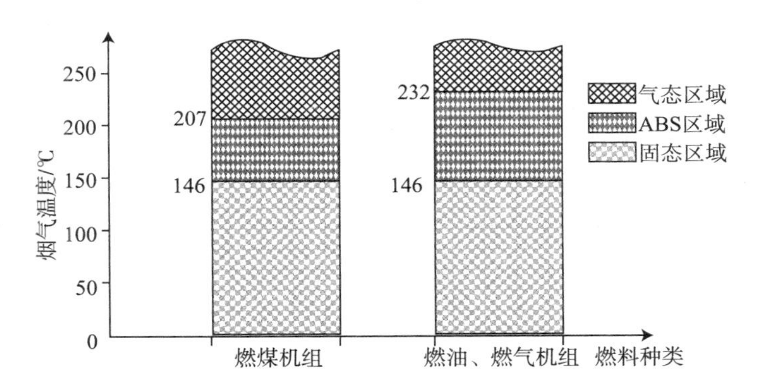

图3－4 硫酸氢铵的不同状态

1. SCR投运后对空预器运行产生的影响分析

（1）烟气流经SCR装置后，进入空预器SO_3的浓度增大，使得烟气酸露点温度升高，加剧了冷端的低温腐蚀。

（2）SO_3与逃逸的NH_3反应生成硫酸氢铵，黏性的硫酸氢铵和飞灰黏附在换热元件表面，造成堵灰，腐蚀换热元件，使得空预器阻力快速升高，威胁机组安全运行。

（3）硫酸氢铵液态条件下酸性极强，具有很强的腐蚀性，黏附在换热元件表面，造成换热元件腐蚀速度加快。

（4）硫酸氢铵和飞灰在换热元件表面沉积，影响换热效果，造成排烟温度升高，机组热效率下降。

2. 空预器防堵技术措施

（1）通过检测省煤器出口NO_x的分布特性，合理组织燃烧，尽量使SCR入口NO_x分布均匀。

（2）避免SCR在低于最低喷氨温度下长期运行，低温下脱硝反应不完全，易造成氨逃逸超标。

（3）燃用煤质含硫量与设计煤种偏差较大时，应重新核算最低连续运行喷氨温度。

（4）优化氨/烟气混合效果。

（5）优化进入反应器催化剂表面的烟气流场分布。

（6）充分发掘低氮燃烧器的潜能，降低 SCR 入口 NO_x 浓度，降低喷氨量。

（7）定期停炉检查催化剂表面及孔内的积灰情况，及时清灰，疏通全部孔道。

（8）定期评估催化剂剩余活性，加强催化剂寿命管理，防止催化剂活性降低导致的氨逃逸增加。

3. 建议

采用 SCR 工艺，运行不当会引起严重的硫酸氢铵（ABS）问题；但采用 SNCR 工艺，氨逃逸浓度更大（10mg/L），而 ABS 问题同样存在，甚至更为突出。

ABS 是导致加装脱硝后空气预热器堵塞和腐蚀的主要因素，应结合空气预热器堵塞的综合技术分析，采取主动措施，降低氨逃逸和 SO_3 的浓度。

对空气预热器进行合理改造，同样能够有效改善空气预热器的性能。

烟气中的 SO_3 和 NH_3 是客观存在的，因此硫酸氢铵引发的空气预热器系列问题只能减弱，并不能完全消除。但是通过主动措施加以预防，结合一系列运行优化措施，可以有效控制空气预热器运行压差，延长空气预热器稳定运行时间，以符合机组运行检修周期，避免机组非计划停运带来的损失。

第八节　防止故障非停的措施

（1）对空预器出入口烟道及支撑管制定防磨治理计划，摸索检修规律，找到维护保养的最佳周期，降低维保费用。

（2）定期检查空气预热器驱动电机电流，发现有电流摆动，电流有上升趋势时及时找出原因，并加以处理。

（3）加强对空气预热器轴承箱的检查，对支撑、导向轴承箱润滑油定期试验，发现问题后提早解决，在轴承发生超温现象时，及时采取降温措施确保油路系统正常投运。

（4）运行和维护人员加强对空气预热器主减速机轴承温度、振动的检查，发现超温现象时，及时采取措施进行降温处理。

（5）针对主减速机轴封易发生渗漏问题，对空气预热器主减速机润滑油做好充分储备，及时对减速机润滑油进行补充，保证减速机的良好润滑。

（6）适当调整负荷升降速度，防止出现烟温升高过快导致转子受热面膨胀不均发生转子卡涩现象。针对脱硝后的空气预热器易堵灰问题，利用每次停炉机会对预热器进行高压水冲洗。

第九节 防止空气预热器冷端结盐的技术措施

1. 空气预热器冷端技改要求

（1）为防止硫酸氢氨跨段凝结，导致分段处局部堵灰状况恶化，应将空气预热器传热元件由3段布置改成2段，并确保冷端涵盖液态硫酸氢氨的生成温度范围，并为煤质波动留有足够的余度。

（2）为防止流场出现偏斜，导致空气预热器热端磨损，应对空气预热器入口烟气流场进行优化，加装导流装置，确保烟气相对均匀地流经换热元件。

（3）空气预热器冷段换热元件波形宜选取封闭流道（即元件内部各小气流通道互相隔开，如同一根封闭的小管道）、高灰通透性的大波纹板型，以保证吹灰介质在传热元件内部能量耗散减慢，有利于飞灰和黏结物的清除。

（4）为提高换热元件的抗黏附特性，防止冷端酸腐蚀的发生，空气预热器冷端换热元件应选用表面镀搪瓷的钢板，并保证传热元件的使用寿命不低于1个大修期。

（5）空气预热器冷端和热端应配备蒸汽和高压水双介质吹灰器，高压水吹灰器应具备在线冲洗的功能。

2. 空气预热器冷端控制原则

（1）运行期间，回转式空气预热器综合冷端温度应始终高于DL/T750－2001规程中规定的综合冷端综合温度推荐值。由于该规程未考虑脱硝对酸露点的影响，应通过试验测量空预器出口烟温分布及酸露点，确定安全经济的排烟温度值。

（2）空气预热器综合冷端温度的调整可采用暖风器或热风再循环，建议优先选择翻板式暖风器。若机组安装烟气余热回收装置，优先利用烟气余热回收装置回收的热量加热冷风。

（3）严格控制空气预热器冷端漏风，对于漏风率较高的机组应进行密封系统改造。

3. 治理空气预热器堵塞技术措施

（1）技术适用范围。

当回转式空气预热器的烟风侧差压有明显上升趋势，且蒸汽吹灰效果不佳时，可采用高压水在线冲洗技术降低空预器压差。该技术可在不停机、不降负荷、非单边隔离的条件下对空气预热器进行冲洗，适用于新建、扩建和改建的火力发电机组。

（2）技术要求。

①新建、扩建及脱硝改造在役火电机组应配置空气预热器高压水清洗装置。

②推荐采用空气预热器在线（非隔离式）高压水冲洗技术，且应同时满足离线及在线（非隔离式）要求。

③高压水泵宜选用扬程不低于30MPa三柱塞高压泵，高压水泵材质及密封件应满足在0～60℃水温下正常运行。

④高压泵应配置相应的进水过滤系统，必要时应采用压力式进水方式。

⑤高压泵安全阀的动作应灵敏、可靠，安全阀的开启压力应是泵额定压力的1.10～1.15倍。

⑥高压管道宜选用不锈钢材质，焊口应进行探伤检查，高压系统必须进行设计压力1.25倍的水压试验。

⑦空预器冷端宜采用双介质吹灰器，其中：高压水吹灰器承压不低于高压管道承压压力等级，高压水吹灰器运行期间喷嘴能够覆盖整个蓄热元件，喷嘴的数量及尺寸应根据机组运行情况计算确定。

⑧高压喷嘴必须选用耐磨喷嘴，喷嘴射流非雾化区长度不小于150mm，累计运行100h后非雾化区长度不应小于120mm。

⑨为提高清洗效果，并实现在线更换喷嘴，可采用全伸缩智能高压水吹灰器。

⑩高压泵入口宜配置清洗水箱，便于清洗水加热以及添加化学清洗助剂，化学清洗助剂应经过试验验证可靠性，方能使用。

4. 运行要求

（1）在满负荷状态下，若空气预热器烟气侧差压大于等于设计差压的1.5倍，应及时进行在线高压水冲洗。

（2）高压水冲洗装置投运期间，空气预热器电流波动应低于运行规程允许值。

（3）高压水冲洗装置投运期间，冷端综合温度应不低于运行规程允许值。

（4）宜采用空气预热器烟气侧差压作为清洗效果评价标准，其中：烟气侧差压降低400～800Pa为合格、800Pa以上为优良；其他指标作为参考值，不宜采用引风机电流变化作为冲洗效果评价标准。

第十节　回转式空气预热器性能变动对锅炉经济性的影响

大型回转式空气预热器的成功运用已有几十年的历史，和早期使用的管式预热器相比，其体现在占地省、成本低、运行维护简便、耐低温腐蚀等优点。在广大设计、制造、安装和运行人员的努力下，回转式空气预热器的性能不断提高，其性能对电厂经济性的影响也不断受到重视，而在出现性能变化时，通过对机组经济性的整体影响程度进行分析，可以合理提升设备的整体性能。

1. 漏风影响和控制手段

漏风率对风机电耗的增加主要受到一次风提升压头的影响，这是因为在空气预热器的直接漏风中，大部分来自一次风，一次风压头越高，输送无效漏风的费用就高。但一次风率大的机组，漏风对风机电耗增加的份额未必就高。因为直接漏风的多少主要取决于一次风和烟气间的压差，与一次风总量关系不大。因漏风增加的同时，烟空气阻力也上升，但幅度有限，考虑不少电厂在对空气预热器降低漏风率改造的投入，很多采用控制漏风结构的费用不菲，如采用弹簧密封、波纹节密封片、刷式密封片、设置漏风抽出系统等，一次投入往往在百万元以上。鉴于这些设备的使用寿命难以超过一个大修期，有效降低的漏风率往往只有0.3%～0.5%。相比而言，及时修复或加装热端漏风控制系统、不扩大密封区的多道密封改造、改进静密封密封性等技术手段，则既可以使漏风率下降，又不增加流通阻力。鉴于目前新机组空气预热器漏风率已普遍很小，能达到5%上下的水平，继续降低漏风率能得到的收益将非常有限，但投入却很高，采用不恰当或过多的控制漏风手段反而可能使设备经济性下降。

2. 空气预热器阻力的影响

对空气预热器阻力增加的影响不能轻视，运行中烟气增加100Pa阻力造成的损失并不比漏风率增加1%造成的损失小。因此，在运行阶段及时吹扫换热面也是经济划算的。

3. 空气预热器排烟温度的影响分析

排烟温度上升1℃造成的损失量要比漏风率上升1%或烟气阻力上升100Pa大得多。可见，控制排烟温度是提升空气预热器经济性的首要目标，但很多电厂往往忽视了这一点。相比较而言，降低1℃排烟温度能获得相当于降低2.5%~3%漏风率或250~300Pa烟气阻力的效果。无疑，将来提高空气预热器性能指标的重点工作要转移到降低排烟温度上来。对一些传热元件已使用较长时间的电厂，每年通过排烟温度上升造成的损失就可以购买全部传热元件了。对老机组，刻意延长传热元件的使用寿命并不经济，说明传统排烟温度上升对锅炉效率影响的估算有一定的准确性。

4. 结论

（1）在影响锅炉经济性的主要空气预热器性能指标中，降低排烟温度具有最大的经济性。

（2）及时对换热面吹灰能起到降低漏风率的作用。

（3）对预热器进行漏风改造时，需核算投入和收益的比值，采用真正有效的技术手段。

（4）刻意延长传热元件的使用寿命有时候并不能提高锅炉系统的经济性。

第四章　制粉系统

第一节　磨煤机一次风量的数值模拟

风量测量装置是基于S形毕托管测量原理制造（图4－1）。当管内有气流流动时，迎风面受气流冲击，在此处气流的动能转换成压力能，因而迎面管内压力较高，其压力称为“全压”；背风侧由于不受气流冲压，其管内的压力为风管内的静压力，其压力称为“静压”。全压和静压之差称为差压，其大小与管内风速有关。风速越大，差压越大；风速越小，差压越小。风速与差压的关系符合伯努利方程。

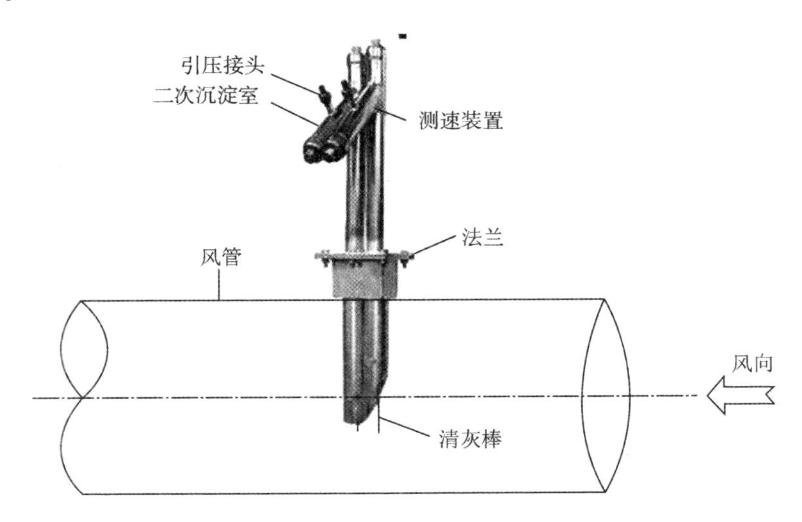

图4－1　风量测量装置

磨煤机入口风量自动控制装置投入困难，其原因是入口风量的测量值波动大，在冷热风调节过程中，入口风量不随调节挡板按比例变化，难以掌握。因此，造成锅炉燃料主控系统无法投入自动控制模式，无法自动投入运行，严重影响了机组的稳定运行与调节性能，使机组协调控制品质变差，机组正常投入自动发电控制（AGC）模式困难。

原因分析：制粉系统冷热风管道布置紧凑，测风装置前后直管段太短。因风道中测风装置布置不合理，再加上冷热风调节挡板开度的影响，使装置处在不稳定流场中，测量截面处气流分布不均匀。另外每台磨煤机入口仅安装了1台风量测量装置，使所测得的压差不具代表性。从实际测量情况看，测量截面气流偏向一侧，并在局部地区有气流回旋。

解决措施：通过加入导流板，并通过流体数值模拟，效果如图4－2、图4－3所示。

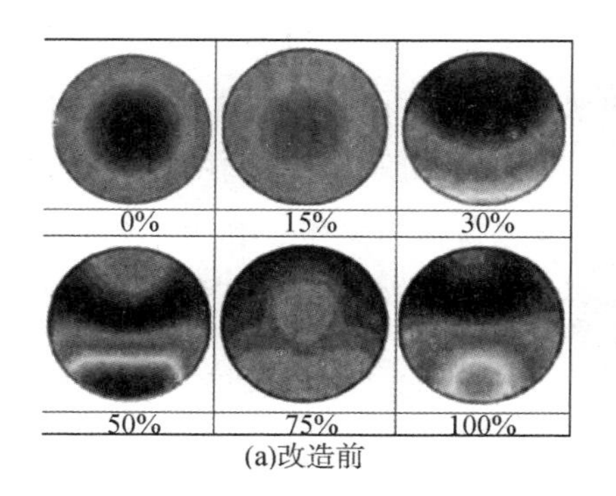

(a)改造前

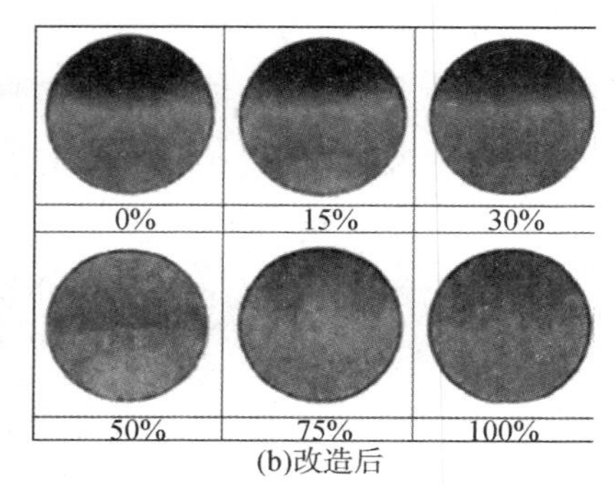

(b)改造后

图4－2　数值模拟截面图

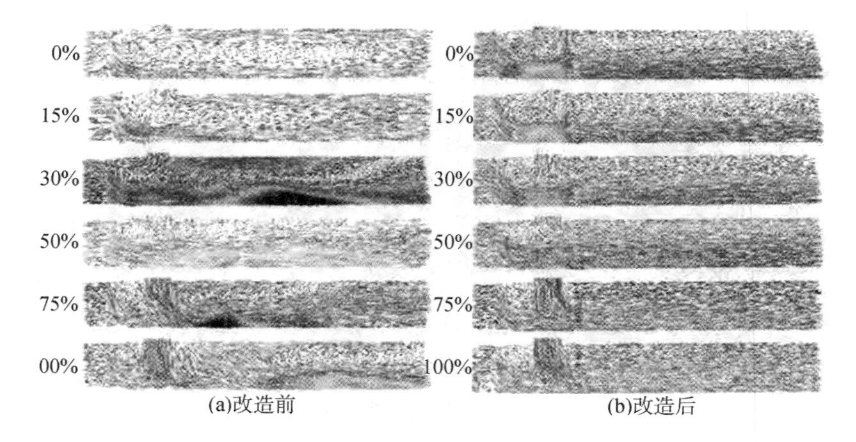

(a)改造前　(b)改造后

图4－3　流体模拟图

通过对磨煤机入口一次风道内流场的数值模拟，得到了在不同的冷、热风门开度下管道内的气流流动规律。结果显示，未加装紊流栅时，在热风调节门开度固定不变的情况下，冷风调节门开度不同，混合直管段内流场变化较大，在风量测点截面处的涡流较强烈，不能准确测量磨煤机入口的一次风量。而当加装紊流栅后，在热风调节门开度固定不变的情况下，只在冷风调节门开度较小时混合直管段内存在轻微涡流，而冷风调节门开度较大时涡流消失，磨煤机正常运行时冷风调节门的开度一般都在20%以上，因此测量装置能够基本准确地测量磨煤机入口的风量。

第二节 磨煤机冷热风的控制

磨煤机冷热风门一直是困扰值班员的小症结，如果稍不注意，就有可能发生磨炼机堵塞。下面将聊聊容易出现的问题。

1. 磨煤机一次风量测量装置存在问题

风量准确性问题一直是一个运行不断发现缺陷、维护不断消除缺陷的拉锯状态，磨煤机一次风量测量装置采用匀速管式流量计测量。匀速管取样管长达1m，上有多个微孔。因此易堵塞，造成测量管内差压变化，无法准确反映实际风速。经过人工吹扫前后对比，堵后风量测量偏差巨大。

磨煤机一次风量测量一直存在不准确的问题，仅依靠短时间吹扫，效果治标不治本，难以达到稳定、准确测量风量的要求。

一次风量测量的故障率高，造成了磨煤机冷、热一次风门长期不能正常投入自动运行状态，影响了一次风量的调节。同时，一次风量是磨煤机的重要保护条件之一。试想，给煤量增减后，热风门要随之变动，可风量却迟迟不变，热风门被迫加剧打开，给操作人员带来较大问题。

2. 磨煤机冷热风控制存在问题

磨煤机的一次风量自动调节依靠一次风管上的冷风、热风调节挡板进行调节。一次风量测量不准导致冷风和热风调门无法投入自动运行，仅能依靠操作人员手动调节风量和磨煤机出口风温，在变负荷和煤质变化时可能因风量不准误判和操作失误，甚至导致磨煤机跳闸等严重事件，进而影响机组自动投入率和磨煤机的安全运行。

3. 磨煤机冷热风控制逻辑设计存在的问题

原逻辑仅为纯PID调节方式，由热风调节阀调节一次风量，一次风量设定由运行设定加上手动偏置，在机组变负荷时，一次风量自动跟踪太慢。燃料加进去以后，锅炉压力迟迟不上涨或等涨起来了，又迟迟降不下去，甚至由于煤量下降，风量又不变，压力还会上升，导致冷热风控制效果很差，跟不上负荷变化的要求。

第三节　磨煤机冷热风的控制程序

锅炉采用中速磨煤机正压直吹式制粉系统，磨煤机控制系统通过改变给煤机转速调节制粉量。

磨煤机控制对象包括磨煤机出口风粉混合物的温度和用于输送和干燥煤粉的一次风量。磨煤机运行时，磨煤机入口冷风门调整磨煤机出口温度，热风门调节磨煤机入口的一次风量。但也不尽如此，山东石横某电厂磨煤机控制就是冷风调节一次风量，热风控制出口温度。

1. 磨煤机出口温度控制系统

磨煤机出口温度通过控制冷一次风门开度来调节的，磨煤机温度调节的任务是使磨煤机出口的风煤混合物的温度维持在80℃以下。当给煤量改变及一次风量改变时，将影响磨煤机温度稳定。因此，以一次风量调节器的输出作为前馈信号，使热风量与冷风量相匹配，静态时，使磨煤机温度保持在给定值。

2. 磨煤机一次风量控制系统

磨煤机一次风量控制系统主要由磨煤机热风调节阀来调节一次风量，一次风量调节系统的任务是保持各磨煤机的一次风量与给煤量之间的比值不变。当给煤量改变时，通过改变一次风的热风挡板开度，改变一次风量。

磨煤机入口一次风量和出口温度为典型的多变量控制系统，即磨煤机入口热风和冷风挡板开度的变化对这2个参数都有较大影响。磨煤机入口热风调整负责消除磨煤机入口一次风量的稳态偏差，磨煤机入口冷风调整负责消除磨煤机出口温度的稳态偏差，2个系统之间设计有单向解耦信号。同时还可以用人工偏置，强制输出冷、热风门开度指令，并且允许自动或手动控制。

第四节 MPS 中速磨煤机结构

MPS 系列磨煤机是具有 3 个固定磨辊的外加力型辊盘式磨煤机。

落到旋转的磨盘中间的煤，在离心力作用下甩到磨盘瓦表面并经过磨辊的碾压。3 个磨辊均匀布置在磨盘上，碾磨压力由液压缸提供，加载力通过加载架作用到 3 个磨辊上。磨辊和磨盘受到的加载力是由拉杆、液压缸实现的。物料的干燥和碾磨是同时进行的。一次风从磨盘周围的喷嘴环喷出，它起到干燥和把磨盘上碾碎的物料吹到中架体上部分离器里的作用，在分离器里完成粗细粉的分离。

减速机齿轮系统、轴承和推力轴承的润滑和冷却由独立润滑油站提供，并在减速机内部和外部设置不同的管路，不同润滑点的润滑油量是由制造商决定的。推力轴承布置在环形的壳体中，通过填充润滑脂的迷宫式密封圈对气体和油进行密封，推力轴承的润滑表面低于连续流入润滑油的油池表面。

磨煤机每运行 500 ~ 1000h 时，就要对磨盘瓦、导向板以及辊套进行检查。检查应在停机且冷却后进行。检查结果可以用来预测磨损件的使用寿命。

检查的间隔时间可根据运行决定，并且注意以前的检查情况，但是最少也要每运行 2000h 就要检查一次。

（1）喷嘴环：检查外来杂质、磨损和间隙。

（2）刮板机构：检查变形、磨损和间隙、配合。

（3）磨辊密封风管路：检查磨损、间隙和铰接点的灵活性。

（4）中架体衬板：检查磨损、间隙。

碾磨物料需要的碾磨力（碾磨力 = 部件重力 + 加载力）由液压系统提供。该系统包括液压站和 3 个并联工作的液压缸及装在液压缸上的蓄能器。加载力是液压系统在液压缸有杆腔环形区域形成的压力与液压缸无杆腔形成的反作用压力的压力差的函数。

为避免磨煤机振动，尤其是在磨煤机低负荷和煤质较软时，在磨煤机整个出力范围内，在油缸无杆腔预先设定好液压系统最低调节压力 1.5MPa，即用 1 个作用在油缸无杆腔的反作用压力来抵消在油缸有杆腔的碾磨压力的影响。

第五节　中速磨磨辊的工作原理

该型磨煤机同其他中速磨煤机结构相近，基本上由传动部件、碾磨部件、分离器和机架等几部分组成，如图 4－4 所示。该磨煤机的磨辊与支架通过转轴组合在一起，磨盘的外围是装在六角形壳体上的喷嘴环，喷嘴环上半部是分段组合的，可以更换。该磨煤机转子与磨盘以及干燥介质通流部件之间采用密封风环加以密封。分离器结构形式基本上分为离心式和旋转式 2 种。

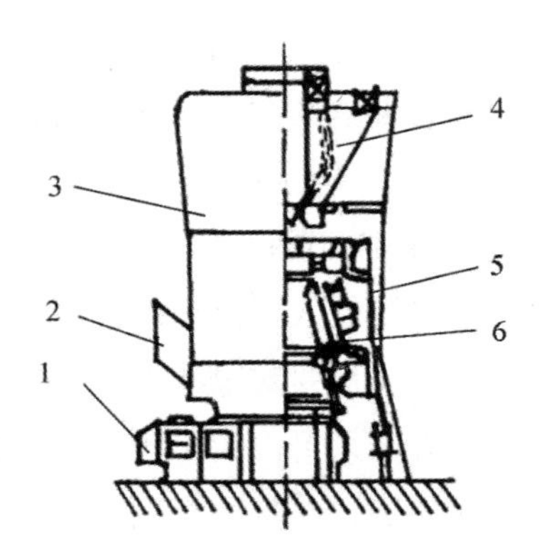

1.减速机；2.二类介质入口；3.外壳；
4.分享器；5.液压加载机构；6.磨辊、衬瓦

图 4－4　MPS 型中速磨结构

1. 工作原理

该磨煤机具有相距 120°的 3 个大磨辊，3 个辊子之间的相对位置固定，被转动的磨盘带动，在磨盘上滚动。磨碎煤的压力是通过 3 个辊子自重及其上方的弹簧组施加的，加载压力大小可通过液压缸进行适当调节。其磨碎和干燥过程同其他型式磨煤机一样，干燥剂由磨盘周围的喷嘴环以 70～90m/s 的速度进入磨煤机，在煤干燥的同时，经磨碎输送到分离器中进行分离，煤中的杂物如煤矸石、铁块等通过喷嘴环落到转盘上，被刮板刮至集料箱中排除。

2. 磨辊工作情况

磨煤机的碾磨部件主要是磨辊和磨盘，其磨煤工况如图 4－5 所示。

磨盘转动时带动磨辊自转，磨辊、磨盘和煤料构成三者之间的磨料磨损。由图4－6 看出，磨辊运行时受到本身重力 G、液压加载系统的加载压力 F1、磨料

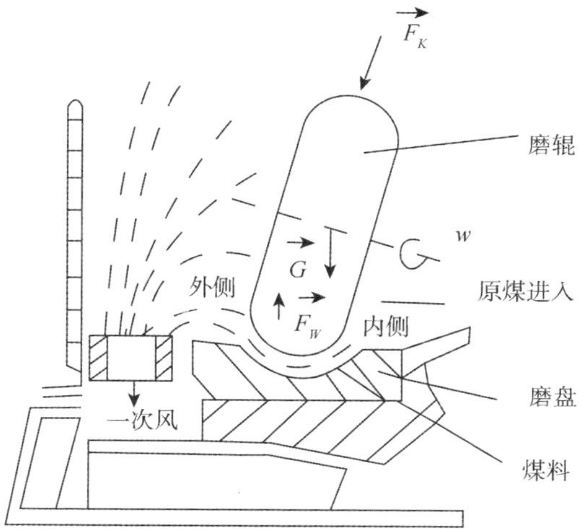

图 4－5 磨辊工作情况

对磨辊的作用力 F2 等力的作用。磨辊主要承受以下几种载荷作用：

（1）磨辊在碾压过程中受到的磨料磨损作用。

（2）磨辊上部液压加载压力和磨辊自重使磨辊受到交变碾压载荷作用。

（3）由于煤中有一定量的较高硬度杂质，使磨辊在磨煤过程中承受一定的硬杂质冲击载荷作用。

当磨辊磨损严重时，磨辊与磨盘之间的间隙过大，磨辊液压加载系统液压缸传递到磨辊上的压力亦难以保证磨辊与磨盘之间的间隙，这样就会使大量原煤及矸石均被排出磨室，使磨煤机碾磨出力下降，直接影响锅炉燃烧，降低锅炉效率，威胁机组热力系统安全经济运行。

第六节 防止给煤机皮带烧毁的措施

避免运行磨煤机出现空仓冒粉，当煤斗空仓冒粉而燃料运行供应不能及时加煤压粉时应立即关闭相应给煤机上下插板，通过调整热风门、冷风门，控制断煤侧煤斗分离器出口温度不超过 80℃（燃用煤质挥发分 Vdaf＞20%时），控制断煤侧煤斗分离器出口温度不超过 100℃（燃用煤质挥发分 Vdaf＜20%时），控制断煤侧煤斗分离器出口温度不超过 130℃（燃用煤质挥发分 Vdaf＜10%时），温度控制不住时应停止相应磨煤机并进行惰化。

图 4 -6　细度筛分仪器

停运备用磨煤机前尽量把磨内存粉吹空，对短时停运备用的制粉系统密封风可以保持适当开启，对长期停运的磨煤机应该把煤斗吹空。

对停运磨煤机的冷热风门要联系运检摇严，检查给煤机上下插板是否关闭到位。

制粉系统停运前检查确认惰化汽系统正常并投入相应惰化汽 1min，发现问题及时联系处理。

监视停运磨煤机的入口、出口温度和压力变化，发现温度上升及时汇报，确认热风门不严立即联系运检处理，开启给煤机密封风冷却，同时视情况开启冷风门；开启 PC 管闸板，并定期进行粉管吹扫，监视粉管风速、温度，防止堵管，联系运检摇严给煤机上下插板。

按时就地巡检给煤机内部情况，就地测量给煤机外壳温度，发现温度升高立即汇报，应及时投入惰化，投入时间控制 1 次 1 ~ 2min；当出现着火迹象时禁止开启给煤机密封风，若火势很大，系统漏风严重可以联系使用消防水灭火。

当给煤机温度高报警时立即就地检查确认，当温度确认超过 70℃ 立即汇报并投入惰化汽，投入时间控制 1 次 3 ~ 5min。

第七节　给煤机皮带打滑的原因及处理

给煤机皮带打滑是锅炉日常运行中常见的制粉系统异常，一旦出现皮带打滑就会造成给煤机断煤、实际给煤量减少等问题，影响锅炉的安全稳定运行。给煤机皮带出现打滑后，运行人员一旦发现不及时或处理不当极易引发其他次生事故。因此作为一名运行人员如何快速发现并正确处理给煤机皮带打滑异常便成了重中之重。

1. 造成打滑的原因

（1）给煤机皮带松弛，张力出现变化。

（2）驱动滚筒出现故障，驱动滚筒表面一般会增加摩擦系数的人字形或菱形沟槽，皮带长时间运行，会出现磨损的情况，造成驱动滚筒表面摩擦系数降低、摩擦力减小，引起皮带打滑。

（3）皮带上有水、冰、雪、霜等易造成皮带打滑的物质。由于自然环境变化、现场地面冲洗、设备维护、露天煤场洒水，由原煤带入给煤机内部以及在皮带非工作面黏附了水、冰、雪、霜等具有一定润滑作用的附着物，导致给煤机皮带运行时的摩擦力明显降低，引起皮带打滑。

（4）原煤较湿，造成落煤口积煤，压死皮带，或者有较大的杂物卡住皮带也会造成皮带打滑。

上述造成皮带打滑的原因其实完全可以从源头或者检查方面避免，如定期检查皮带张紧程度，检查螺丝是否松动；在给煤机检修时将给煤机皮带打滑问题作为定期检查项目，在源头上对给煤机皮带打滑问题进行预防；对给煤机的驱动滚筒进行包胶或铸胶处理增加人字形或菱形沟槽数量或深度，从而提高摩擦系数，增大摩擦力；皮带长时间运行造成驱动滚筒胶面及其沟槽磨损的情况要采取重新包胶或更换滚筒的方法进行处理；给煤机启动前或停止后检查皮带上是否有水、冰、雪、霜并给予清除；运行中尽量避免造成落煤口积煤，防止原煤中有大块杂物等。

2. 判断处理

由于给煤机皮带打滑时给煤量一般会保持不变，从机组的总煤量方面很难直接看出，不过可以从锅炉的其他参数方面进行初步判断：

（1）锅炉燃烧方面。锅炉总给煤量不变或者机组在 CCS 控制方式下总燃料量不正常升高，投入自动的给煤机给煤量远远超过该负荷下燃料量，且炉内燃烧情况不稳定，负压波动大，汽温、汽压出现下降，锅炉氧量快速上升等现象，就很可能出现给煤机皮带打滑问题。

（2）磨煤机参数方面。出现给煤机皮带打滑后，磨煤机出口风粉混合物温度会不正常升高，磨煤机压差下降，磨煤机电流下降，严重时磨煤机会出现剧烈振动或有金属摩擦声。

（3）给煤机方面。就地对给煤机运行情况检查可以判断异常，例如电机转而皮带不转，给煤机电流发生变化等。

出现给煤机皮带打滑后，运行人员应及时做出判断和应对处理。首先立即派人就地检查给煤机运行情况，确定事故原因，若皮带松弛导致皮带不转则立即用活扳手调整皮带张力，使其恢复正常；盘面人员应解除CCS控制方式切换为TF控制方式降低机组负荷，维持汽压、汽温稳定，手动调整正常磨煤机出力，在不堵磨的情况下尽量维持机组负荷，同时降低故障给煤机转速，防止给煤机突然转动造成煤量大幅度波动，若皮带打滑无法短时间处理完毕则应停运给煤机，启动备用给煤机制粉。

3. 注意事项

（1）防止辅机设备跳闸或损坏以及汽包水位异常，调整磨煤机冷热风门开度，控制磨出口温度，防止磨煤机跳闸或制粉系统爆炸等发生异常；机组控制方式改为TF控制方式后为维持汽温、汽压，机组负荷下降，给水流量大幅波动极易引发水位事故，此时应安排专人监视汽包水位，必要时手动干预控制。

（2）防止环保参数越限：针对当前日益严峻的环保形势，严防上传NO_x越限，及时调整喷氨量和锅炉氧量，调整时有一定的前控量，避免操作幅度过大造成喷氨压力突变，而影响临机或脱硝系统相关保护连锁动作。

（3）防止金属壁温超温越限：故障处理完毕恢复原运方或启动备用磨煤机时严格控制负荷、汽温、汽压上升速度，严防金属壁温越限情况，在机组负荷上升或运方发生变化时（启动备用制粉系统）都可能引起金属壁温越限的情况，此时增加燃料量必须缓慢小心，及时调整配风和减温水量。

第八节　煤粉细度是什么

电厂煤粉炉燃用的煤粉通常由形状很不规则、尺寸$<500\mu m$的煤粒和灰粒组成，大部分为$20\sim60\mu m$的颗粒。由于煤粉颗粒小、比表面积大，能吸附大量空气，所以煤粉的堆积角很小，有很好的流动性，可采用气力方便的管内输

送。但是，煤粉也容易通过缝隙向外泄漏，造成对环境的污染。因煤粉中吸附了大量空气，极易缓慢氧化，使煤粉温度升高，当达到着火温度时，便引起自燃。煤粉和空气的混合物在适当的浓度和温度下会发生爆炸。影响煤粉爆炸的因素有煤的挥发分含量、煤粉细度、煤粉浓度和温度等。一般干燥无灰基挥发分<10%的无烟煤煤粉，以及颗粒尺寸>200μm的煤粉，几乎不会爆炸。当烟煤浓度为1.2～2.0kg/m^3、空气温度为70～130℃时，一旦有火源，就会发生煤粉爆炸。

煤粉的粗细程度用煤粉细度R_x表示。煤粉细度用一组由细金属丝编织的、具有正方形小孔的筛子进行筛分测定。方孔的边长称为筛子的孔径x，煤粉的形状是不规则的，所谓煤粉颗粒直径是指在一定的振动强度和筛分时间下，煤粉能通过的最小筛孔的孔径，R_x为在孔径x的筛子上的筛后剩余量占筛分煤粉试样总量的百分数，如第五节中图4－6所示。

煤粉越细，着火燃烧越迅速，锅炉不完全燃烧损失越小、锅炉效率就越高。但对于制粉设备，会造成磨煤消耗的电能增加，金属的磨损量增大。反之，煤粉越粗，磨煤电耗及金属磨损越少，但锅炉不完全燃烧损失越大。选择合理的煤粉细度，可使锅炉不完全燃烧损失、磨煤电耗及金属磨损的总和最小，该细度即称为煤粉经济细度。

影响煤粉经济细度的因素有煤的特性、燃烧方式等。若煤的挥发分较低，煤粉细度就要更细一些；若炉膛的燃烧热强度大，进入炉内的煤粉易于着火、燃烧及燃尽，则允许煤粉粗一些。

第九节　超细煤粉在燃烧中的作用

再燃煤粉粒度越细小，再燃过程NO还原效率越高。这是因为在煤粉再燃过程中，煤粉粒度的大小直接影响其挥发分的释放和煤焦的物化特性，进而影响再燃还原NO的效率。

再燃煤粉进入炉膛首先经历一个非稳态快速升温过程，在相同的加热条件下，煤颗粒的升温速率与颗粒粒径的平方成反比。因此在煤粉再燃过程中，煤颗粒粒径越细小，其升温速率也越高，热分解发生得也越早，释放出的挥发分也越多。显然，在相同条件下，较细的煤粉能够释放出更多的挥发分，因此有较高的

NO还原效率。

煤粉粒度的大小不仅影响到再燃过程的同相还原作用，也影响到异相还原作用。一方面，煤粉颗粒越细小，煤焦比表面积就越大，单位质量煤粉参与化学反应的表面积就越大，各种相关反应的反应速率就越高，NO还原效率也就越高；另一方面，较细的煤粉颗粒，挥发分的产率高、释放快。由于热解的初始产物有相当一部分在颗粒内部向外释放，较小的煤粉颗粒具有较大的比表面积和较小的内部扩散距离。这样，在较高的释放速率下，挥发分以更强烈的"喷射方式"由颗粒内部向外释放，结果导致其表面凹凸较多、孔隙较多、尺寸较大。这又进一步增大了煤焦的比表面积，也使得煤焦颗粒表面形成更多的活性点。

1. 超细煤粉的细度对再燃停留时间的影响

在相同的条件下，使用较细的煤粉获得相同的再燃还原NO效率，可以适当缩短煤粉在再燃区的停留时间。但是，如果低于0.6s，即使采用更细的煤粉，NO的还原效率也会大幅度下降。这是因为煤粉的热解、挥发分的释放以及NO的还原需要一定的反应时间。要使这些反应得以充分进行，保证0.8s的停留时间是必需的。

2. 超细煤粉的细度对再燃燃料比的影响

使用较细的煤粉作为再燃燃料时，在保证一定的再燃还原NO效率的情况下，可以减少再燃燃料的投入量。例如，在$O_2=4\%$时，要使NO的还原效率达到70%，使用粒径小于154mm的煤粉，RRF约为26%；使用粒径小于45mm的煤粉，RRF约为19.5%。再燃煤粉量越小，锅炉燃烧效率也就越高。

超细煤粉燃烧方式稳燃效果好、燃烧效率高、NO_x排放低、综合经济性高。与低氮燃烧器相比，是研究锅炉进一步降低NO_x生成的另外一条途径。

第十节　煤的简单分解

一般情况下，煤在105℃以前，主要析出水分和部分气体，直到300℃，水分才能完全析出。在温度上升至200～300℃时，析出的水分称为热解水，并伴有气态物质CO和CO_2，还有少量焦油析出。当温度达致300～550℃时，大量焦油和气体开始析出，并被称为初次挥发物，其主要成分为CH和同系物以及CO、

CO_2等。这些物质通过煤粒空隙或燃料层向外扩散时，还有可能再次热分解或热分解形成二次挥发物。当温度达到500～750℃时，半焦开始热解，含氢较多的气体开始析出。在759～1000℃时，半焦继续热解并析出少量以含氢为主的气体，半焦形成焦炭。

煤灰成分中的铁、钙起增强结渣的作用。在还原性气氛中，熔融的铁促进结渣的早期形成；在氧化性气氛中，钙可显著降低硅酸盐玻璃体的黏度。煤灰成分中的钾是促进玻璃体形成的助溶剂，当褐煤中 K_2O 含量 >1% 时，结渣较严重；当 K_2O 含量 <0.2% 时，烟煤的结渣较轻。

煤灰成分中的硅一般可减轻结渣性。但硅含量过高时会产生无定型玻璃质，反而使结渣性增强。煤灰成分中的铝含量增加可减轻结渣性。

灰的熔融性是当它受热时，由固体逐渐向液体转化没有明显的界线温度的特性。普遍采用的煤灰熔融温度测定方法，主要为角锥法和柱体法 2 种。由于角锥法锥体尖端变形容易观测，我国采用此方法。灰的熔融性的 3 个温度是变形温度 DT、软化温度 ST 和熔化温度 FT。当软化温度 <1260℃ 时为严重结渣煤，当软化温度在 1260～1390℃ 时为中等结渣煤，当软化温度 >1390℃ 时为轻微结渣煤。

第十一节 煤的灰分

煤的灰分系指煤中所有可燃物质完全燃烧以及煤中矿物质在一定温度下产生一系列分解、化合等复杂反应后剩下的残渣。显然煤灰全部来自煤中矿物质，但其组成和重量不完全与煤中矿物质相同。煤中矿物质来源如下：

（1）原生矿物质。成煤植物本身所含的矿物质，此量很少。

（2）次生矿物质。成煤过程中由外界混到煤层中的矿物质，一般其量也不多，但也有例外。

（3）外来矿物质。在采煤过程中混入的煤层顶底板和夹矸石所形成。可通过洗选法予以脱除。其数量多少，根据开采条件在很大的范围里波动。它的主要成分为 SiO_2、Al_2O_3，也有一些 $CaSO_3$、$CaSO_4$、FeS_2等。

煤灰熔融性是动力用煤的重要指标。煤灰熔融性习惯上称作煤灰熔点。但严格来讲这是不确切的，因为煤灰是多种矿物质组成的混合物，这种混合物并没有一个固定的熔点，而仅有一个熔化温度的范围，开始熔化的温度远比其中任一纯净矿物质熔点低。这些组分在一定温度下还会形成一种共熔体，这种共熔体在熔化状态时，有熔解煤灰中其他高熔点物质的性能，从而改变了熔体的成分及其熔化温度。

煤灰的熔融性和煤灰的利用取决于煤灰的组成。煤灰成分十分复杂，主要有SiO_2，Al_2O_3，Fe_2O_3，CaO，MgO，SO_3等。大量试验资料表明，SiO_2含量在45%～60%时，灰熔点随SiO_2含量的增加而降低；SiO_2在其含量<45%或>60%时，与灰熔点的关系不够明显。Al_2O_3在煤灰中始终起增高灰熔点的作用。煤灰中Al_2O_3的含量超过30%时，灰熔点在1500℃。灰成分中Fe_2O_3、CaO、MgO均为较易熔组分，这些组分含量越高，灰熔点就越低。

第十二节　煤的结焦特性

结焦的内因是灰质成分和熔化温度。灰质中的酸性氧化物SiO_2、Al_2O_3等，虽然其熔融温度较高，都有增高灰熔点的作用，但影响程度不一。SiO_2含量过高会产生较多的无定型玻璃体，使灰提早软化，灰黏度也增高。且含硅的氧化物和硅酸盐会与某些碱性氧化物形成低熔点共熔体，这有助于熔解难熔的复合化合物，使灰熔点降低。

Al_2O_3：起着阻碍熔体变形的支持性骨架作用，FT（t3）随Al_2O_3含量的增加而上升，碱性氧化物Fe_2O_3、CaO_2、MgO_2、Na_2O_3含量在某一范围时，呈现出较强的结焦性。Fe_2O_3、CaO是组成低熔点共熔体的重要成分，且二者的综合作用比单独作用更易形成低灰熔点的共熔体，碱金属氧化物与灰的沾污特性有直接关系。

一般而言，酸性氧化物能够提高灰的熔点和黏度，而碱性氧化物在一定条件下有助于降低灰熔点并使熔体变得稀薄，各组分的多少及相互比例对灰熔点亦有较大影响。

搞清了结焦的机理，就不会盲目地认为仅调整燃烧就能避免结焦了。

第十三节 铁元素与结焦

图 4-7 锅炉燃烧产生的焦块

炉膛结焦不仅影响指标，还严重影响锅炉的稳定运行，严重时甚至需要停炉处理。

炉膛结焦的主要因素是铁含量。铁的各种氧化物或 Fe_2S_3、$FeCO_3$ 熔点是不一样的，最高的是 Fe_2O_3 1600℃，Fe_3O_4 1540℃，FeO 1377℃，Fe_2S_3 1194℃，FeS_2 750℃。而熔点最低的黄铁矿，是煤里面最近才见的，也称愚人金。(图 4-8)

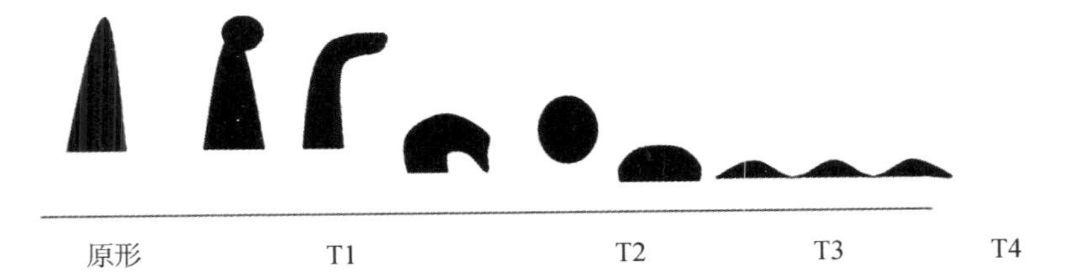

图 4-8 灰熔点的测试

黄铁矿在燃烧时形成可熔球体，密度比较高，容易从烟气中分离出来碰撞水冷壁，形成受热面积渣，或者 Fe_2S_3 氧化成氧化铁后，与 SiO_2 反应生成熔点更低的混合物 1065℃。可见 Fe_2S_3 是引起结渣的重要因素。

第十四节　发热量是怎么测量的

1. 煤的发热量

国内、外过去和现在常用的热量单位有 3 种：焦耳（J）、卡（cal）和英制热量单位（Btu）。

（1）焦耳（J）。

焦耳等于 1 牛顿的力使其作用点在力的方向上移动 1m 所做的功。焦耳是一种能量单位，也是我国法定计量单位中规定的热量单位。

国家标准《煤的发热量测定方法》（GB/T213－2008）规定用焦耳/克（J/g）和兆焦/千克（MJ/kg）来表示煤的发热量。J/g 与 MJ/kg 有如下的关系：

$1MJ/kg = 10^3 J/g$

（2）卡（cal）。

卡等于将 1g 纯水温度升高 1℃所需要的热量。1 卡 20℃等于将 1g 纯水的温度从 19.5℃升高到 20.5℃时所需要的热量。

$$1 卡 20℃ = 4.1816J$$

（3）英制热量单位（Btu）。

Btu 等于将 1 磅纯水从 32F（0℃）升高到 212F（100℃）所需要的热量。

$$1Btu = 1055.06J$$

英、美等国使用 Btu/lb 表示煤的发热量。

2. 高位发热量与低位发热量

（1）恒容高位发热量。

单位质量的试样在充有过量氧气的氧弹内燃烧，其终态产物为 25℃下的 CO_2、过量 O_2、N_2、SO_2、液态水以及固态灰时放出的热量称为恒容高位发热量。

恒容高位发热量在数值上等于弹筒发热量减去硝酸形成热以及硫酸与 SO_2 形成热之差得到的发热量。

（2）恒容低位发热量。

单位质量的试样在充有过量氧气的氧弹内燃烧，其终态产物为 25℃下的 CO_2、过量 O_2、N_2、SO_2、气态水以及固态灰时放出的热量称为恒容低位发热量。恒容低位发热量在数值上等于恒容高位发热量减去水（煤中原有的水和煤中氢生成的水）的气化潜热后的发热量。

（3）恒压低位发热量。

单位质量的试样在恒压条件下，在过量氧气中燃烧，其终态产物为25℃下的CO_2、过量O_2、N_2、SO_2、气态水以及固态灰时放出的热量称为恒压低位发热量。恒压低位发热量在数值上等于恒压高位发热量减去水的汽化潜热（恒压）后得到的发热量。恒压高位发热量为恒容高位发热量减去体积膨胀功所得的热量。

（4）工业燃烧设备中所能获得的最大理论热值是低位发热量。

煤在锅炉里燃烧和在氧弹内燃烧条件不大一样，所得的燃烧产物不同，因而获得的热量也不同。

①煤在氧弹内燃烧时，其中的硫形成了硫酸，而在锅炉内燃烧时，其中的硫只能形成SO_2随烟道气排放了，因而氧弹测得的发热量比实际燃烧多出一个硫酸形成热和二氧化硫形成热之差。

②煤在氧弹内燃烧时，有一部分氮形成了硝酸，有硝酸形成热放出，而在锅炉内燃烧时，氮基本上以游离氮（少量氮氧化物）排除，没有硝酸形成，无硝酸形成热。

③煤在氧弹内燃烧时，煤中的水由燃烧时的汽态变为液态，有水的汽化潜热放出，而在锅炉内燃烧时，水作为水蒸气随烟道气排走，无水的汽化潜热。

④煤在氧弹内燃烧是在恒容条件下进行，有体积膨胀功释放，而在锅炉内燃烧是在恒压条件下进行，无体积膨胀功。

由上可见，工业燃烧设备中所能获得的最大理论热值必然是从氧弹发热量中扣除了以上4项热量的热值，而弹筒发热量扣除了这4项热量之后就是恒压低位发热量。但由于恒容低位发热量与恒压低位发热量相差很小（几焦耳到几十焦耳），因此，人们常用恒容低位发热量代替恒压低位发热量。

第十五节　磨煤机排矸如何控制

××公司磨煤机采用长春生产的中速磨煤机，型号HP180。采用油压变加载，基本出力35h。磨煤机石子煤通过磨煤机的刮板进入石子煤斗，经过对石子煤排放量的观察，发现E磨煤机石子煤排放量较大，经常出现石子煤车斗满的现象。

1. 石子煤排放情况

（1）运行好时：颗粒度基本在 3～15mm，颗粒较均匀，且伴有少量煤粉，石子很少，乌黑发亮，伴有硫化铁矿石核心（图 4－9）。

图 4－9　正常排放的石子煤

（2）运行不好时：颗粒 15mm 以上，基本为石子、煤矸石（图 4－10）。

图 4－10　排矸量大时的石子煤

2. 原因分析

根据 HP 磨煤机的特点以及磨制的煤种特性，造成出力过低的可能原因主要有以下几个方面：

（1）HP 磨煤机磨制煤粉时，磨辊通过碾压的方式利用动态分离装置制成合格煤粉粒子。由于碾压方式的特点，适合磨制较脆的煤种，而不适合结构均匀、韧性较好的煤种，如壳质组煤或无烟煤等。一般来说 HP 磨不适合磨制 HGI 在 50

以下的煤种。

（2）煤质影响。单煤种的可磨性一般采用哈氏可磨性指数 HGI 来表征，煤种的可磨性与煤化程度（主要指标为挥发分）、煤的岩相成分以及矿物成分（游离的灰分）等有关。从哈氏可磨性指数的分析标准分析，用于可磨性指数 HGI 测试的标准磨煤机采用钢球研磨的方法，与中速磨采用的碾磨方法存在很大的区别。测试结果对于较脆的煤种 HGI 值适合于中速磨煤机，而对于韧性较大的煤种 HGI 值不适合于中速磨煤机。

（3）煤粉细度影响。改变分离器角度来控制磨煤机出口煤粉粗细，开度增大时，煤粉颗粒出去的多，返回磨煤机煤颗粒减少，出力稍有提高。

（4）运行磨损。在易磨损件被磨损以后，磨辊与磨碗衬板之间的咬合角变得较大，不利于原煤的咬合与粉碎。另外由于部分材料的磨蚀，将造成加载弹簧的松弛，加载力降低，从而磨煤量降低，运行出力降低。减少磨辊与磨碗间的预留间隙，可以减少磨辊出口煤粉中的粗颗粒量。

（5）通风量不够。提高磨煤机通风量可以吹走更大粒径的煤颗粒，减少喷嘴环处堆积的粗煤颗粒，从而提高磨煤机的出力。

3. 措施

（1）调整分离器角度。分离器转针对优质煤设置为 45°～50°。开度过大，出去的煤粉颗粒较粗，会造成燃烧不完全损失和排渣损失的增加，经济性降低，同时煤质灰分较高，煤粉粗，造成烟道磨损和气力输送的负担加重。虽然增加了出力，也存在很多的负面影响；开度太小，煤粉太细，磨煤机电流大，出力下降，磨层厚度不断增加，石子煤排放量增加。

（2）提高加载力能提高碾磨力，增加出力，但要注意磨煤机振动情况和电流上升趋势。

（3）如果是磨辊与磨盘的间隙问题，不停磨煤机基本无法处理。

（4）调整通风量。增加磨煤机通风量，控制一次风速不超额定值，对于减少排矸是最直接有效的方法，但对于低氮燃烧器的锅炉来说，一次风率的提高，NO_x 生成量会增加。

第十六节　煤的结渣特性分析

1. 结渣条件

结渣机理非常复杂，有燃料方面的特性与锅炉燃烧方面的原因。

（1）熔化。

（2）黏度。

（3）强度。

燃烧方面的参数会改变上述3个条件，从而偏离或接近结渣的距离。

2. 灰渣特性看什么

（1）灰熔点高低。

（2）灰成分中的比例。

（3）灰的类型。

（4）渣的形状。

3. 灰的成分很重要

灰的熔融性是在弱还原气氛中测定的。

DT：变形温度。

ST：软件温度。

FT：流动温度。

$ST>1350$℃时，结渣危险性小。

$\triangle T=FT-DT>149$℃时，炉内结渣为长渣；反之为短渣。氧化性环境中灰的熔点会提高100～150℃。

Al_2O_3是增高灰熔点的主要成分，当其>20%时，$ST>1250$℃；当其>30%时，$ST>1350$℃；当其>45%时，$ST>1400$℃。

SiO_2也是增高灰熔点的主要成分，但它能与灰中其他组分共熔，使熔点降低，SiO_2在40%～60%之间，SiO_2的增减对*ST*无明显影响。

Fe_2O_3含量高，色红灰熔融性越低，红色较明显的一般$ST<1350$℃；CaO是降低灰熔点的成分，因它与SiO_2形成低熔点的硅酸盐，但当CaO含量>35%时，由于单体CaO的出现，又使灰熔点升高。

煤中硫如果以黄铁矿（FeS）形式出现，黄铁矿首先与水反应生成FeO，再与 FeS 作用形成极易熔化的共熔体，黏附到水冷壁上，凝固形成原生层。燃用含黄铁矿且潮湿的煤时，炉内如果有还原性环境，则会造成严重的结渣倾向。

第十七节 燃用低挥发分煤种防灭火措施

燃煤挥发分降低，着火温度升高，使着火困难，燃烧稳定性变差，严重时会造成灭火。为防止灭火，运行过程中应注意如下几个方面：

（1）锅炉不应在过低负荷下运行，以免因炉温下降，使燃料着火困难。

（2）适当提高煤粉细度，使其易于着火并迅速完全燃烧，对维持炉内温度有利。

（3）适当减小过量空气系数，并适当减小一次风率和风速，防止着火点远离喷口而出现脱火。

（4）燃烧器应均匀投入，各燃烧器负荷也应力求均匀，使炉内维持良好的空气动力场与温度场。

（5）必要时应投入等离子来稳定燃烧，在负荷变化需进行燃煤量、吸风量、送风量调节，以及投停燃烧器时应均匀缓慢、谨慎地进行操作。

第十八节 煤场自燃的原因

1. 煤场自燃的原因

煤的自燃主要是由煤的氧化所引起的。当露天存放时，长期受风雨、日晒和空气中氧的作用，氧化在不同速度和不同程度地进行。当氧化速度较快时，会产生大量的热量。一般煤堆温度达 60℃时，1 ~ 2d 内将产生自燃的现象。

每年的秋后 10 ~ 12 月份是煤自燃的多发季节。这主要是煤堆在夏末秋初受到大量降水的影响，煤层被雨水渗透，大量雨水在底部排出时，把煤中的灰分和细粉末一起带走，煤层变得疏松，尤其在底部形成了许多空洞，这些空洞给热量的聚积提供了条件。秋后又是风高物燥的时节，大气密度比煤堆内密度大得多，所以渗入煤堆内的空气量增大，煤的氧化加剧。此时如果再遇到刮风，火趁风势，一发不可收（图 4 - 11）。

图 4－11　煤场自燃现象

挥发分较高的煤，即使是同样条件下（季节、气候、堆放时间、压紧密度等）储放于露天发生自燃的概率也要比挥发分较低的煤大 1 倍。所以，前者煤种一般在 50d 内应该用完，否则将发生自燃且自燃很激烈，扑灭难度大；反之，后者煤种储存 100d 也不易自燃，即使有局部自燃，也容易扑灭。

煤的挥发分主要成分是低分子烃类，如甲烷、乙烯、丙烯等以及一氧化碳、二氧化碳、硫化氢和常温下呈液态的苯、酚类化合物。一般来说，挥发分多的煤种，其含氧高，挥发逸出的温度低。蕴藏于煤层中的大量蒸汽热将对上述这些低分子元素的挥发起到催化剂的作用，被挥发出来的易燃气体及其化合物将大大地降低煤的自燃祸源温度，导致自燃提早发生。

2. 措施

及时消除自燃“祸源”。在检温过程中，一旦发现煤堆温度达到 60℃ 的极限温度，或煤堆每昼夜平均温度连续增高超过 2℃ 时，就应立即消除“祸源”，方法是将“祸源”区域内的煤挖出来暴露在空气中散热降温。严禁往“祸源”区域煤中加水，否则会加速煤的氧化和自燃。

第十九节　煤的灰熔点

1. 什么是灰熔点

煤的灰熔点，是煤燃烧后的灰分，达到一定温度后发生变形，软化和熔融时的温度，即灰在高温情况下开始软化变形的温度，是一个温度区间。它与燃烧环境有很大关系，燃烧环境不同，温度相差也不同，尤其是灰中氧化铁含量高时，温度相差更大。

灰熔点又称煤灰熔融性，煤灰是由各种矿物质组成的混合物，没有一个固定的熔点，只有一个熔化温度的范围。煤的矿物质成分不同，但煤的灰熔点比其某一单个成分灰熔点低。这些组分在一定温度下还会形成一种共熔体，这种共熔体在熔化状态时，有熔解煤灰中其他高熔点物质的性能，从而改变了熔体的成分及其熔化温度。灰熔点的测定方法常用角锥法。

2. 灰熔点高好还是低好

煤质不同，灰熔点也不同，且没有一个统一的标准数值，即便是同一种煤其灰熔点也不是固定的。影响灰熔点的因素有：

（1）成分因素。灰分中各种不同成分的物质含量及比例变化时，灰的熔点就不同，如灰中含二氧化硅和氧化铝越多，灰的熔点就越高。

（2）介质因素。与周边介质性质改变有关，如当灰分与一氧化碳、氢等还原性气体相遇时，其熔点会降低。

（3）浓度因素。当煤中含灰量不同时，熔点也会发生变化。一般灰越多熔点越低，这是由于各物质之间有助熔作用。燃烧高灰分的煤，因为灰中各成分在加热过程中相互接触频繁，则产生化合、分解、助熔等作用的机会就增多，所以灰浓度也是影响灰熔点的因素。

由于煤中矿物质不同，煤经高温灼烧后剩下的残留物即灰分的成分十分复杂，其含量变化范围很大，主要有硅、铝、铁、钙、镁、钾和钠等元素的氧化物和盐类。这些成分决定了煤灰的熔融性和灰渣黏度特性。所以煤质不同也决定了灰的熔点不同。

第二十节 磨煤机经济运行指导

随着磨煤出力增加，磨煤功率和通风功率都上升，煤粉细度也随之变粗，而制粉单位电耗随磨煤出力的增加而有所降低。中速磨煤机的磨煤出力不但与煤种、转速有关，还与通风量、碾磨装置紧力、磨盘煤层厚度及煤的颗粒度等因素有关，下面对能有效提高磨煤机经济性的方式进行介绍。

1. 通风量

通风量的大小对中速磨的出力和煤粉细度有影响。风量增加，煤粉变粗，磨煤出力提高。有时风量过大，即使用分离器调整，往往也不能保证煤粉细度。风量过低会使出力降低，且较粗煤粉无法被风吹走，掉入石子煤箱，严重时会堵磨。因而对于中速磨，在风环中风必须保持一定速度。实践证明，当通风量与煤量比例不变时，磨煤机工作稳定，磨煤出力与干燥出力平衡，合适的通风量为每千克煤需要 1. 8 ~2. 2kg 空气。煤粉细度应用分离器折向门挡板调整，而不应用改变风量的方法调整。

2. 运行方式

试验得出，当磨煤出力降低到额定值 70% 时，磨煤电耗变化不大，而一次风机电耗却相对升高 50% 。由于一次风机电耗占制粉总电耗 60% 左右，这样使制粉电耗增加 30% 左右。为了使制粉系统处于经济状态下运行以及保持炉膛着火稳定，需要各台磨煤机出力均能保持 75% 额定负荷以上。当机组带额定负荷时，对于 330MW 的机组可以维持 4 台磨煤机运行（5 台磨煤机，其中 1 台备用）。

3. 磨煤机稳定运行的其他因素

此外，磨煤机的稳定运行，关键是在风环的上部空间处于悬浮状态的煤粉能否保持平衡状态。即由风环喷嘴喷出的高速气流将自磨盘中溢出的煤粉及时带入磨腔空间进行离心分离和重力分离，而后再带入分离器内进行离心分离，这一过程将消耗整个磨煤机阻力的 80% 左右。如果流动过程遭到破坏，会使石子煤量增多，风环阻力增大，风量随之减小，磨盘煤层加厚，引起磨电流摆动。如此恶性循环，最终导致磨煤机堵塞。因此加减给煤量时必须相应调节一次风量并保持一定风煤比例，这对磨煤机经济安全运行极为重要。

第二十一节　磨煤机满煤的现象、原因及处理

1. 满煤现象

（1）磨煤机电流增大。

（2）磨煤机排渣量大，且磨煤机本体不严密处可能冒粉甩渣。

（3）磨煤机振动大且声音沉闷。

（4）磨煤机出口温度下降。

（5）磨煤机入口一次风压升高。

（6）磨煤机进、出口一次风差压增大。

（7）磨煤机出口风压下降。

（8）满煤过程中锅炉汽温、汽压下降，机组负荷下降。

（9）满煤处理过程中，如果积存煤粉过多吹入炉膛可能造成锅炉超温、超压和机组过负荷。

2. 满煤原因

（1）运行人员对制粉系统操作调整不当，导致磨煤机通风出力与制粉出力不相匹配，造成磨煤机满煤。

（2）磨煤机磨辊与磨盘间隙偏大，磨煤机碾磨能力不足，容易造成磨煤机满煤。

（3）运行中磨煤机磨辊升起降不下来，易造成磨煤机满煤。

（4）磨煤机加载压力降低，致使磨煤机出力下降而造成磨煤机满煤。

（5）磨煤机碾磨件（磨盘衬瓦和磨辊）严重磨损导致制粉出力不足而造成磨煤机满煤。

（6）磨煤机压架断裂、磨辊辊套破裂、磨辊脱落、加载拉杆断，造成磨煤机出力不足容易满煤。

（7）磨煤机排渣系统故障，如石子煤斗进、出口门故障或磨煤机气动排渣门故障等，造成磨煤机不能正常排渣而满煤。

（8）磨煤机冷热风调门关断门及一次风调门卡涩或开关故障，磨煤机干燥出力和通风出力下降，导致制磨粉出力下降而造成满煤。

（9）锅炉满负荷 MFT 灭火，导致磨煤机存煤量过多造成满煤。

（10）运行中磨煤机跳闸而给煤机不联跳造成磨煤机满煤。

（11）运行中给煤机转速控制失灵可能造成磨煤机满煤。

（12）运行中给煤机测速探头损坏，给煤机煤量显示为零但实际给煤机正常给煤，容易造成误判断而导致磨煤机满煤。

（13）给煤机检修或检查时控制不当，致使给煤过多而造成磨煤机满煤。

（14）运行中磨煤机严重进水导致磨煤机通风出力不足而造成磨煤机严重满煤。

（15）磨煤机排渣不及时容易导致满煤。

（16）运行中锅炉燃煤煤质变差致使加煤量过多容易造成满煤。

（17）原煤中含水分过大造成运行磨煤机干燥出力下降导致磨煤机满煤。

（18）磨煤机驱动装置故障，使磨煤机磨盘转速降低，制粉出力下降容易造成满煤。

（19）磨煤机出口分离器折向挡板脱开或堵塞，造成磨煤机通风出力下降而导致满煤。

（20）磨煤机磨盘底部刮板整体脱落不能正常排渣，造成磨煤机满煤。

3. 满煤危害

（1）满煤处理过程中，如果积存煤粉过多吹入炉膛，可能造成锅炉超温、超压和机组过负荷而威胁机组的安全运行。

（2）严重满煤会造成磨煤机剧烈振动而损坏设备。

（3）严重满煤使煤粉落入磨煤机下部密封腔室，造成磨煤机动静部分磨损和损坏磨煤机炭精密封环。

（4）磨煤机严重满煤时，会造成磨煤机环形风道刮板别坏或摩擦起火。

（5）磨煤机严重进水等导致满煤时，煤粉进入一次风道而导致磨煤机着火事故。

（6）磨煤机严重满煤时易引起磨煤机电机过负荷，而烧毁电机。

（7）磨煤机满煤使检修清理积煤工作量加大，检修时间延长，造成磨煤机长时间不能正常备用。

4. 防止满煤措施

（1）加强运行人员培训，提高其处理满煤等事故异常的能力，克服麻痹思想，树立安全至上的意识。

（2）针对磨煤机满煤的原因较多，运行中一定要针对不同的运行工况，勤于分析，注重积累经验吸取教训，做好事故预案，防患于未然，杜绝磨煤机满煤事故的发生。

（3）当发生磨煤机出口温度下降、出口风压下降、一次风量下降、电流增大等满煤现象时，一定要及时采取加风、减煤、排渣等措施果断处理，克服麻痹思想，不轻易怀疑表计测量故障。

（4）磨煤机启动时一次风挡板一定要开到30%以上，由于磨煤机启动之初磨辊降落有一个过程，严禁将一次风挡板开至10%～20%启磨而造成满煤。

（5）当发生启磨后磨煤机加载压力低提不起来时，应立即停运磨组进行处理，严禁加煤试提加载压力。

（6）当磨煤机运行中加载压力降至7MPa以下时，通过减煤调整加载指令及切换定变加载无效时，应及时停运处理。

（7）正常运行中，要注意当磨煤机停运后或启动前一定要对磨煤机再排渣一次，防止磨煤机渣箱满而造成磨煤机满煤，尤其是当出现磨煤机大负荷跳闸、磨煤机布煤量较多等存煤量多的情况下，更要注意加强磨煤机停运后和启动前的排渣。

（8）正常停运磨煤机前一定要将给煤机煤量减至15t/h以下，待给煤机停运后，将一次风挡板维持在35%～40%开度吹扫2min左右，然后再停运磨煤机。

（9）给煤机启动正常后立即启动磨煤机，或运行中发生磨加载油压突降现象时必须立即停运给煤机，然后停运磨煤机并联系检修处理。

（10）磨煤机运行中发生给煤量为零时，必须立即参照磨煤机风压、出口温度、电流等相关参数进行判断，立即就地检查确认，判断是给煤机断煤还是给煤机测速探头故障。当确认给煤机运行皮带下煤正常时，即可判明为测速探头故障并立即停运给煤机，同时联系检修处理。

（11）运行中燃烧调整时，要注意煤质变化情况，当发生锅炉煤质变差、锅炉燃料量增加时，一定要保证在加煤的同时增加一次风。

第二十二节　运行中跳磨及给煤机断煤的处理

运行中跳磨及给煤机断煤的处理措施如下：

（1）加强对磨煤机油站的油泵振动、油位、油温、油压及冷却水的检查，发现异常应及时联系维护进行处理，防止因断油断水发生设备损坏、参数异常等造成磨煤机出力减小或跳闸的现象。

（2）加强对磨煤机本体和电机的检查，发现振动大、漏粉、声音异常等应及时汇报主值，并联系维护处理，防止发生设备损坏、污染环境及积粉自燃等事故。

（3）加强对各给煤机运行情况的检查，发现异常应及时联系维护处理，防止因断煤时间过长造成磨煤机出力下降、跳闸等问题。

（4）加强对原煤仓煤位、煤仓疏松装置的检查，保证煤仓煤位正常、煤仓疏松装置备用良好，防止发生煤仓断煤、蓬煤造成给煤机断煤。

（5）运行中主副值应加强对磨煤机电流、磨煤机煤位、给煤机煤量、入口一次风压和风量、出口温度、容量风门及旁路风门开度、密封风与一次风差压及各一次风管的风速和风粉浓度等参数的监视与调整（特别是低负荷运行期间），综合判断磨煤机运行情况，防止出现堵磨、空磨或参数越限等造成磨煤机跳闸停运，引起锅炉燃烧不稳或灭火。

（6）若因设备原因采用 AC 磨、BC 磨运行方式时，运行主副值应注意停磨时及时将停运磨的二次风挡板及相邻二次风挡板关至最小，尽量保持运行磨层间煤粉集中燃烧，避免隔层间风量过大导致燃烧恶化。

（7）2 台低负荷磨运行期间，巡检人员应适当增加巡检次数，发现缺陷立即汇报主值，通知维护人员进行处理，必要时应及时倒备用磨运行。

（8）在雨季及燃煤较湿的情况下做好事故预案，安排人员做好随时处理蓬煤断煤的准备，防止给煤机长时间断煤造成影响机组出力及锅炉燃烧不稳的情况。

（9）若运行中突然发生磨煤机跳闸时，处理原则如下：

①若运行中突然 1 台磨跳闸，应立即检查 RB 动作情况，必要时投入油枪稳定燃烧。

②检查 RB 动作，迅速降低机组负荷至设定值，调整增加正常运行磨煤机的风量和煤量，稳定燃烧；降负荷中注意观察主汽压力变化情况，防止超压安全门动作。

③调整引、送及一次风机出力，维持炉膛负压、一次风压及送风量在正常范围，炉膛含氧量适当。在调整一次风压时应注意保持两侧一次风压均衡，防止一次风机失速后造成锅炉燃烧不稳。

④专人调节控制主再热蒸汽温度、汽包水位，维持蒸汽温度、汽包水位在正常范围。

⑤确认磨煤机跳闸后对应给煤机跳闸、磨煤机出入口门联关情况，否则应手动干预。

⑥立即将跳闸磨煤机的周界风挡板、相邻层的二次风挡板关至最小，维持锅炉燃烧稳定。

⑦若有备用磨，则应迅速暖机，具备条件后按正常步骤启动备用磨煤机，恢

复机组负荷；若无备用磨，则应稳定运行磨煤机煤量、风量，保证运行磨工况稳定，维持机组低负荷运行。

⑧查明磨煤机跳闸原因，确定能否重新启动；若短时无法恢复，则应进行隔离，并通知维护及时处理。如重新启动磨煤机正常，机组负荷在150MW以上且锅炉燃烧稳定，可以逐步退出油枪运行，否则禁止退出。

⑨磨煤机跳闸短时不能恢复时，适当降低机组负荷，待燃烧稳定后，退出油枪运行。关小停运层及邻层的二次风门和周界风门，根据机组负荷情况，投入微油助燃，待燃烧稳定后撤出大油枪运行。撤油时应密切注意燃烧及炉膛负压变化，燃烧不稳定或负压变化过大时，应立即停止撤油或投入油枪运行，保证锅炉燃烧稳定。

⑩当底层磨煤机跳闸，应注意调整其他磨煤机出力，保证燃烧稳定，并重点观察锅炉受热面管壁温度测点参数的变化趋势，防止发生超温现象。

⑪若磨煤机跳闸引起锅炉灭火，锅炉MFT应动作，否则应手动MFT，并按锅炉MFT处理。运行中突然发生磨煤机跳闸，运行人员应视情况投入油枪，确认锅炉灭火或濒临灭火，则禁止投入油枪，按锅炉灭火处理，防止发生炉膛爆燃。

（10）若运行中发生给煤机断煤时，处理原则如下：

①运行中若1台给煤机断煤，应立即加大其他给煤机出力，维持磨煤机运行，保持磨煤机煤位正常，防止吹空磨煤机。

②监视磨煤机入口一次风压及风量，适当调整两侧容量风门开度，保证2层或1层出粉浓度和一次风速正常。监视磨后温度等参数的变化，防止磨煤机单侧堵煤或磨煤机跳闸。

③增加正常运行磨煤机的风量和煤量，适当减小断煤磨的出力，稳定机组负荷，必要时汇报值长降低机组负荷。

④安排专人调节控制蒸汽温度、汽包水位，炉膛负压、一次风压在正常范围。

⑤立即就地启动煤仓疏松装置，或就地敲打原煤仓，尽快恢复给煤机运行。

⑥若原煤仓煤位低，则应立即联系燃运给煤仓上煤。

⑦若因给煤机皮带打滑、皮带断裂或给煤机进出口插板门故障，则应停止该给煤机运行，通知维护立即处理。

⑧若经煤仓疏松、敲打后给煤正常，则恢复给煤机运行，否则应停止该给煤机运行，进行人工捅煤。注意捅煤过程中的磨煤机调整，防止来煤不均造成磨煤机煤位大幅波动甚至堵磨。

⑨若运行中磨煤机、2 台给煤机全部断煤，运行人员应视燃烧情况投入油枪运行，增大正常磨出力，减小断煤磨煤机风量及二次风挡板开度，尽可能延长磨煤机运行时间，迅速处理给煤机断煤。若长时间不能恢复应停磨处理。

⑩停磨时应按照下发的磨煤机停运技术措施进行操作，防止因调整不当造成锅炉燃烧不稳甚至造成锅炉灭火。

（11）当磨煤机跳闸或给煤机断煤故障处理完毕正常投运时，应按照规定恢复启动操作，调整过程中加强各参数的监视与调节，防止因风量调整不当等因素影响锅炉燃烧及恢复过快造成汽包水位波动、汽压汽温超限。

第五章　运行调整

第一节　不同煤质对锅炉运行的影响

煤质条件是锅炉设计的重要依据，煤质不同，锅炉设计型式、受热面有很大差异，所配备的制粉系统型式、辅机选取的参数都不同。若煤质变化，对锅炉各个系统都将产生较大影响，同时影响机组运行的安全性、经济性。

电厂动力用煤全工业分析可包括水分、灰分、挥发分、硫分、固定碳、发热量、灰熔点。其中水分和灰分都是对燃烧不利的，会降低燃料的燃烧温度，妨碍可燃物质与氧气接触，增加排烟损失。另外，灰分还是炉膛结渣、受热面积灰的根源。硫分增加，则会加重受热面的腐蚀（产生的硫酸氢氨也相应增加，加重空预器的堵塞及腐蚀）。固定碳含量反映了煤的碳化程度，含量越高越难燃尽。挥发分是燃料燃烧特性的一项指标，挥发分着火温度低，使煤容易着火。挥发分也是对煤进行分类的重要依据。按挥发分分为褐煤、烟煤、无烟煤。烟煤按挥发分>10%～20%、>20%～28%、>28%～37%和>37%分为低、中、中高、高挥发分烟煤。

1. 挥发分

挥发分是煤的重要成分特性，也是发电厂用煤的重要指标，挥发分的高低对燃料的着火和燃烧有很大影响。挥发分是气体可燃物，其着火温度低，使煤易于着火，火焰大、燃烧稳定，但火焰温度较低。另外，挥发分从煤粉颗粒内部析出后使煤粉颗粒具有孔隙性，与助燃空气接触面积变大，因而易于燃尽。挥发分含量降低时情况则相反，锅炉飞灰可燃物相对偏高，同时，火焰中心上移，对流受热面的吸热增加，尾部排烟温度随之上升，排烟损失增大。挥发分低的煤，不易点燃，燃烧不稳定，化学和机械不完全燃烧热损失增加。此外，煤的挥发分还与煤的存放及制粉系统的安全运行有密切关系。当煤的挥发分高时，制粉系统煤粉容易着火自燃。

2. 发热量

煤的发热量降低，则同样的锅炉负荷所用的实际煤量增大，而对于直吹式制粉系统，输送煤粉所需的一次风量也相应增加，磨煤机电耗将增加，制粉系统的阻力也随之增大，导致所需风机的压头升高，风机电耗也相应增大，从而造成厂用电率升高；同时，导致理论燃烧温度和炉内温度水平下降，使煤粉气流的着火延迟，燃烧稳定性变差，影响煤粉的燃尽。煤的发热量降低的同时，还会使锅炉排烟温度升高，增加排烟热损失，甚至还可能导致锅炉熄火等严重事故的发生。

3. 灰分

灰分对电厂运行的经济性和可靠性的影响体现在以下几个方面：

（1）影响着火和燃烧过程。煤质中灰分在锅炉燃烧中起到阻碍氧气与碳发生化学反应的作用，灰分升高容易导致着火延迟，同时使炉膛燃烧温度下降，煤的燃尽度变差，从而造成较大的不完全燃烧损失。

（2）影响燃烧经济性。煤中的灰分是不可燃部分，在煤燃烧过程中，不但不发生热量，反而由炉膛排出的高温炉渣会损失大量的物理热量，机械不完全损失增大。

（3）影响安全运行。随着灰分的增高，锅炉设备以及排灰系统的部件磨损几乎成正比增加，同时使受热面的沾污和结渣以及管路的腐蚀加剧，从而造成安全隐患。

4. 水分

水分的存在不仅使煤中可燃物质含量相对降低，降低了发热量，还会因受热蒸发、汽化而消耗大量的热量，导致炉膛温度降低、煤粉着火困难、排烟量增大，增大了电厂用电率。同时，还增加了输煤、输灰系统堵塞的概率，影响正常供电。

燃用多水分煤，烟气中的水蒸气分压高，促进了烟气中三氧化硫形成硫酸蒸汽，增加锅炉尾部低温处硫酸的蒸汽凝结沉积，造成空气预热器腐蚀、堵灰和烟囱内衬的剥落。

5. 硫分

煤中的硫可分为可燃硫和不可燃硫，两者之和称为全硫。锅炉燃用高硫煤会加剧锅炉高、低温受热面的腐蚀，特别是对空气预热器影响更大。燃用高硫煤时还要考虑脱硫的出力限制，避免因为 SO_2 排放不达标造成机组限负荷，通常在配煤时硫分不大于0.8%。

6. 灰熔性

灰熔性是影响锅炉安全经济运行的重要特性指标。煤灰的熔融温度低，则锅炉容易结渣，对电厂安全经济运行关系很大。

不同煤种掺烧对锅炉的影响：不同煤质对排烟温度、厂用电率、锅炉燃烧稳定性、锅炉效率等都有着不同的影响。热值相对较高、挥发分大的低硫低灰优质煤容易燃烧，排烟温度低、厂用电率低、灰渣少，锅炉效率较高，更环保，但煤的价格较高。劣质煤则反之。

为保证锅炉经济运行，常常将劣质煤与热值相对较高、挥发分较大的煤进行掺混，再送入炉内燃烧。不同的煤种混合后虽然从成分分析上看能够满足锅炉要求，但不同煤种的燃烧特性完全不一样，因而在炉内燃烧时，混合煤种容易发生燃烧分级现象，这也是造成飞灰含碳量上升的主要原因之一。不同煤种掺烧时应综合考虑硫分、厂用电率、锅炉效率、结渣特性等，从而选择最优的掺烧方案。

煤质对电厂发电成本有着复杂的影响。它不仅影响机组的经济性指标，更影响机组的安全性，包括磨煤机的磨损、锅炉的结焦、沾污、腐蚀及磨损，也影响电除尘的性能等。

第二节　超（超）临界机组锅炉及辅机运行典型问题

1. 掺烧问题

掺烧给锅炉及辅机磨损造成不利影响，过高的灰分增加了烟气中的飞灰浓度，过高的水分增加了烟气量和烟气流速，因而使锅炉及辅机磨损加剧。

掺烧给锅炉稳燃带来巨大压力。部分低热值劣质煤着火比较困难，燃烧不稳定，易灭火。部分劣质煤煤质变黏，经常出现原煤仓堵塞、给煤机不下煤的情况，给制粉系统的安全运行带来极大的隐患。

掺烧带来锅炉腐蚀问题。煤质含硫比较大时，容易引起水冷壁高温腐蚀，以及锅炉尾部烟道、省煤器、空气预热器等处的低温腐蚀，造成锅炉爆管，影响锅炉安全运行。

掺烧易引起锅炉除灰除渣系统事故。燃煤发热量降低，会导致锅炉排灰量增大，捞渣机内渣量增大。

掺烧导致总煤量增大，总烟气流量大幅增加。一次风率升高明显，燃烧推迟致使减温水量增大，排烟温度上升，锅炉效率下降。

此外，掺烧劣质煤后，燃烧工况恶化，排烟温度升高，排烟热损失增加；燃尽性能差，飞灰、炉渣可燃物升高；石子煤内夹粉现象严重，石子煤量大幅增加；磨煤机、一次风机等辅机耗电率上升；再热器减温水量大，使机组的循环效率降低；煤质变差锅炉燃油量增加；影响机组协调自动反应，不利于“AGC”及“两个细则”考核；造成受热面磨损、制粉系统磨损，检修成本大幅提高。

2. 汽温偏差问题

国电集团某600MW机组，2010—2011年期间，汽温偏差问题较为突出。通过查阅相关资料，汽温偏差严重时，锅炉450MW以上负荷运行，在A侧有减温水而B侧没有的情况下，A侧汽温达到571℃，B侧仅为490～530℃，两侧偏差达41～81℃，过热器出口母管汽温仅为530～550℃，低于设计值20～40℃。

通过分析认为，引起对冲锅炉汽温偏差的主要原因是锅炉燃烧偏差引起的。根据经验，煤种热值偏低，总煤量较大时，磨煤机出口5根粉管的煤粉浓度会出现较大偏差，同时煤粉燃烧所需的氧量分布也难以达到平衡，易引起燃烧热负荷偏差，从而影响锅炉汽温偏差。

3. 氧化皮问题

超临界机组高温腐蚀及氧化皮的生成机理如下：

（1）金属的氧化是通过氧离子的扩散来进行的，若生成的氧化膜牢固，氧化过程就会减弱，金属就得到了保护。

（2）管壁温度对氧化的作用。管壁温度在570℃以下时生成的氧化膜是由Fe_2O_3和Fe_3O_4组成，Fe_2O_3和Fe_3O_4都比较致密（尤其是Fe_3O_4），因而可以保护钢材被进一步氧化。当管壁温度超过570℃时，氧化膜由Fe_2O_3、Fe_3O_4、FeO这三层组成（FeO在最内层），其厚度比约为1：10：100，即氧化皮主要是由FeO组成。因FeO不致密，因此破坏了整个氧化膜的稳定性，这样氧化过程得以继续。

（3）当温度超过450℃时，由于热应力等因素的作用，生成的Fe_3O_4不能形成致密的保护膜，使水蒸气和铁不断发生反应。当汽水温度超过570℃时，反应生成物为FeO，反应速度更快。

（4）金属表面的氧化膜并非由水汽中的溶解氧和铁反应形成的，而是由水汽本身的氧分子氧化表面的铁所形成的。氧化皮的产生与给水中溶解氧的控制关系不大，其产生是必然的，氧化皮的生长速度与温度和时间有关。

（5）氧化皮的剥离有2个主要条件：其一是氧化层达到一定厚度；其二是温度变化幅度大、速度快、频度大。

由于母材与氧化层之间热胀系数的差异，当垢层达到一定厚度后，在温度发生变化尤其是发生反复或剧烈的变化时，氧化皮很容易从金属本体剥离。

在机组启停过程中，管子的温度变化幅度是最大的，管内的氧化皮也最容易剥落。加之在启动初期蒸汽流量较小，不能迅速地将剥落下来的氧化皮带走，高负荷时，已经在管径较小的弯头处形成堵塞就会产生超温。所以氧化皮堵塞造成爆管大多发生在机组启动后的短时间内。

4. 排烟温度超标问题

排烟温度超标问题，一直是影响锅炉经济性的主要问题，排烟温度超标的原因如下：

（1）随着投用年限的增加，锅炉的排烟温度逐年上升。究其原因，往往与空预器腐蚀与积灰、吹灰效果不好、锅炉本体和制粉系统漏风大等因素有关。

（2）空预器换热元件严重积灰、吹灰方式不正常，空预器差压大；SCR投用后氨逃逸率高，NH_4HSO_4沉积堵塞和腐蚀。

（3）空预器换热元件的表面积和重量不够、板型换热系数较小。

（4）制粉系统掺冷风较多，干式除渣机冷却风量偏大，造成流经空预器的空气流量偏低。

（5）煤质劣化，特别是掺烧褐煤后烟气量增加，导致流经空预器的烟气量较设计高，空气量不足以冷却，导致热风温度高、排烟温度高同时存在的状况。

（6）汽水系统吸热不足，或过热器、再热器吸热不匹配，低过或低再出口烟温偏高，尾部烟道及空预器吹灰效果差，导致空预器进口烟温偏高。

（7）余热利用装置投入不正常。

5. 脱硝改造后的问题

燃烧器进行低氮改造后，为降低NO_x排放浓度，有意控制燃烧器区域的运行氧量，实现燃烧器区域富燃料和燃烧器上部富氧量，这将导致燃烧器区域的高温腐蚀，灰渣可燃物偏高。当燃料与设计值偏差较大时，还将影响蒸汽参数波动或导致参数偏低等问题。

在进行低氮改造后，需要根据燃用煤质情况进行制粉系统和燃烧系统的优化调整试验。

脱硝改造。由于煤质的波动，SCR 入口区域流场分布的复杂性，为控制 NO_x 排放浓度，需要增大氨的投入量，导致氨逃逸率高，影响尾部受热面的积灰。SCR 投用后，急需优化运行方式，提高脱硝效率和降低运行氨逃逸率。

建议在烟道横截面按网格法安装多个在线测试仪，测量 SCR 出口 NO_x 含量。根据出口 NO_x 水平，对喷氨均匀度进行调节，使喷氨量达到均匀；对稀释风门进行调整，降低氨逃逸量；对喷氨稀释风机处喷嘴进行检查，防止堵塞；对 AB 烟道两侧烟气量尽量调节平衡。

6. 空气预热器阻力及密封问题

SCR 装置中存在催化剂（V_2O_5），在此作用下，将有更多的 SO_2 被 SCR 装置中的催化剂转化为 SO_3，加剧了空气预热器冷端腐蚀和堵塞的可能。V_2O_5 含量越高，脱硝效率越高，但 SO_2 向 SO_3 的转换率也会越高，空气预热器的腐蚀和堵灰风险就越高。

NH_4HSO_4 加剧波纹板的腐蚀和吸附烟气中的飞灰，所以，降低氨逃逸率是 SCR 改造后减缓空预器堵塞的主要手段。

高压水冲洗过程中，如果有受热面未冲透，极易发生受热面内大量积水，难以排出。由于脱硝改造后，部分电厂空预器冷端高度增加，加大了水冲洗冲透的难度，影响了水冲洗的效果。空预器水冲洗后，机组启动前应投用暖风器进行干燥，防止积水造成空预器严重堵塞，这是较为关键的程序。

7. 风机系统运行经济安全性问题

（1）锅炉普遍存在风机选型大、运行效率低的问题，特别是在目前机组负荷率偏低的大环境下，风机出力普遍偏低，所以风机降速降容改造、风机变频改造效果明显。

（2）在风机进行改变频后，风门与挡板开度未进行开度优化，不能最大限度降低风机耗电率。国电某电厂 600MW 机组，通过试验可知，引风机变频运行方式下，导叶 100% 开度并不是最经济开度，且不同工况下最节能开度并不相同。600MW 负荷，引风机静叶最节能开度 85%；300MW 负荷，引风机静叶最节能开度 65%。变频转速与风机动、静叶开度优化调整，可降低耗电率 10% 以上。

（3）目前部分锅炉还配备有增压风机，引风机与增压风机运行方式也需进行优化匹配，以控制总功率最小。

（4）风机采用变频调速后其传动轴系存在扭振固有频率，当变频器驱动异步电动机带动风机无级变转速运转时，电机输入电压或电流波形将发生畸变，含有高次谐波，造成电机气隙中产生电磁转矩脉动（扭矩脉动）。当扭矩脉动频率与轴系扭振固有频率相等或成倍数关系（危险频率）时，就会发生扭转共振，导致电机或风机轴断裂或联轴器损坏。大型电站风机尤其是离心式风机转动惯量大，扭振固有频率较低，易发生轴系扭振现象。

第三节　什么是燃烧

燃烧是可燃物质与助燃物质（氧或其他助燃物质）发生的一种发光发热的氧化反应。在化学反应中，丢了电子的物质被氧化，抢得电子的物质被还原。所以，氧化反应虽然有一个“氧”字，但并不限于仅同氧的反应。例如，氢在氯中燃烧生成氯化氢。氢原子失掉一个电子被氧化，氯原子获得一个电子被还原。类似地，金属钾在氯气中燃烧，炽热的铁在氯气中燃烧，都是激烈的氧化反应，并伴有光和热的发生。金属和酸反应生成盐也是氧化反应，但没有同时发光发热，所以不能称作燃烧。灯泡中的灯丝通电后同时发光发热，但并非氧化反应，所以也不能称作燃烧。只有同时发光发热的氧化反应才被界定为燃烧。

可燃物质、助燃物质和火源，是可燃物质燃烧的 3 个基本要素，缺一不可。燃烧反应在温度、压力、组成和点火能力等方面都存在极限值。可燃物质和助燃物质达到一定的浓度，火源具备足够的温度或热量，才会引发燃烧。如果可燃物质和助燃物质在某个浓度值以下，或者火源不能提供足够的温度或热量，即使表面上看似乎具备了燃烧的 3 个要素，燃烧现象仍不会发生。例如，氢气在空气中的浓度 $<4\%$ 时便不能点燃，而一般可燃物质，当空气中氧含量 $<14\%$ 时便不会引发燃烧。总之，可燃物质的浓度在其上、下极限浓度以外，燃烧便不会发生。因此燃烧是一个团队合作的结果。

下面介绍一下燃烧的形态：

可燃物质和助燃物质存在的相态、混合程度和燃烧过程不尽相同，其燃烧形式是多种多样的。

1. 均相燃烧和非均相燃烧

按照可燃物质和助燃物质相态的异同，可分为均相燃烧和非均相燃烧。均相燃烧是指可燃物质和助燃物质间的燃烧反应在同一相中进行，如氢气在氧气中的燃烧，煤气在空气中的燃烧；非均相燃烧是指可燃物质和助燃物质并非同相，如石油（液相）、木材（固相）在空气（气相）中的燃烧。与均相燃烧比较，非均相燃烧比较复杂，需要考虑可燃液体或固体的加热，以及由此产生的相变化。燃煤电厂的燃烧就是非均相燃烧。

2. 混合燃烧和扩散燃烧

可燃气体与助燃气体燃烧反应有混合燃烧和扩散燃烧 2 种形式。可燃气体与助燃气体预先混合而后进行的燃烧称为混合燃烧。可燃气体由容器或管道中喷出，与周围的空气（或氧气）互相接触扩散而产生的燃烧，称为扩散燃烧。混合燃烧速度快、温度高，一般爆炸反应属于这种形式。在扩散燃烧中，由于与可燃气体接触的氧气量偏低，通常会产生不完全燃烧的炭黑。

3. 蒸发燃烧、分解燃烧和表面燃烧

可燃固体或液体的燃烧反应有蒸发燃烧、分解燃烧和表面燃烧 3 种形式。

蒸发燃烧是指可燃液体蒸发出的可燃蒸气的燃烧。通常液体本身并不燃烧，只是由液体蒸发出的蒸气进行燃烧。很多固体或不挥发性液体经热分解产生的可燃气体的燃烧称为分解燃烧。如木材和煤大都是由热分解产生的可燃气体进行燃烧。而硫黄和萘这类可燃固体是先熔融、蒸发，而后进行燃烧，也可视为蒸发燃烧。

可燃固体和液体的蒸发燃烧和分解燃烧，均有火焰产生，属火焰型燃烧。当可燃固体燃烧至分解不出可燃气体时，便没有火焰，燃烧继续在所剩固体的表面进行，称为表面燃烧。金属燃烧即属表面燃烧，无气化过程，无须吸收蒸发热，燃烧温度较高。

此外，根据燃烧产物或燃烧进行的程度，还可分为完全燃烧和不完全燃烧。

第四节　燃烧类型及特征

1. 燃烧类型及其特征参数

如果按照燃烧起因，燃烧可分为闪燃、点燃和自燃 3 种类型。闪点、着火点和自燃点分别是上述 3 种燃烧类型的特征参数。

（1）闪燃和闪点。

液体表面都有一定量的蒸气存在，由于蒸气压的大小取决于液体所处的温度，因此，蒸气的浓度也由液体的温度所决定。可燃液体表面的蒸气与空气形成的混合气体与火源接近时会发生瞬间燃烧，出现瞬间火苗或闪光，这种现象称为闪燃。闪燃的最低温度称为闪点。可燃液体的温度高于其闪点时，随时都有被火点燃的危险。

闪点这个概念主要适用于可燃液体。某些可燃固体，如樟脑和萘等，也能蒸发或升华为蒸气，因此也有闪点。

（2）点燃和着火点。

可燃物质在空气充足的条件下，达到一定温度与火源接触即可着火，移去火源后仍能持续燃烧达 5min 以上，这种现象称为点燃。点燃的最低温度称为着火点。可燃液体的着火点约高于其闪点 5～20℃。但闪点在 100℃以下时，二者往往相同。

（3）自燃和自燃点。

在无外界火源的条件下，物质自行引发的燃烧称为自燃。自燃的最低温度称为自燃点。物质自燃有受热自燃和自热燃烧 2 种类型。

①受热自燃。可燃物质在外部热源作用下温度升高，达到其自燃点而自行燃烧称之为受热自燃。可燃物质与空气一起被加热时，首先缓慢氧化，氧化反应热使物质温度升高，同时由于散热也有部分热损失。若反应热大于损失热，氧化反应加快，温度继续升高，达到物质的自燃点而自燃。在化工生产中，可燃物质由于接触高温热表面、加热或烘烤、撞击或摩擦等，均有可能导致自燃。

②自热燃烧。可燃物质在无外部热源的影响下，其内部发生物理、化学或生化变化而产生热量，并不断积累使物质温度上升，达到其自燃点而燃烧，这种现象称为自热燃烧。积粉的自燃就是由于煤粉与空气的接触面积较大，氧化反应放热、积累从而发生的自热燃烧，也称为“阴燃”。

③影响自燃的因素。热量生成速率是影响自燃的重要因素。热量生成速率可以用氧化热、分解热、聚合热、吸附热、发酵热等过程热与反应速率的乘积表示。因此，物质的过程热越大，热量生成速率也越大；温度越高，反应速率增加，热量生成速率亦增加。

热量积累是影响自燃的另一个重要因素。保温状况良好，导热率低；可燃物质紧密堆积，中心部分处于绝热状态。这 2 种情况热量易于积累都会引发自燃。空气流通利于散热，则很少发生自燃。

④自燃点温度量值。压力、组成和催化剂性能对可燃物质自燃点的温度量值都有很大影响。压力越高，自燃点越低。可燃气体与空气混合，其组成为化学计量比时自燃点最低。活性催化剂能降低物质的自燃点，而钝性催化剂则能提高物质的自燃点。

有机化合物的自燃点呈现下述规律性：同系物中自燃点随其相对分子质量的增加而降低；直链结构的自燃点低于其异构物的自燃点；饱和链烃比相应的不饱和链烃的自燃点高；芳香族低碳烃的自燃点高于同碳数脂肪烃的自燃点；较低级脂肪酸、酮的自燃点较高；较低级醇类和醋酸酯类的自燃点较低。

可燃性固体粉碎得越细、粒度越小，其自燃点越低；固体受热分解，产生的气体量越大，自燃点越低；对于有些固体物质，受热时间较长，自燃点也较低。

第五节　燃烧过程及原理

1. 燃烧过程

可燃物质的燃烧一般是在气相中进行的。由于可燃物质的状态不同，其燃烧过程也不相同。

气体最易燃烧，燃烧所需要的热量只用于本身的氧化分解，并使其达到着火点。气体在极短的时间内就能全部燃尽。

液体在火源作用下，先蒸发成蒸气，而后氧化分解进行燃烧。与气体燃烧相比，液体燃烧要多消耗液体变为蒸气的蒸发热。

固体燃烧有 2 种情况：对于硫、磷等简单物质，受热时首先熔化，而后蒸发为蒸气进行燃烧，无分解过程；对于复合物质，受热时首先分解成其组成部分，生成气态和液态产物，而后气态产物和液态产物蒸气着火燃烧。

任何可燃复合物质的燃烧都要经历氧化分解、着火、燃烧等阶段。初始阶段，加热的大部分热量用于可燃物质的熔化或分解，温度上升比较缓慢。到达 $T_{氧}$，可燃物质开始氧化。由于温度较低，氧化速度不快，氧化产生的热量尚不足以抵消向外界的散热。此时若停止加热，尚不会引起燃烧。如继续加热，温度上升很快，到达 $T_{自}$，即使停止加热，温度仍自行升高，到达 $T'_{自}$ 就着火燃烧起来。这里，$T_{自}$ 是理论上的自燃点，$T'_{自}$ 是开始出现火焰的温度，为实际测得的自燃点。$T_{燃}$ 为物质的燃烧温度。$T_{自}$ 到 $T'_{自}$ 间的时间间隔称为燃烧诱导期，在安全上有一定实际意义，如图 5－1 所示。

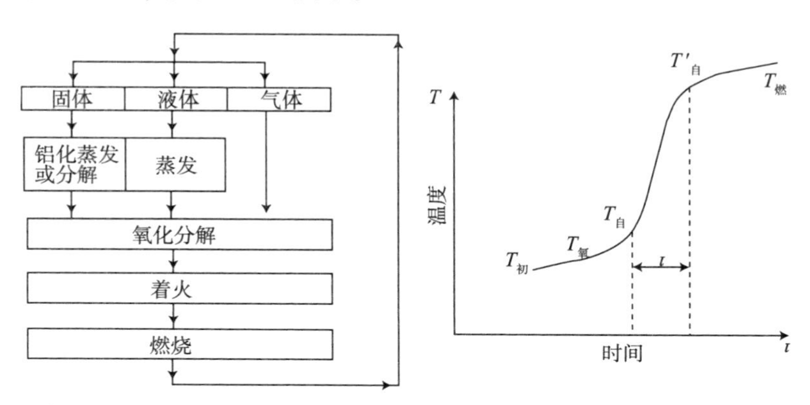

图 5－1 燃烧的过程

2. 燃烧的活化能理论

燃烧是化学反应，而分子间发生化学反应的必要条件是互相碰撞。在标准状况下，1dm³体积内分子 1s 互相碰撞约 10^{28} 次。但并不是所有碰撞的分子都能发生化学反应，只有少数具有一定能量的分子互相碰撞才会发生反应。这少数分子称为活化分子。活化分子的能量要比分子平均能量超出一定值。这超出分子平均能量的定值称为活化能。活化分子碰撞发生化学反应，故称为有效碰撞。

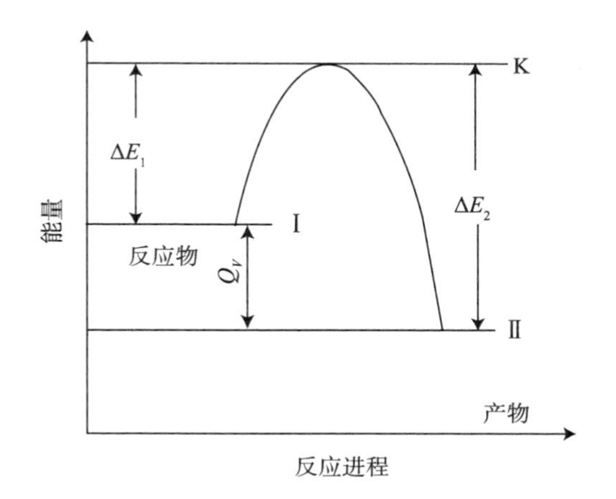

图 5－2 活化能理论简图

活化能的概念可以用图5－2说明。横坐标表示反应进程，纵坐标表示分子能量。由图可见，能级Ⅰ的能量大于能级Ⅱ的能量，所以能级Ⅰ的反应物转变为能级Ⅱ的产物，反应过程是放热的。反应的热效应 Q_v 等于能级Ⅱ与能级Ⅰ的能量差。能级K的能量是反应发生所必需的能量。所以，正向反应的活化能 ΔE_1 等于能级K与能级Ⅰ的能量差；而反向反应的活化能 ΔE_2 则等于能级K与能级Ⅱ的能量差。ΔE_2 和 ΔE_1 的差值即为反应的热效应。

当明火接触可燃物质时，部分分子获得能量成为活化分子，有效碰撞次数增加而发生燃烧反应。例如，氧原子与氢反应的活化能为25.10kJ·mol^{-1}，在27℃、0.1 MPa时，有效碰撞仅为碰撞总数的十万分之一，不会引发燃烧反应。而当明火接触时，活化分子增多，有效碰撞次数大大增加而发生燃烧反应。

3. 燃烧的过氧化物理论

在燃烧反应中，氧首先在热能作用下被活化而形成过氧键—O—O—，可燃物质与过氧键合成为过氧化物。过氧化物不稳定，在受热、撞击和摩擦等条件下，容易分解甚至燃烧或爆炸。过氧化物是强氧化剂，不仅能氧化形成过氧化物的物质，也能氧化其他较难氧化的物质。如氢和氧的燃烧反应，首先生成过氧化氢，而后过氧化氢与氢反应生成水。反应式如下：

$$H_2 + O_2 \rightarrow H_2O_2$$

$$H_2O_2 + H_2 \rightarrow 2H_2O$$

有机过氧化物可视为过氧化氢的衍生物，即过氧化氢H—O—O—H中的1个或2个氢原子被烷基所取代，生成H—O—O—R或R—O—O—R′。所以过氧化物是可燃物质被氧化的最初产物，是不稳定的化合物，极易燃烧或爆炸。如蒸馏乙醚的残渣中常由于形成过氧乙醚而引起自燃或爆炸。

4. 燃烧的连锁反应理论

在燃烧反应中，气体分子间互相作用，往往不是2个分子直接反应生成最后产物，而是活性分子自由基与分子间的作用。活性分子自由基与另1个分子作用产生新的自由基，新自由基又迅速参加反应，如此延续下去形成一系列连锁反应。连锁反应通常分为直链反应和支链反应2种类型。

直链反应的特点是，自由基与价饱和的分子反应时活化能很低，反应后仅生成1个新的自由基。氯和氢的反应是典型的直链反应。在氯和氢的反应中，只要引入 1 个光子，便能生成上万个氯化氢分子，这正是由于连锁反应的结果。氯和氢的反应是这样的：

链的引发 $Cl_2 \xrightarrow{hv} 2\dot{C}l$

链的传递 $\dot{C}l + H_2 \longrightarrow HCL + \dot{H}$

$\dot{H} + Cl_2 \longrightarrow HCl + \dot{C}l$

氢和氧的反应是典型的支链反应。支链反应的特点是，1 个自由基能生成 1 个以上的自由基活性中心。任何链反应均由 3 个阶段构成，即链的引发、链的传递（包括支化）和链的终止。用氢和氧的支链反应说明：

链的引发 $H_2 + O_2 \xrightarrow{\triangle} 2\dot{O}H$ (1)

$H_2 + M \xrightarrow{\triangle} 2\dot{H} + M$（M 为惰性气体） (2)

链的传递 $\dot{O}H + H_2 \longrightarrow \dot{H} + H_2O$ (3)

链的支化 $\dot{H} + O_2 \longrightarrow \dot{O} + \dot{O}H$ (4)

$\dot{O} + H_2 \longrightarrow \dot{H} + \dot{O}H$ (5)

链的终止 $2\dot{H} \longrightarrow H_2$ (6)

$2\dot{H} + \dot{O} + M \longrightarrow H_2O + M$ (7)

慢速传递 $\dot{H}O_2 + H_2 \longrightarrow \dot{H} + H_2O_2$ (8)

$\dot{H}O_2 + H_2O \longrightarrow \dot{O}H + H_2O_2$ (9)

链的引发需有外来能源激发，使分子键破坏生成第一个自由基，如式（1）（2）。链的传递（包括支化）是自由基与分子反应，如式（3）（4）（5）（8）（9）所示。链的终止为导致自由基消失的反应，如式（6）（7）所示。

第六节　炉管泄露监测装置是如何工作的

1. 原理简介

锅炉运行时本身有较强的噪声产生，这种噪声一般称作为“背景噪声”。锅炉管发生泄漏后，由于高压、高速介质的向外喷射产生刺耳的尖叫声，被称作“泄漏噪声”。通常锅炉内的“背景噪声”在机组运行时变化不大，而且属于频率较低的噪声范围。“泄漏噪声”则相差很大。当发生严重泄漏或炉管爆破时，

"泄漏噪声"十分强烈，人们在锅炉外很容易发现；当炉管发生微量泄漏时，由于炉内密排的受热面管阻碍和烟气中粉尘的消音衰减作用，"泄漏噪声"则很难被监听到。但依靠"泄漏噪声"特殊的高频段声频性能，可以被专用的声频传感器捕捉确认，并能从锅炉复杂的"背景噪声"中准确区分判断出"泄漏噪声"，从而实现对炉管泄漏的早期报警。

2. 异常现象的原因

（1）炉管发生泄漏或爆管。

（2）锅炉吹灰装置停止工作后汽源没有关死，存在漏汽现象。

对于因设备原因可能造成的异常现象报警，通常仅仅是故障通道一点的信号指数上升所致，而该通道附近的测点基本没有信号变化。因此，若单纯一个通道信号迅速增大而其他通道不产生任何变化，除考虑上述2种原因的可能性外，还应检查装置设备的工作状况。

（3）锅炉吹灰噪声与炉管泄漏的区分。

锅炉的吹灰装置大都采用中低压蒸汽作为能量源，蒸汽的压力一般在1.6～1.8MPa的范围。这种强度的吹灰介质也将产生类似炉管泄漏的噪声频谱声源，"检漏装置"同样会发出报警信号。

区分锅炉吹灰噪声与炉管泄漏噪声是很容易的。具体方法如下：

①炉管泄漏噪声是一种持续性的报警曲线，只有当炉管泄漏停止后才能消除报警状态；锅炉吹灰噪声是短期间断性的报警曲线信号，吹灰结束后，信号将立即恢复到正常状态。对于吹灰器关闭不严使信号继续维持的情况，应作为异常现象处理，以免吹坏炉管造成真正的炉管泄漏事故。

②炉管泄漏噪声是一种不断变化的信号数值，一般随着泄漏的发展其曲线数值逐渐增大；锅炉吹灰噪声的信号数值是相对稳定的，不会随着时间的推移而增强。

③锅炉吹灰过程是由工作人员指令实施的控制过程，工作人员知道是否正在吹灰；锅炉泄漏是非计划性的现象，工作人员很容易发现并区分（图5－3）。

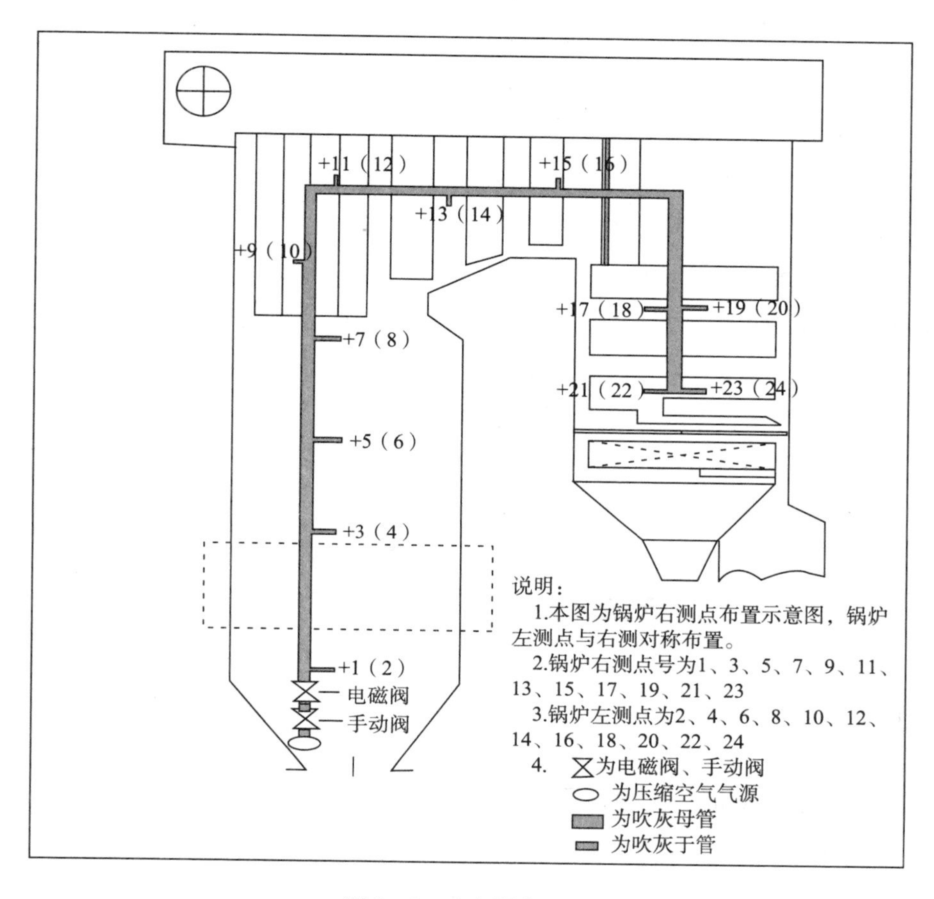

图5-3 吹灰器布置图

第七节 锅炉常用热力参数

炉膛容积热负荷 Q_v 越大，表明炉膛容积越小，锅炉越紧凑，投资越小。但 Q_v 越大，则单位容积的煤粉量过大，炉内烟气量增大，烟气流速加快，使燃料在炉内停留时间缩短，不能保证燃料完全燃烧；同时炉膛容积相对缩小，布置足够的水冷壁有困难，不但难以满足锅炉容量的要求，而且使燃烧器区域和炉膛出口温度升高，从而导致炉膛和炉膛出口后的对流受热面结渣。Q_v 越小，则会使炉膛容积过大，造价高，同时会使炉膛温度水平降低，燃烧不完全，着火不完全，燃烧不稳定。

炉膛截面热负荷 Q_a 反映了燃烧器区域的温度水平，也决定了炉膛的形状和火焰的行程。若 Q_a 过小，说明炉膛横面积过大，炉膛呈矮胖形，煤粉难以完全燃烧；Q_a 过大，说明炉膛断面积越小，在燃烧器区域的热负荷越大，没有足够的水冷壁来吸收放出的热量，容易使水冷壁处结焦。

燃烧器区域壁面热负荷 Q_r，反映燃烧器区域的温度水平。按照燃烧器区域炉膛单位炉壁面积折算，每小时送入炉膛的平均热量称为燃烧器区域壁面热负荷。Q_r 越大说明火焰越集中，燃烧器区域的热负荷越高，对着火有利，但会造成结渣。

炉膛壁面热负荷 Q_f，是单位炉膛壁面每小时吸收的平均热量，也称炉壁热流密度。Q_f 越高表明单位壁面吸收的热量越大，说明炉内烟气温度水平越高，会造成水冷壁结渣。同时 Q_f 也是判断膜态沸腾是否发生的主要指标。

第八节　AGC 基础知识

1. AGC 基本知识

（1）机组控制方式：基本方式、机跟随、炉跟随、协调方式。

基本方式：汽机主控未投自动，锅炉主控未投自动。

汽机跟随：汽机主控投入自动，用调门的开度来控制机前压力。

锅炉跟随：锅炉主控投入自动，用锅炉煤量及风量调节控制机前压力。

协调方式：锅炉主控及汽机主控均投入自动，锅炉主控根据机前压力调整给煤量及风量，汽机主控根据负荷指令适当开大或减小调门开度。

（2）几个重要条件。

①AGC 切除条件（任一）：锅炉主控自动切除、汽机主控自动切除、AGC 指令坏、手动切除。

②锅炉主控自动切除条件（任一）：燃料主控切手动、机前压力三点全坏、调节级压力三点全坏、功率三点全坏（协调方式下）、压力设定值与机前压力偏差 >3MPa、MFT、RB、手动切除。

③燃料主控自动切除条件（任一）：给煤机全部手动、手动切除。

④给煤机自动切除条件（任一）：给煤机停止、手动切除。

⑤汽机主控自动切除条件（任一）：汽机遥控转为 DEH 本地控制、机前压力

三点全坏、调节级压力三点全坏、功率三点全坏（协调方式下）、压力设定值与机前压力偏差>3MPa、DEH 至 DCS 阀位反馈坏点、手动切除。

（3）AGC 方式下或协调方式下机组负荷指令保持（闭锁增或闭锁减）。

①闭锁增（机组的调节机构已达上限或者已经失去向上调节能力）：

给水闭锁增：给水未投自动或者投入自动时调门开度已>95%。

送风闭锁增：投入自动时调门开度已>90%。

引风闭锁增：投入自动时调门开度已>90%。

一次风闭锁增：投入自动时调门开度已>90%。

主汽压力闭锁增：压力设定值在 15MPa 以上时，机前压力高于设定值 2.5MPa。

②闭锁减（机组的调节机构已达下限或者已经失去向下调节能力）：

给水闭锁减：给水未投自动或者投入自动时调门开度已<5%。

主汽压力闭锁减：压力设定值在 15MPa 以上时，机前压力小于设定值2.5MPa。

2. AGC 及协调控制注意事项（以 330MW 机组为例）

（1）启停磨节点的含义。

磨煤机的启停会对制粉系统机组的负荷调节产生影响，标准配置的 5 台磨煤机在一定范围内不需要进行启、停磨煤机操作，但负荷变化大时（如大于50～70MW）则需要启停磨煤机。由于启、停磨煤机有一系列操作步骤，如磨煤机启动的暖磨过程、磨煤机停止前的空磨过程等，都将导致负荷相应速度的下降。磨煤机启、停时还会影响锅炉燃烧工况，造成机组参数波动，因此在机组跟随 AGC 指令或者手动设置的负荷指令的过程中，在机组负荷的范围内设置了 210MW、260MW 2 个启、停磨点。启、停磨节点主要用于机组稳定参数，一般时间为 15min。在负荷变化过程中，要充分利用这段时间，稳定机组压力、温度等参数，有助于缓解 AGC 投入情况下给煤量增减过大带来的负面影响。

（2）定、滑压运行方式。

本机组运行方式采用定—滑—定运行方式，在 132MW（40%）负荷以下采用定压，压力控制在 7.41MPa，在 132～297MW 之间采用滑压运行方式（132MW 对应 7.41MPa，297MW 对应 16.5MPa），在 297～330MW 采用定压运行方式，压力控制在 16.5MPa。

如采用滑压方式，机组将按照调度的指令进行负荷变化，同时压力设定值根据滑压曲线进行变化，滑压偏置作为压力设定值的校正可以进行修改；如在定压运行方式，压力设定值由运行人员来设定，压力设定值减去滑压偏置等于滑压曲线所对应的压力，此时滑压偏置只作显示使用。

（3）RB 含义。

当部分主要辅机故障跳闸，使锅炉最大出力低于给定功率时，协调控制系统将机组负荷快速降至所能达到的相应出力，并控制机组在允许范围内继续运行，该过程称为 RB（辅机故障减负荷），发生 RB 时 AGC 方式自动切除。所以在负荷变化过程中，如果需要启停重要设备（磨煤机、给水泵、空预器等），请注意切除 RB 功能，调整完毕后及时投入 RB。

第九节　提高 AGC 响应的方法

1. 充分利用锅炉的蓄热能力

协调控制系统在负荷调节过程中，是否利用锅炉的蓄热能力，对负荷响应速度的影响较大。协调控制系统接到 AGC 负荷指令调节后，汽轮机调节汽门迅速打开，并放宽限制调节汽门动作的压力波动允许值，能有效地缩短响应时间。但对蓄热的利用必须谨慎，高温高压锅炉机组蓄热的储存和释放发生在机组负荷的变化过程中，由于汽压的变化使汽化潜热改变，或汽温的变化使锅炉受热面金属热容量改变，他们的变化需要一定的时间，太快的温度变化对于机组是不允许的。其结果是引起参数大幅度波动和调节过程延长，常常不得不将参数的运行设定值降低，不利于安全和经济运行。因此，应适当调整时间常数和阶次，达到缩短延迟时间和减少参数波动两者兼顾的目的。

2. 增强煤量和一次风量的前馈作用

利用负荷变化的前馈信号迅速改变给煤量，使锅炉的燃烧率发生变化，适应负荷变化需要。但因制粉过程存在一段纯迟延时间，不可能有效地缩短纯迟延时间，而预先加入的给煤量在纯迟延时间后，可提高负荷的变化速率。如利用负荷变化的前馈信号同时改变一次风量，充分利用磨煤机内的蓄粉来快速响应负荷需要，可有效地缩短纯迟延时间，免去制粉过程所耗费的时间。

3. 控制方式的改进

进行协调控制的火电机组在 AGC 中可看成一个带有一定迟延的调节对象，调节器在中心调度全局。对于有迟延的调节对象，在控制方式上已有许多对策，如大数据挖掘优化、预控制模块、模糊控制等方式已广泛应用，所以控制方式的优化对提高 AGC 响应速度才是根本途径。

4. 制粉系统

锅炉响应的迟延主要发生在制粉过程。中间仓储式系统对于增加燃烧率的反应速度最快，钢球磨煤机次之，中速磨系统最慢。目前，提高直吹式制粉系统的反应速度的手段是增强煤量和一次风量的前馈作用，充分利用磨煤机内的蓄粉，迅速改变给煤量，使锅炉的燃烧率发生变化，从而缩短纯迟延时间。但对运行调整提供较高要求，因此需合理调整，达到兼顾缩短迟延时间和减少运行波动的目的。

总之当 AGC 应电网调峰需要发出大幅度升、降机组负荷指令时，如由于设备原因，协调控制（CCS）子控制系统在短时间内无法快速跟踪调节使机组参数保持在规程规定范围内时，为了确保机组安全，运行人员需立即手操干预，及时修改负荷变化速率，必要时可选择保持，待机组运行工况、参数变化相对稳定后，再继续进行或恢复原设定的负荷限制速率，以有效地弥补控制系统的不足，从根本上避免因参数控制调整不当，或超限而导致机组事故发生。“工欲善其事必先利其器”，手动干预只是弥补 CCS 协调的不足，而不应该把提高响应速率的任务简单地落在提高变速率上。

第十节　影响 CCS 响应速率的因素

影响 CCS 负荷响应速率指标的因素有 CCS 的控制策略、调节品质以及锅炉、汽机本身的特性。

采用不同 CCS 控制策略将直接影响到机组变负荷特性和运行的稳定性，不同的控制策略对负荷的响应速率不同。目前主流的 CCS 的控制策略根据机炉协调方式的不同可分为炉跟机为基础的 CCS（BFTCCS）与机跟炉为基础的 CCS（TFBCCS）。根据机炉能量信号的平衡方式来分类，可分为直接能量平衡（DEB）与间接能量平衡。BFTCCS 负荷响应快，能利用锅炉蓄热，但参数波动较大；TFBCCS 负荷响应慢，未利用锅炉蓄热，参数波动较小。DEB 具有平衡主汽压偏差功能，其被调量热量信号对燃烧率的响应速度比机前压力响应快得多。与间接能量平衡相比，DEB 避免了由于压力响应滞后所产生的偏差导致锅炉煤量的超调，同时又提高了系统的静态稳定性及动态快速响应。

一些机组由于锅炉的负荷响应延时过大与汽机的响应时间严重不匹配，为保证机组在变负荷的过程中各项主要参数不超限，常采用在数字电液控制系统（DEH）汽机功率控制模块或DEH指令控制模块中增加功率指令的延时和惯性环节，或采用功率、调节级压力（蒸汽流量）串级调节系统的方法，以减慢汽机功率调节的响应速率、牺牲部分汽机响应速率的方式来保护锅炉运行的安全性。

在低负荷情况下，为减少汽机调门节流损失，往往采用滑压运行方式。但如何找到安全、经济、快捷最佳平衡点是至关重要的。CCS中滑压方式在实际运用中有2种方式：纯滑压运行方式和变定压运行方式。

纯滑压运行方式是指变负荷时维持汽机调门开度不变，负荷指令经调节器改变主汽压力设定值，由锅炉燃烧控制器调整主汽压力，从而达到改变机组负荷的目的。但在纯滑压运行方式下燃烧率的变化先转化为锅炉蓄热，后转化为实发负荷，这种方式虽然经济，却是CCS中负荷响应最慢的一种方式，在实际应用中必须改进。

变定压运行方式是指在CCS方式下，机组压力设定值随负荷指令的变化而变化。在这种方式下，压力设定值Ps的变化方向与实际压力值的变化方向相反，使两者的偏差随负荷指令的变化进一步放大，易引起汽压保护回路或压力拉回回路的动作，从而影响负荷响应速率。

锅炉、汽机的本身特性决定了CCS负荷响应速率上限，锅炉本身的响应延时特性包括：制粉系统的延时和锅炉蒸发面热力系统响应的延时。相比较而言，给粉机的中间仓储式制粉系统延时比较短（数秒钟），直吹式中速磨制粉系统延时很长。对于直吹式制粉系统，燃料指令经给煤机调节转速改变给煤量，进入磨煤机内制成粉，再经一次风吹入炉膛，这一过程时间3～5min。锅炉蒸发面热力系统响应的延时，指煤粉进入炉膛燃烧，水冷壁吸收热量，加热未饱和水至饱和蒸汽，转化为锅炉蒸发量的时间。一般这一时间比较长，根据炉型受热面布置的不同，各机组时间也各不相同。

另外，为了确保机组设备安全运行，设备制造厂及国家有关规范中制定了许多限制指标。如锅炉汽包运行限制指标，当汽机调门快速变化时，汽包压力也会快速变化，其饱和温度也会变化很快。而汽包的机械结构决定了其温度的变化率不得过快。如根据锅炉制造厂说明书，1024t/h锅炉在额定参数下汽包温度的变化率应控制在2℃/min以内。再如当汽机负荷变化较快时，其高中压转子热应力会大幅增加，对机组的安全及运行寿命影响较大。因此，AGC负荷变化率不宜太大。330MW 机组最大允许负荷变化率一般不得大于 3.5% MCR/min。

第十一节 锅炉的几项重要试验

1. 风压试验

（1）风压试验的目的。检查炉膛、风烟及制粉系统的严密性，减少运行中的漏风、漏灰、漏粉，改善周围环境，提高锅炉机组运行的经济性。锅炉炉墙、炉顶及风烟、制粉设备和系统大面积更换改造后，必须进行风压试验。

（2）风压试验的技术要点。炉膛及风烟系统设备、制粉系统设备的检修工作结束后，要等人员和工作器具全部撤出方可进行风压试验。试验前，引风机、送风机、一次风机（排粉机）需经单机试运行合格，以保证这些设备在风压试验过程的可靠性。启动上述风机，维持炉膛及大部分区域较高的正压值，对风压试验范围内的全部设备、管道进行严密性检查。试验合格后，再恢复保温及其他未完检修工作。

2. 炉内冷态空气动力场试验

（1）试验的目的。观察、测试燃烧器各风口气流速度、方向及气流偏斜、衰减程度，掌握炉内空气动力场情况，标定各风门挡板特性曲线，为锅炉热态运行调整提供技术依据。燃烧器火嘴经大修、更换或采用了某些技术改进的，应进行冷态动力场试验。

（2）炉内冷态空气动力场试验的技术要点。试验前首先做好可靠的安全措施。炉内及过热器区域易于掉落的焦、灰均需彻底清理。供炉内试验用的脚手架要牢靠，炉内照明要充足。试验正式开始前，应进行充分的大风量通风吹扫，尽可能地吹掉残存在某些设备和系统内的煤粉。试验应按拟定好的试验计划进行，各工况均应进入自模化状态先标定各风门挡板的特性曲线，每一试验工况均需测出相应风口的气流速度变化和风压。每一试验工况一般应观察记录相应风口出口气流方向及气流的扩散、偏斜和衰减情况，测试仪器有皮托管、靠背管、笛形管微压计、集中数据采集系统及示踪摄像设备等。常用的试验方法有飘带法、纸屑法、火花法、摄像机示踪拍摄法。要求炉内冷态空气动力场试验应能直观地显示出炉内动力场情况，但要定量说明问题，还应进行测定，以标定各风门特性，确定各一、二、三次风的风速、风量及风率，以指导燃烧调整（图 5-4）。

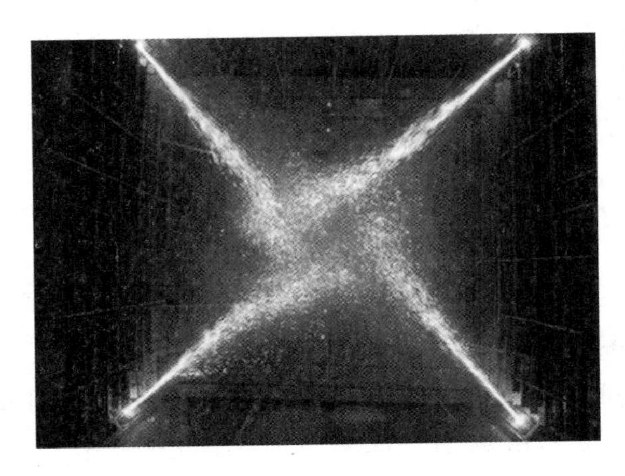

图 5－4　火花测试炉内动力场

3. 水压试验

（1）水压试验的目的。检查锅炉承压部件的严密性，以保证承压部件运行的可靠性。锅炉大修后必须进行水压试验。

（2）水压试验的技术要点。锅炉整体水压试验分工作压力试验和超压试验。

1）水压试验应按照《电站锅炉水压试验标准》进行。高压和超高压汽包锅炉水压试验压力为汽包工作压力；再热系统水压压力为再热器出口压力；亚临界、超临界压力直流炉、低倍率强制循环炉、一次汽系统（包括蒸发段）等试验压力为过热器出口压力；再热系统试验压力为再热器出口压力。低倍率强制循环炉的分离器出口或直流炉蒸发段出口（分离器后）装有关断阀门时，关闭该阀门，可对蒸发段单独进行水压试验，试验压力为分离器的工作压力。

2）锅炉水压试验的范围。一般为锅炉一次汽水系统门前全部承压部件，直至汽机主汽门前的电动主汽门。对于再热系统来说，到汽机中压缸自动主汽门前的电动阀门，包括再热汽来汽母管（冷段）。若汽机侧没有可靠的隔离阀门时，可加装临时堵板，以防止水窜入汽轮机内。水压试验时要打开电动阀门后的疏水门，以确保万无一失。

3）水压试验的技术要点。按规程要求，锅炉只有具备水压试验的条件后，方可进行水压试验。水压试验用水，应是合格除盐水，严禁用生水进行水压试验。水压试验时，上水温度应比金属脆性转变温度高出 33℃或上水温度不低于90℃。必要时可经除氧器加热。上水及升压过程要监视汽包上下壁的温差。启座压力低于水压试验压力的安全阀，在试验前要将其解列。锅炉上满水后，升压前应巡回检查一遍，发现问题要立即处理。严格控制升压速度，达到试验压力后，对承压部件进行全面检查，注意不得超压。检查完毕，在达到水压试验压力的情况下，切断水压试验供水水源，根据压降情况对水压试验做出评价。降压过程，还可进行给水调节阀和减温调节阀的漏量试验及各疏排水阀门的摸管检查。

4）锅炉超压试验。锅炉超压试验对设备寿命有一定影响。因试验有一定的危险性，所以应认真组织慎重进行。试验时电厂锅炉监察工程师应在场监督，遇有可疑泄漏之处应组织人员疏散，并立即降压。锅炉符合超压试验的条件时，应进行1.25倍工作压力的超压试验。超压试验过程中不得进行检查，只有待压力降至工作压力后方可检查。超压试验的条件大致如下：

①锅炉已连续使用6~8年；锅炉连续停运满1年及1年以上。

②大面积改造更换部件，如水冷壁换管数量达50%及以上；过热器、再热器、省煤器等部件成组更换。

③根据运行情况，需对承压设备及部件作安全可靠性鉴定时。

第十二节　飞灰对脱硝催化剂的影响

图5-5　磨损的催化剂

这里指的飞灰就是灰，并不是飞灰含碳量简称的“飞灰”。飞灰对脱硝催化剂的影响如下：

（1）飞灰量高，极易导致催化剂堵塞，风机压损增加。

（2）飞灰量高，飞灰所含有的水溶性碱金属离子钾、钠具有很高的流动性，会通过扩散的方式侵入催化剂表面的活性点，使催化剂失活。

（3）灰量大，导致催化剂维护费用大幅上升。催化剂维护费用上升由几个原因构成：

①灰量大，催化剂易腐蚀、堵塞。要解决因灰量造成堵塞和压降问题，唯一有效的办法就是增加催化剂的孔径。孔径大，同样的有效催化面积条件下的催化剂总体积随之增大。这种由于孔径增大导致的体积增加往往是非常可观的，而电厂的烟道尺寸是固定的，烟气阻力也是设计好的，催化剂体积增加必然带来烟道的改造和引风机耗电率的增加。

②灰量大，在吹灰间隔中，大部分的催化剂被灰覆盖。这样，为了保证恶劣情况下的脱硝率不下降和氨逃逸率不上升（假设不需要考虑压降问题），就必须增加催化剂体积，以保证随时有足够的催化剂表面裸露在外面以供吸附 NO_x、接触 NH_3，那么就和上面第一条面临的问题一样了。

（4）灰量大，催化剂受到冲刷和腐蚀的概率也大大提高，烟气流速也快，所以飞灰对催化剂的冲刷也厉害。冲刷腐蚀造成的催化剂失效快，只有靠增加初始的催化剂体积或加快催化剂的更换速度，才能保证稳定的脱硝率和氨逃逸率。

（5）灰量大，液态排渣炉的灰黏性更强，堵塞程度更严重，积聚的飞灰复燃可能造成催化剂烧结损失。

第十三节　电厂用水分类

火电厂用水分为生产用水和非生产用水 2 大类。生产用水在火电厂用水中约占 95%，非生产用水包括生活用水、消防用水、清扫用水和绿化用水等，约占火电厂总用水量的 5% 以内。生产用水主要包括以下方面：

第一部分为机组热力系统用水：原水→化学制水，经过水处理设备制成除盐水（产生约 10% 左右的浓水，排至脱硫系统再次利用）→通过除盐泵输送至汽轮机的凝汽器作为热力系统补水→和凝结水混合后由凝结泵输送至除氧器→通过加热除氧后输送至锅炉→在锅炉内加热为蒸汽，推动汽轮机做功发电→一部分在凝汽器中被循环水冷却凝结成凝结水，形成连续循环；另一部分蒸汽作为工业或民用供热，蒸汽不回收。

第二部分为循环水系统用水：原水→直接补到冷却塔池内→通过循环泵将水送到凝汽器中冷却蒸汽→冷却后的水又回到冷却塔池内，形成连续循环。随着原水循环次数的增加，冷却水自然蒸发浓缩，水质逐渐变差。为保证水质，需将部分浓水（约为原水总量的5%）排至脱硫系统再次利用。

第三部分为湿法脱硫系统用水：化学制水10%的浓水及循环水浓水→脱硫工艺水箱输送至脱硫制浆系统→和石灰石粉混合制备脱硫浆液→输送至脱硫吸收塔与烟气反应，吸收烟气中的二氧化硫→热烟气携带大部分水由烟囱排放，石膏携带小部分水进入石膏脱水系统，经过脱水后将产生少量的废水（约占全厂原水用量的5%），部分单位将此部分废水作为干灰搅拌加湿用水，实现废水零排放。

第四部分为除灰（渣）用水：在火电厂范围内，约有30%的大型火电厂安装了干式除灰系统，其余火电厂采用水力除灰系统。在采用水力除灰的火电厂中，高浓度输灰（灰水比小于1：5）的电厂约占25%。目前，受缺水情况的影响，越来越多的电厂采用干排渣系统。

第五部分为工业冷却水：火电机组工业冷却水是指除凝汽器以外的主机和辅机所用表面式冷却器的冷却用水，如引、送、排、磨等转动机械轴承冷却水、空调用水等。

其他耗水：主要包括电厂生活用水、输煤系统降尘冲洗用水、采暖系统耗水、绿化用水等，如图5－6所示。

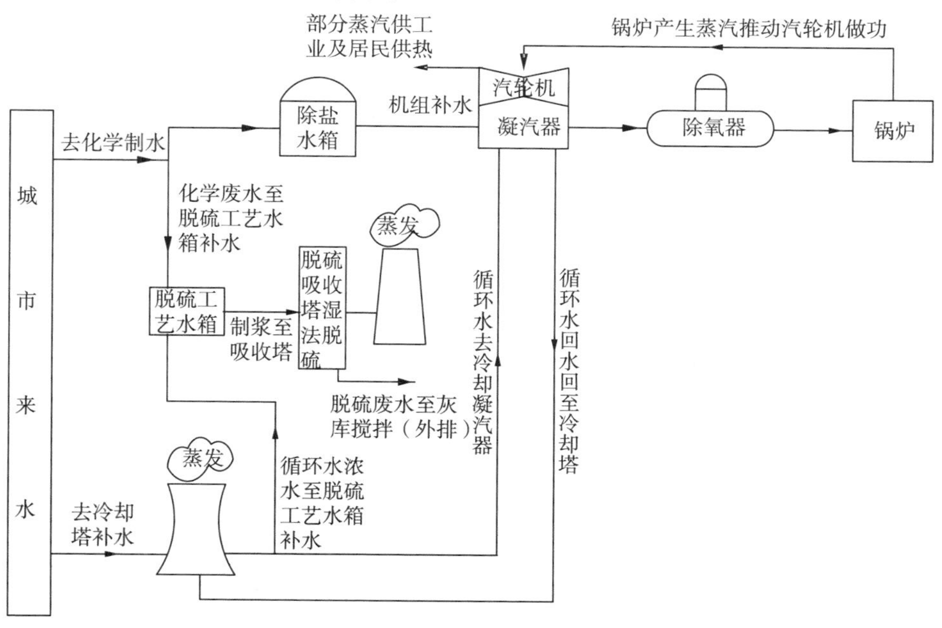

图5－6　电厂生产用水简图

第十四节　锅炉的排污

进入汽包的给水总是带有一定的盐分，锅内进行加药处理后，锅水的结垢性物质转变为水渣，此外锅水腐蚀金属也要产生一些腐蚀产物，因此，在锅水中含有各种可溶性和不溶性杂质。在锅炉运行中，这些杂质只有很少部分被蒸汽带走，绝大部分留在锅水中，随着锅水的不断蒸发，这些杂质浓度逐渐增大。为了控制锅水品质，必须进行锅炉排污，以排出部分被盐质和水渣污染的锅水。

锅炉排污分连续排污和定期排污2种。

1. 锅炉的连排

目的：用来排出锅水中溶解的部分盐，以维持锅水一定的含盐量和碱度，防止浓度过高影响蒸汽的质量。这种排污是连续从锅水含盐浓度最大的蒸发表面排出，又称表面排污。

地点：连续排污的管口一般安装在汽包正常水位以下200～300mm，炉水由于不断加热浓缩，使水表面附近的盐浓度很高，所以连排一般安装在炉水盐分含量最高的地点，以排出高浓度的盐水，补充清洁的给水。

时间：连续排放

排污率：一般为锅炉蒸发量的1%左右。

排放点：一般由汽包引至连排扩容器。来自锅炉的连续排污水为锅炉工作压力下的饱和水，其温度高，若突然降低其压力，水的汽化点降低，使原来的饱和状态被破坏，一部分水放出过热热量成为新压力下的饱和水，一部分水吸收蒸发潜热而成为蒸汽。这种蒸发称为闪蒸蒸发，连续排污扩容器就是利用闪蒸蒸发的原理来获得二次蒸汽，从而达到回收利用的目的。

2. 锅炉的定排

目的：用来排除沉积在锅炉下部的水渣和磷酸盐处理时形成的软垢，一般是间断的，又称间断排污或底部排污。

地点：定期排污的管口一般设在炉水循环的最低点。

时间：定排时间是间断的，一般选在锅炉负荷较低时进行排放，定排排放量大，一般只进行短时间排污就能够达到排污的目的，一般为0.5～1min，具体由锅炉水质而定，但不能长时间定排以免影响炉水正常循环。化学运行定期工作选在每个后夜班进行。

排污率：一般为锅炉蒸发量的0.1%～0.5%。

排放点：由下水包引至定排扩容器。

经过减压、扩容分离出二次蒸汽和废热水：二次蒸汽排入大气或作为热源利用，废热水一般经排污降温池排入下水系统。锅炉排污水具有和锅炉相同的工作压力及其压力下的饱和水温，在定期排污扩容器前设有节流阀降低压力，以便在定期排污膨胀器内扩容降温、分离出二次蒸汽。

第十五节 锅炉燃烧方式对比

1. 燃烧经济性

（1）对于切圆燃烧来说，其优势在于：

①煤粉在炉内行程长，停留时间长。

②受邻角高温烟气的直接冲刷，强化了燃烧。

在正常情况下，采用切圆燃烧技术时其燃烧经济性是有保障的。

（2）对冲燃烧锅炉采用旋流燃烧器，就燃烧经济性来说，它的优势在于：

①旋流燃烧器的一、二次风混合早且强烈，保障了煤粉及时、充分燃尽。

②旋流燃烧器对高温烟气的卷吸率高。

③对冲燃烧的炉膛热负荷易控制均匀。

应该说，无论是对冲燃烧还是切圆燃烧，燃烧经济性的问题已基本解决。切向燃烧技术中WR型燃烧器等浓淡分离技术的普遍使用，旋流燃烧器中低燃烧速率燃烧器的研发与运用，燃烧经济性问题已不再成为业内关注的首要问题。特别是烟煤的燃烧，其燃烧效率之高，已基本达到了极限。

2. 结渣、磨损与高温腐蚀

煤种的结渣特性和炉膛容积热负荷、截面热负荷的选取是炉内结渣与否的重要影响因素，在以上参数一定的情况下，采用何种燃烧方式、燃烧器布置方式、燃烧器结构特征等则成为解决结渣问题的核心。

对切圆燃烧来说，合理组织切圆大小、控制火焰中心偏斜是控制结渣的关键。切圆直径大于一定值时，结渣趋势随切圆直径的增大而增大，大量熔融、半熔融煤粉颗粒将直接撞击水冷壁，形成结渣，同时磨损水冷壁，发生高温腐蚀。

切圆又不能太小，否则高温火焰集中于炉膛中部，不利于着火和稳燃。

同心切圆燃烧技术对解决切圆燃烧中的结渣问题起到了重要作用。二次风以大切圆喷入炉膛，而一次风粉气流以小切圆、或对冲、或反向小切圆的形式进入炉膛，形成炉膛中央的富燃料区和水冷壁周围的富空气区，减小了一次风冲刷水冷壁的可能性，不仅对控制结渣，而且对减小水冷壁磨损和高温腐蚀也大有帮助。同时，一、二次风的混合更加强烈，有利于煤粉完全燃烧。

相对而言，对冲燃烧炉中旋流燃烧器射流冲墙的概率较切圆燃烧小得多，通过对单个燃烧器的旋流强度、火焰扩散角和一、二次风配比的控制，即可实现对炉膛整体沾污水平的控制。

对冲燃烧炉中单个燃烧器功率的选取和燃烧器区域热负荷的选取是关键，因为燃烧器区域结渣问题依然存在。单个燃烧器功率过大，会使燃烧器区域局部热负荷过高而产生结渣，切换和启停燃烧器对炉内火焰偏斜的影响较大，一、二次风的气流太厚，不利于风粉混合。但燃烧器只数减少，相应管道及风箱布置则较简单。

3. 低 NO_x 燃烧

传统旋流燃烧器的二次风通常采用强旋流，二次风过早与一次风混合，不能在着火区形成局部高浓度区，这有悖于浓淡燃烧原理和分级燃烧原理，不利于低 NO_x 燃烧。

后发展起来的、目前已被成熟应用的新型旋流燃烧器中大部分采用双通道旋流结构。较为典型的有 Babcock 双调风燃烧器和 IHI－FW 双流旋流燃烧器。

其结构特点是将旋流二次风通道分解成 2 个通道，通过分级送风实现分级燃烧以降低 NO_x。新型双通道旋流燃烧器中的一次风不旋或弱旋，避免燃烧器出口初期混合强烈而后期混合微弱的缺陷。Babcock 双调风燃烧器为典型代表。

相对切圆燃烧，对冲炉型的燃烧器更易布置，这为其合理布置燃烧器顶部的过燃风（OFA）喷口提供了便利。切圆燃烧时一、二次风射流基本平行进入炉膛，其早期混合并不强烈，煤粉火焰是一种边燃烧边同二次风混合的扩散火焰，因此形成了一种较长的火焰结构。

这种燃料与空气混合的方式符合分级燃烧理论，对降低 NO_x 的生成是有利的。特别是采用 CFS、LNCFS 的燃烧系统布置方式，更加推迟了一、二次风的初期混合，加强了空气分级的效果，并配以各种浓淡燃烧器，更起到抑制 NO_x 生成的作用。

4. 汽温调节

目前切圆燃烧普遍采用摆动式燃烧器调节汽温。一般以燃烧器摆动喷嘴辅以减温水控制再热汽温，而过热汽温则完全由减温水控制。这种方法的优点在于对流受热面布置较容易，制造成本较低，汽温调节范围较大，控制灵敏。其缺点在于摆动喷嘴对汽温的控制不够精确，经常需要再热器减温水的帮助。对冲炉广泛采用过热、再热烟气挡板来控制汽温。一般以过热、再热烟气挡板辅以减温水控制再热汽温。其缺点是对流受热面布置较受约束，档板的节流增加了烟风系统阻力，对尾部烟道的磨损也有不利之处。其优点在于挡板对汽温控制精确，再热汽减温水可只作为事故喷水使用，且档板的操作灵活简便、控制可靠。

无再热器减温水使再热器系统阻力减少，而且有利于炉效的提高。相对于燃烧器摆动喷嘴对主汽温与再热汽温的同向控制，烟道挡板对主汽温与再热汽温的控制是反向的，即在解决任何一方（主汽温或再热汽温）偏低或偏高的同时，可利用另一方（再热汽温或主汽温）汽温的余量来平衡，不会出现类似于燃烧器摆喷嘴控制中为解决再热汽温的偏低而使过热汽减温水量过大的情况。

5. 烟气偏差

四角切圆燃烧锅炉炉膛出口普遍存在左右两侧烟温与烟速的偏差，这是由于切圆燃烧锅炉炉膛出口烟气存在着相当的残余旋转强度。这样，如何削弱炉膛出口烟气的残余旋转，改善进入水平烟道的烟气流动状态成为解决问题的关键。

目前国内针对减小烟气偏差主要是在三次风喷口和顶部二次风喷口采取一些措施，将三次风和顶部二次风改为反切圆布置，但收效普遍不明显。因为通常设计中的三次风和顶部二次风喷口均未脱离主燃烧器区域，其风量与风速不可能大到足以消除炉内主二次风气流的旋转动量矩的程度，而且炉内气流旋转上升加强了炉内混合，增加了煤粉的燃烧行程，此为切圆燃烧的优点与特点。

第十六节 锅炉汽包壁温差的控制

对于自然循环锅炉来说，汽包是锅炉内加热、蒸发、过热这 3 个过程的连接枢纽。在实际操作中，只要加强调整，精心维护，控制好锅炉启动初期的升温升压、锅炉停炉后的降温降压及防水过程，就一定能将汽包壁温差控制在规定范围内，从而延长汽包的使用寿命。

1. 汽包壁温差过大的危害及易发生的阶段

（1）汽包壁温差过大的危害。

汽包上部壁温的升高使得上壁金属欲伸长而被下部限制，因而受到轴向压应力，下部金属则受到轴向拉应力。这样将会使汽包趋向于拱背状的变形。过大壁温差的产生，将会导致汽包的热应力增大，且上下温差越大，则应力也越大，进而导致汽包受到损伤，减少汽包的使用寿命。

（2）汽包上下壁温差大易发生的阶段。

锅炉启动初期、锅炉停炉后的降温降压过程中，都是汽包上下壁温差大易发生的阶段。不同压力下水的饱和温度并不是线性的，低压阶段水的饱和温度随压力变化较大，而高压阶段，水的饱和温度随压力变化较小。因此，机组启动初期、锅炉停炉后的降温降压过程中，应严格控制汽包压力的变化。

2. 汽包壁温差大的原因分析

（1）锅炉启动阶段。

锅炉启动初期，炉水温度逐渐上升，未起压前无蒸汽产生，由于上水温度高于汽包下壁温度，导致汽包下壁温度高于上壁温度。锅炉起压后，会产生一定的饱和蒸汽，由于饱和蒸汽温度与汽包上壁存在温差，饱和蒸汽对汽包壁放热，且释放汽化潜热，汽包上壁温度会逐渐高于下壁温度，这样就形成了汽包上壁温度高、下壁温度低的状况。锅炉升压速度越快，上、下壁温差越大。随着汽包压力的上升，饱和温度变化逐渐缓慢，汽包上壁温度也逐渐上升，上下壁温差会逐渐减少。

（2）锅炉停炉后。

散热条件差异较大：汽包处于炉外并保温，加之热容量较大，使汽包壁温逐步高于汽包内的水汽温度。汽包筒体上半部分一部分热量向炉外散热，一部分向汽包内部散热，一部分向汽包下半部散热，而汽包筒体的下半部分一部分热量向炉外散热，一部分向汽包内部散热，同时还要接受来自上半部分传递过来的热量。

冷却方式差异较大：停炉后锅炉进入降压和冷却阶段，汽包主要靠内部工质进行冷却，由于汽包内炉水压力及对应的饱和温度逐渐下降，汽包下壁对炉水放热，使汽包壁很快冷却，而汽包上壁与蒸汽接触，在降压过程中放热系数较低，金属冷却缓慢，所以出现上部壁温大于下部壁温，造成温差。降压速度越快，温差越大，特别是当压力降到低值时，将出现较大的温差。

3. 控制汽包壁温差大的措施

（1）锅炉在启动过程中，严格控制升温升压速度，特别是点火初期，逐渐增加炉膛燃烧强度，避免大幅度增减；尽可能保持炉内燃烧的均匀；启动过程中尽可能保持前后墙燃烧强度均匀；适当进行定排，促进炉内水循环。

（2）停炉后控制通风风量与通风时间，避免锅炉急剧冷却。锅炉熄火后保持一组送、引风机运行，充分通风受热面吹扫干净，吹扫15min后停止引、送风机运行，锅炉负压维持以炉膛微冒正压为原则进行自然通风冷却。通风量偏大或通风时间长会导致汽水系统压力加速下降，汽包内压力同步下降，汽包内汽水饱和温度也随之下降。由于汽包上下两部分散热条件的差异，不可避免地造成停炉后汽包壁温差偏大，而且汽压越低，饱和温度下降速度越快，汽包壁温差的形成也加快。

（3）停炉后提高给水温度。锅炉停炉后，由于炉内温度、炉水温度仍然很高，在锅炉上水时应将除氧器辅汽加热装置投入，如果辅汽压力允许，除氧器水温应保持在100℃以上，尽量提高给水温度，减少水温与汽包壁的温差。

（4）停炉后维持汽包在高水位运行。利用汽包高水位控制汽包壁温差，这样做的目的是提高汽包水位，减少汽包汽侧筒体体积，平衡上壁温差。

（5）使用机前疏水，按降压曲线进行降压。严格控制汽包降压速度0.05MPa/min、饱和温降速度1℃/min、汽包上下壁温差<45℃，否则应减缓降压速度。

（6）及时关闭连排、加药、取样门，减少炉水外排，杜绝随意汽包给补、放水。

（7）锅炉停炉后带压放水前应具备的条件。汽包压力降至0.8MPa时，汽包壁温降低至180℃左右，汽包上下壁温差小于15℃。放水前应逐步消除汽包上、下壁温差，保持小的温差。

（8）锅炉停炉后带压放水的操作过程。锅炉抢修需紧急冷却，可采取锅炉换水的方法以降低汽包壁温差。在事故抢修时，可采取换水的方法加快冷却速度，即在保持汽包高水位的情况下，尽量保持给水温度在100℃以上，并在向锅炉上水的同时，适当依次开启锅炉定排放水，利用适当的换水量，使锅炉不断得到冷却。

第十七节　燃料品质突变对锅炉的影响及处理

1. 燃料品质变化对锅炉运行的影响

锅炉燃用高灰分的煤时，由于煤的发热量低，将使锅炉出力下降，如不及时进行调整，还将造成其他参数的不正常变化。同时，燃用高灰分的煤，还将加剧受热面的摩擦，造成受热面的严重积灰和结焦。此外，高灰分的煤由于着火速度慢，也将对着火稳定带来不利。当原煤中的挥发分降低时，由于煤的着火温度提高，将造成着火困难、燃烧不稳，严重时甚至熄火。原煤中水分过高将造成磨煤机出力下降或制粉系统的堵煤现象，对于直吹式制粉系统的锅炉将直接造成锅炉热负荷下降、出力下降和其他参数的大幅度变化，严重时会造成炉火不稳甚至发生锅炉熄火事故。锅炉当燃用灰熔点过低的煤时，将造成炉膛严重结焦。燃料品质变差时，还将使燃料在炉膛内的燃烧过程延长或产生不完全燃烧。燃用高灰分的煤时由于灰分容易隔绝可燃质与氧化剂的接触，使煤不易完全燃尽，以致大量未燃尽可燃物被带至锅炉尾部，埋下尾部烟道再燃烧的隐患。燃煤品质的突变，对于燃烧单一煤种和无分仓加煤设施的直吹式制粉系统的锅炉，其危害将更大。

燃油中的水分突然升高时，将造成油枪燃烧不稳，甚至熄火。这是因为燃油中的水分越高，则燃油的低位发热量越小，在油量不变的情况下，锅炉实际热负荷将下降。此外，燃油中的水分过高时，燃烧过程中水分将吸收大量的热量以汽化，这样就大大地降低了油雾周围的烟气温度，使油雾着火困难。燃油中的水分突然升高时，由于油量表读数并不改变，容易造成运行人员的疏忽或误判断，如不及时发现并进行调整，必将危及锅炉的正常运行。燃用含硫量高的油种时，则会造成尾部受热面的低温腐蚀。

2. 锅炉燃料品质突变的主要原因

未严格执行燃料管理中燃煤调度的有关规定和制度，对来煤不进行分析、分场堆放，加仓前未经配煤便直接加仓，尤其是对一些新来的煤种，在特性尚未了解之前便草率加仓。雨季或下雪天在运输过程中会大大增加原煤中的表面水分，如到厂后又采用露天场地堆放，必将造成原煤的水分过高。原煤在场地上堆放时间过长，由于自燃和挥发物析出，将造成碳分和挥发分降低，使煤质变差。如用此煤连续加仓，必将造成锅炉燃料品质的突变。在燃油管理方面，如油库（油罐）的定期放水工作不正常、油库的蒸汽加热装置泄漏或燃油母管切换时操作不当使备用系统中的积水进入运行系统等，均会造成锅炉燃油中的含水量突然增高。

3. 锅炉燃料品质突变的常见现象

燃料品质特别是燃料的低位发热量突然降低时，由于是发生了燃料质的变化而量并未改变，因而燃料计量指示一般不变。①锅炉各参数中首先反映出来的是炉膛出口烟气含氧量变大和炉膛负压摆动或增大，当风量自动运行时自动系统将调节送、吸风机出力，维持氧量和炉膛负压正常。②其次是各段烟温下降。③在给水和燃料手动时，还将造成支流锅炉各段汽温下降、汽包锅炉蒸发量下降和汽包水位上升；给水自动时，由于直流炉汽温下降或汽包炉水位上升，给水流量将自动减少；燃料自动时，在有计算机参与控制的锅炉中，由于燃料发热量的修正和锅炉蒸发量的下降，将使燃料量自动增加。④当因原煤水分过高引起时，磨煤机出口温度将下降，当磨煤机出口温度自动运行时，热风门将自动开大而冷风门将自行关小。⑤同时原煤仓或落煤管可能出现堵煤现象。⑥当因燃料的挥发分大幅度降低引起时，还将造成炉火不稳，严重时将造成部分燃烧器熄火或锅炉熄火事故。

4. 锅炉燃料品质突变的防止及处理

（1）锅炉燃料品质突变的措施。

对于燃煤管理，应做到对来煤及时取样分析，有条件时应对各煤种进行分场堆放。在加仓前应先进行配煤，将各煤种按比例混合后再加仓，尽量避免来煤直接加仓，使锅炉燃煤品质不受来煤品种变化的影响，能始终保持相对稳定。对于无条件分场堆放和先混合后加仓的锅炉，运行人员应熟悉本厂燃用各煤种的成分特性，锅炉上煤前应先通知司炉所加煤种，让司炉做到心中有数，以便根据不同煤种能及时进行配风。对于新来煤种，有条件时最好能先进行局部试烧，以便让运行人员了解其特性。

配有直吹式制粉系统的锅炉，在燃用劣质煤或进行原煤仓的铲仓工作时，应对 1 ~ 2 台磨煤机配以好煤，或投用助燃油枪进行助燃，以免煤质过差时造成锅炉熄火。在雨季和原煤水分高的情况下，应尽量先使用干煤棚的存煤，避免湿煤直接加仓。容易自燃的煤不宜长期堆存，在冬季或寒冷地区还应有防止冻煤的措施。

对于燃油管理，应严格执行油库（油罐）定期放水制度，有条件时还应对来油先进行脱水，以减少锅炉燃油中的水分。燃油母管或系统的切换和油加热器的投入操作，应事先将系统或设备内的积水放尽，并做好防止油中大量带水的事故预案和安全措施。

（2）锅炉燃料品质突变的处理。

发生锅炉燃料品质突变时，应及时进行燃烧调整。当煤的挥发分降低时，应适当降低一次风量和增加煤粉细度。对于直吹式制粉系统还可以适当提高磨煤机出口温度，在出现炉火不稳现象时应及时投用助燃油枪，以稳定燃烧。当燃料的发热量降低（包括燃油中的含水量增加）时，应立即增加燃料量，维持炉膛出口氧量不变。如燃料量已无法再增加时，应按维持原氧量不变为原则迅速减少锅炉风量，并相应减少给水流量和对其他参数进行合理的调整，必要时投入助燃油枪以稳定燃烧，与此同时迅速查明燃料品质突变的原因设法消除。

在燃料品质突变的处理过程中如果发生汽温、汽压、水位、制粉系统等异常情况时，还应按各事故的处理要求，分别进行处理。当锅炉已发生临界火焰、角熄火或全熄火时，严禁再投助燃油枪，应立即切断进入锅炉的所有燃料，按锅炉熄火紧急停炉处理。

第十八节　超临界锅炉湿法保养

1. 锅炉内表面保护：湿法保护

任何时候都不能低估锅炉存在腐蚀的可能性。如果不排空就进行周期性检查，锅炉不可能长期在湿法保护下得到良好的维护。另一个不利因素是湿法保护会加速大气水分的凝结，因而引起管子烟气侧腐蚀。

不推荐在水压试验以外的时间对再热器进行湿法保护。对于大多数保养要求，保证再热器良好干燥已足够了，长期保护时要采取安全措施是充氮保养。另外，如果周围环境有结冰的可能，机组则不能采用湿法保护。

2. 氨——联氨的湿法保护

如果锅炉停运超过数天，但少于 2 个月，此时湿法保护是最方便的保养方法。如果锅炉处于备用状态，并且随时可能立即投入运行，则湿法保护显得更有意义。虽然可以长期湿法保护，但也要求对腐蚀有所重视，采用合适的预防措施。

通过省煤器将锅炉上水调到正常运行水平。给水中投入足够的联氨与溶解的氧反应，残余浓度为300mg/L，将pH值提高到9.5～10.5。通过使用循环泵或锅炉点火的方法保证化学药品均匀分配，加快循环速度，使水中的氧气逸出。如果锅炉已经产汽，循环速度应慢慢降低。送汽的同时，在保证安全运行的前提下，尽可能维持高水位。如果必须维持联氨的浓度和pH值的水平，可以继续向锅炉水中加药，然后，将燃烧停止，允许锅炉冷却下来。

接下来过热器开始上水，不可疏水的过热器只能上凝结水，所加入的化学药品也必须能彻底挥发，这样仍然可以使用联氨调整pH值。如果锅炉水质不是这样，过热器用疏水进行回填。

上水操作时所用方法应防止气泡的形成（腐蚀较容易出现在汽——水分界面上），为防止气泡的形成要避免锅炉泄漏。在长期停炉保养的时间内，必须采取一种安全有效的措施。方法是将分离器与高于分离器上3～4m处的平衡水箱（500L容积）相连，这样可以补偿由于温度变化而引起的容积变化，维持正压状态，防止氧气进入。此水箱应加盖并加入除氧剂和碱。另一方面，系统压力可以由一个小泵来维持。

应定期检查锅炉连接处的密封情况，并且经常进行炉水取样分析。当联氨浓度或pH值下降时，要重新进行加药。然后系统再采用上述方法中的一种进行循环。在任何情况下，长期停炉保养期间每两周必须进行一次包括过热器和省煤器的循环。

第十九节　影响飞灰含碳量的因素

1. 挥发分

燃煤的挥发分含量降低时，煤粉气流着火温度显著升高，着火热随之增大，着火困难，达到着火所需的时间变长，燃烧稳定性降低，火焰中心上移，炉膛辐射受热面吸收的热量减少，对流受热面吸收的热量增加，尾部排烟温度升高，排烟损失增大。煤的灰分在燃烧过程中不但不会发出热量，而且还要吸收热量。灰分含量越大，发热量越低，容易导致着火困难和着火延迟，同时炉膛温度降低，煤的燃尽程度降低，造成的飞灰可燃物升高。灰分含量增大，碳粒燃烧过程中被灰层包裹，碳粒表面燃烧速度降低，火焰传播速度减小，造成燃烧不良，飞灰含碳量升高。

2. 煤粉细度

合理的煤粉细度是保证锅炉飞灰含碳量在正常范围的主要因素之一，降低煤粉细度是降低飞灰可燃物的有效措施。煤粉过粗，单位质量的煤粉表面积越小，加热升温、挥发分的析出着火及燃烧反应速度越慢，因而着火越缓慢，煤粉燃尽所需时间越长，飞灰可燃物含量越大，燃烧不完全；另一方面提高煤粉的均匀性，也有利于煤粉的完全燃烧，较粗的煤粉若不能很好地与空气搅拌混合，将导致着火效果不好，燃烧时间较长，这也是影响飞灰可燃物的主要因素。

3. 一次风速

这个很好理解，风速快了着火点偏远，着火推迟，燃烧过程缩短，既不利于稳燃，又影响了燃尽。对于燃烧烟煤锅炉推荐的一次风速为 25～35m/s，直吹式一般 25m/s 即可。

4. 配风

现在部分电厂改用低氮燃烧器，使得飞灰上升很多，原因是燃烧区域缺氧，燃尽区没有充分燃尽造成的。而降低锅炉出口 NO_x 与降低飞灰是 2 种截然相反的运行方式。总之，燃用低挥发分煤时，应提高一次风温，适当降低一次风速，选用较小的一次风率，这对煤粉的着火燃烧有利；燃用高挥发分煤时，降低一次风温应，提高一次风速，加大一次风率。有时有意提前二次风混入一次风时间，将着火点推后，以免结渣或烧坏燃烧器。

5. 其他因素

此外，磨煤机运行方式、磨煤机出口温度、燃烧充满度、漏风等因素，也影响飞灰含碳量。

第二十节　直流炉汽温调整

1. 煤水比

直流锅炉运行时，为维持额定汽温，锅炉的燃料量 B 与给水流量 G 必须保持一定的比例。若 G 不变而增大 B，由于受热面热负荷 q 成比例增加，热水段长度 Lrs 和蒸发段长度 Lzf 必然缩短，而过热段长度 Lgr 相应延长，过热汽温就会升高；若 B 不变而增大 G，由于 q 并未改变，所以（$Lrs+Lzf$）必然延伸，而过热段长度 Lgr 随之缩短，过热汽温就会降低。因此直流锅炉主要是靠调节煤水比来维持额定汽温的。若汽温变化是由其他因素引起（如炉内风量），则只需稍稍改变煤水比即可维持给定汽温不变。直流锅炉的这个特性是明显不同于汽包锅炉的。对于汽包锅炉，由于有汽包，所以煤水比基本不影响汽温。而燃料量对汽温的影响，也由于蒸汽量的相应增加，因而对汽温影响是不大的。

因此，直流锅炉都是用调节煤水比作为基本的调温手段，而不像汽包锅炉那样主要依靠减温水。否则，一旦燃烧率与给水量不成比例，喷水量的需求将是非常大的。

2. 给水温度

机组高压加热器因故障停投时，锅炉给水温度就会降低。若给水温度降低，在同样给水量和煤水比的情况下，直流锅炉的加热段将延长，过热段缩短（表现为过热器进口汽温降低），过热汽温会随之降低；再热器出口汽温则由于汽轮机高压缸排汽温度的下降而降低。因此，当给水温度降低时，必须改变原来设定的煤水比，只有适当增大燃料量，才能保持住额定汽温。这个特性与自然循环汽包锅炉也是相反的。

3. 受热面沾污

在煤水比不变的情况下，炉膛结焦会使过热汽温降低。这是因为炉膛结焦使锅炉传热量减少，排烟温度升高，锅炉效率降低。对工质而言，使 1kg 工质的总吸热量减少。而工质的加热热和蒸发热之和一定，所以，过热吸热（包括过热器和再热器）减少。但再热器吸热因炉膛出口烟温的升高而增加，所以过热汽温降低。对于再热汽温，进口再热汽温的降低和再热器吸热量的增大影响相反，所以变化不大。

对流式过热器和再热器的积灰都不会改变炉膛出口烟温，而只会使相应部件的传热热阻增大，因而传热量减小，使过热汽温和再热汽温降低。在调节煤水比时，若为炉膛结焦，可直接增大煤水比；如果是过热器结焦，则增大煤水比时应注意监视水冷壁出口温度，在其不超温的前提下来调整煤水比。

4. 过量空气系数

当增大过量空气系数时，炉膛出口烟温基本不变。但炉内平均温度下降，炉膛水冷壁的吸热量减少，致使过热器进口蒸汽温度降低，虽然对流式过热器的吸热量有一定的增加，但前者的影响更强些。在煤水比不变的情况下，过热器出口温度将降低。过量空气系数减小时，结果与增加时相反。若要保持过热汽温不变，也需要重新调整煤水比。

随着过量空气系数的增大，对流式再热器的吸热量增加，对于显示对流式汽温特性的再热器，出口再热汽温将升高。

5. 火焰中心高度

当火焰中心升高时，炉膛出口烟温显著上升，再热器无论显示何种汽温特性，其出口汽温均将升高。此时，水冷壁受热面的下部利用不充分，致使1kg工质在锅炉内的总吸热量减少，过热汽温降低。

由上述分析可见，直流锅炉的给水温度、过量空气系数、火焰中心位置、受热面沾污程度对过热汽温、再热汽温的影响与汽包锅炉有很大的不同，有些影响是完全相反的。对于直流锅炉，上述后4种因素的影响相对较小，且变动幅度有限，它们都可以通过调整煤水比来消除。所以，直流锅炉只要调节好煤水比，在相当大的负荷范围内，过热汽温和再热汽温均可保持在额定值。

第二十一节　直流炉的燃烧调整策略

大型锅炉的直吹式制粉系统，通常都装有若干台磨煤机，也就是具有若干个独立的制粉系统。由于直吹式制粉系统无中间煤粉仓，它的出力大小将直接影响到锅炉的蒸发量。

当锅炉负荷变动不大时，可通过调节运行制粉系统的出力来解决。对于中速磨，当负荷增加时，可先开大一次风机的调节挡板，增加磨煤机的通风量，以利用磨煤机内的存煤量作为增加负荷的缓冲调节，然后再增加给煤量，同时开大二次风量。相反，当负荷减少时，则应是先减少给煤量，然后降低磨煤机的通风量。以上调节方式可避免出粉量和燃烧工况的骤然变化，还可减少调节过程中的石子煤量和防止堵磨。不同型号的中速磨，由于磨内存煤量不同，其响应负荷的能力也不同。

当锅炉负荷有较大变动时，需启动或停止1套制粉系统。减负荷时，当各磨出力均降至某一最低值时，即应停止1台磨，以保证其余各磨在最低出力以上运行；加负荷时，当各磨出力上升至其最大允许值时，则应增投1台新磨。在确定启动或停止方案时，必须考虑到制粉系统运行的经济性、燃烧工况的合理性（如燃烧均匀），必要时还应兼顾汽温调节等方面的要求。

各运行磨煤机的最低允许出力，取决于制粉经济性和燃烧器着火条件恶化（如煤粉浓度过低）的程度；各运行磨煤机的最大允许出力，不仅与制粉经济性、安全性有关，而且与锅炉本身的特性有关。对于稳燃性能低的锅炉燃烧较差煤种时，往往需要集中火嘴运行，因而可能推迟增投新磨的时机；炉膛、燃烧器结焦严重的锅炉，高负荷时都需要均匀燃烧出力，因而也常常降低各磨的上限出力。燃烧器投运层数的优先顺序则主要考虑汽温调节、低负荷稳燃等的特性。

燃烧过程的稳定性要求燃烧器出口处的风量和粉量尽可能同时改变，以便在调节过程中始终保持稳定的风煤比。因此，应掌握从给煤机开始调节到燃烧器出口煤粉量产生改变的时滞，以及从送风机的风量调节开关动作到燃烧器风量改变的时差，燃烧器出口风煤改变的同时性可根据这一时滞时间差的操作来解决。一般情况下，制粉系统的时滞总是远大于风系统的，所以要求制粉系统对负荷的响应更快些，当然过分提前也是不适宜的。

在调节给煤量和风机风量时，应注意监视辅机的电流变化、挡板开度指示、风压以及有关参数的变化，防止电流超限和堵塞煤粉管等异常情况的发生。

第二十二节　锅炉运行问答三则

1. 锅炉运行事故处理的原则是什么？

应按照运行规程规定，严肃、认真地组织指挥本专业人员，正确、果断、迅速地处理事故。

（1）查明原因。沉着、冷静地分析，查明事故原因、故障部位和地点。

（2）迅速处理。正确判断，果断、迅速地处理。

（3）消除事故根源。要尽快隔离事故点，及时消除事故根源，防止事故蔓延和扩大。

（4）在母管机组事故中，要首先把事故影响小、易恢复的锅炉尽快投入运行，使事故影响限制在最小范围。

（5）在单元机组事故中，其他机组尽快提高负荷出力，以减少对用户的影响。

（6）事故处理完毕，做好详细记录并向领导汇报，组织分析，进行讨论。

2. 强化锅炉燃烧的措施有哪些？

（1）提高热风温度。

（2）保持适当的空气量并限制一次风量。

（3）选择适当的气流速度。

（4）合理送入二次风。

（5）在着火区保持高温。

（6）选择适当的煤粉细度。

（7）在强化着火阶段的同时必须强化燃烧阶段本身。

（8）合理组织炉内动力工况。

3. 锅炉汽包水位高、低事故的危害及处理方法？

（1）水位过高（锅炉满水）的危害：水位过高，蒸汽空间缩小，将会引起蒸汽带水，使蒸汽品质恶化，以致在过热器内部产生盐垢沉淀，使管子过热，金属强度降低而发生爆炸；满水时蒸汽大量带水，将会引起管道和汽轮机内严重的水冲击，造成设备损坏。

处理方法：

①将给水自动切换至手动，关小给水调整门或降低给水泵转速。

②当水位升至保护定值时，应立即开启事故放水门。

③根据汽温情况，及时关小或停止减温器运行，若汽温急剧下降，应开启过热器集箱疏水门，并通知汽轮机开启主汽门前的疏水门。

④当高水位保护动作停炉时，查明原因后，放至点火水位，方可重新点火并列。

（2）水位过低（锅炉缺水）的危害：将会引起水循环的破坏，使水冷壁超温；严重缺水时，还可能造成很严重的设备损坏事故。

处理方法：

①若缺水是由于给水泵故障、给水压力下降而引起，应立即通知汽轮机启动备用给水泵，恢复正常给水压力。

②当汽压、给水压力正常时：检查水位计指示正确性；将给水自动切换为手动，加大给水量；停止定期排污。

③检查水冷壁、省煤器有无泄漏。

④保护停炉后，查明原因，不得随意进水。

第二十三节 氧量控制策略

当外界负荷变化而需调节锅炉出力时，随着燃料量的改变，对锅炉的风量也需做相应的调节，送风量的调节依据主要是炉膛氧量。

1. 炉膛氧量的控制

炉内实际送入的风量与理论空气量之比称过量空气系数，记为 α。锅炉燃烧中都用 α 来表示送入炉膛空气量的多少。

过量空气系数的数值可以通过烟气中的氧量来间接地了解，依据氧量的指示值来控制过量空气系数。对 α 监督、控制的要求可以从锅炉运行的经济性和可靠性 2 个方面加以考虑。

从运行经济性方面来看，在 α 变化的一定范围内，随着炉内送风的增加（α 增大），由于供氧充分、炉内气流混合扰动好，燃烧损失逐渐减小；但同时排烟温度和排烟量增大，因而又使排烟损失相应增加。使以上 2 项损失之和达到最小的 α，称最佳过量空气系数，记为 αop。运行中若按 αop 对应的空气量向炉内供风，可以使锅炉效率达到最高。

锅炉在运行中，αop 的大小与锅炉负荷、燃料性质、配风工况等有关。锅炉负荷越高，所需 α 值越小，一般负荷在 75% 以上，αop 无明显变化，但当负荷很低时，αop 升高；煤质差时，着火、燃尽困难，需要较大的 α 值；若燃烧器不能做到均匀分配风、粉，则锅炉效率降低，但其 αop 值要大一些。通过燃烧调整试验可以确定锅炉在不同负荷、燃用不同煤质时的最佳过量空气系数。对于一般的煤粉锅炉，额定负荷下的 αop 值为 1.15 ~ 1.2。若没有锅炉其他缺陷的限制，即应按 αop 所对应的氧量值控制锅炉的送风量。

所有锅炉在低负荷下运行，过量空气系数都维持较高。其原因，除了以上分析的 αop 随负荷降低而升高的因素以外，尚与低负荷时汽温偏低，需相对增加风量以保住额定汽温以及低负荷时炉温低、扰动差，亦需增大风量以维持不致太差的炉内空气动力场、稳定燃烧等特定要求有关。

锅炉低负荷时，运行人员用增加氧量来防止锅炉火焰闪动、燃烧不稳。但此时排烟损失往往超过高负荷，过量空气系数则高于最佳值。从稳定燃烧出发，燃用低挥发分煤种时，氧量需求值更大些。因此，为提高锅炉经济性，低负荷下的风量调节要求在稳定燃烧的前提下，力求不使过量空气系数过大。

从锅炉运行的可靠性来看，若炉内 α 值过小，煤粉在缺氧状态下燃烧会产生还原性气氛，烟气中的 CO 气体浓度和 H_2S 气体浓度升高，这将导致煤灰的熔点降低，易引起水冷壁结焦和管子高温腐蚀。若 α 值过大，由于烟气中的过剩氧量增多，将与烟气中的 SO_2 进一步反应生成更多的 SO_3 和 H_2SO_4 蒸汽，使烟气露点升高，加剧低温腐蚀，尤其当燃用高硫煤种时，更应注意这一点。

此外，随着 α 的增大，烟气流量和烟速增大，对受热面磨损以及送引风机的电耗也将产生不利影响。

2. 炉膛氧量的监督

监督氧量的一个重要问题是明了氧量表在锅炉烟道的安装地点。因为在相同数量的炉内送风情况下，氧量（或 α）的值沿烟气流动方向是变化的。通常认为煤粉的燃烧过程在炉膛出口就已经结束，因此，真正需要控制的 α 应该是相应于炉膛出口的 α″。但由于那里的烟温太高，氧化锆氧量计无法正常工作，故大型锅炉的氧量测点一般安装在低温过热器出口或省煤器出口的烟道内。由于漏风，这里的氧量与炉膛出口的氧量有一个偏差。

氧量表的控制值与炉膛出口至氧量表测点的烟道漏风状况有关。运行监督氧量值时，必须保证锅炉的漏风工况正常。否则，当烟道漏风增加时，控制的氧量值也应增大。在漏风增大的情况下，若仍习惯按氧量规定值调节风量，就会使炉膛实际送风量偏小，锅炉运行经济性下降。

第二十四节　启动时如何控制汽温

在机组启动初期，主汽温度易超参数，经采取提高给水温度、降低汽机冲转压力、合理配风、控制燃料投入速率、控制给水流量等措施后，可以控制主汽温度在正常范围。下面以国产 300MW 机组举例说明。

1. 超温的原因

（1）启动冲转参数。

汽机规定冲转参数为主汽压力 3.0MPa，主汽温 320℃，再热汽压 0.8MPa，再热汽温 300℃。实际锅炉启动过程中，由于系统原因产汽量相对较少，造成汽温首先达到冲转条件而汽压不足，在等待汽压上升的过程中，汽温会继续上升。

（2）风量的影响。

锅炉点火初期，由于炉膛温度低，煤粉火延迟和燃尽率低、火焰中心抬高、水冷壁吸热量少，对流吸热所占比例较大。从理论上讲，减少二次风量总风量对降低汽温有一定作用。但如果降得太低，会造成煤粉着火不稳定。如果二次风总风量超过35%～45%的总风量，就会增加烟气量，抬高炉膛火焰中心，减少火焰在炉膛的停留时间，使水冷壁的辐射吸热降低，蒸发量降低。而过热受热面的吸热量增加，蒸汽冷却不足，使烟气温度升高、主汽温度升高，但压力增加缓慢。

（3）燃料量的影响。

由于锅炉点火初期的产汽量低，燃料量的增加速率如过快会造成蒸汽量的产生滞后于热量的产生，工质单位吸热量增加，汽温上升速率过快，从而造成汽温难以控制。另外随着炉膛温度的不断上升，燃料的燃尽率不断提高，在燃料量不变情况下，温度会持续升高。

（4）给水温度低。

由于进入省煤器的给水温度低，只有80℃左右，使得进入水冷壁的水温低，欠焓大，从而降低了水冷壁的产汽量，进入过热器的蒸汽量减少，致使过热器出口主蒸汽温度上升。

2. 解决措施

（1）降低汽轮机冲转参数。

降低汽轮机冲转主汽压力至2.8MPa，主汽温300℃，通过高、低压旁路调整再热汽压0.5MPa，调整再热汽温300℃。并且提前做好汽轮机冲转前的各项准备工作，在冲转参数达到后立即进行冲转，冲转后蒸汽流量的增加使受热面的冷却效果更好。

（2）控制合适的风量并合理配风。

启动初期将二次风风量控制在500～550t/h，控制后屏过热器处烟温测点不高于300℃，这样受热壁温及蒸汽温度都将便于控制。可以通过开启上层二次风和压低火焰中心来控制烟气温度。

（3）控制燃料量的投入速率。

燃料量的投入速率以控制主汽温度变化速率为依据，主汽温度变化速率≯1.5℃/min。当炉膛温度达到某一值时，煤粉燃烧会突然加强，此时应适当减少燃料量，同时依据配风控制主汽温度变化速率始终≯1.5℃/min。

第二十五节　等离子系统运行把控

目前等离子点火已在电厂锅炉启动中被广泛采用，为电厂节约了大量的燃油。等离子技术不断完善、设备和系统的改进使等离子点火更加稳定可靠，部分电厂现已取消燃油系统。

等离子点火应用应注意的几个问题：

（1）对应磨的煤质要符合等离子点火规范的要求，主要考虑煤的挥发分和灰分等（包括平时上煤）。

（2）检查离子体发生器的载体风、冷却水及整流柜控制电源运行正常。

（3）尽早进行磨煤机暖磨操作，以便在启磨后能保持较高的出口温度。

（4）上层磨进行适量通风，防止等离子磨跳闸后一次风压力突增。

（5）等离子拉弧正常且稳定后，可启动磨煤机投粉点火，控制煤量为磨最小运行煤量，一次风速控制在20m/s左右，根据着火情况适当调整煤量；煤粉细度尽量调小。

（6）在给煤机启动180s后检测无火，火焰保护联跳磨煤机，如再次点火，必须适当加大风量充分通风后再进行；如两次点火均不成功，必须查明原因并解决后再进行。

（7）点火后，应严密监视着火情况：火检强度、就地着火情况和等离子体温度。

（8）控制升温升压速度。

（9）等离子稳定运行是点火是否成功的关键因素之一，要根据着火情况和等离子体温度调整点火能量、煤量和一次风速等。

（10）第1台磨稳定运行，煤量达到80%左右磨出力，可按正常方式启动第2台磨运行。

（11）点火过程保持空预器连续吹灰。

（12）监视点火过程煤粉的燃尽性。

等离子事故案

事故经过：6月19日，1#机组在停备一周后安排启动。2时50分，投A层等离子首次点火，6个燃烧器中只有4个拉弧运行。由于炉膛燃烧始终不正常，分别于6时17分和7时07分2次投入F层等离子，但因燃烧器壁温高退出。8时23分，当A6等离子断弧时，触发了“同层燃烧器关断门关闭≥3个”跳磨保护条件，磨煤机跳闸，锅炉全燃料丧失MFT。8时44分，投A层等离子第二次点火。由于A4、A5拉弧不成功，值长要求热工人员在DCS中将A4、A5燃烧器关断门强制为开状态信号，同时将A磨强制具备启动条件。9时24分，A6发生等离子断弧，连锁关闭A6燃烧器关断门，造成A6火检无火。此时A层已有3个等离子拉弧失败，由于A4、A5燃烧器关断门被强制为开状态信号，未能正常触发“同层燃烧器关断门关闭≥3个”的跳磨保护条件。但是，由于火检无火，触发了“同层燃烧器断弧且火检无火≥3个”的灭火保护条件，导致全炉膛灭火MFT动作。

9时46分，投A层等离子第三次点火，又于11时43分投入F层等离子。A4和A5仍然拉弧不成功（A4、A5磨出口门仍强制为开状态）。值长要求热工人员在DCS中又将A5火检信号强制为有火状态；将F2关闭状态的出口门强制为开状态信号、火检信号强制为有火状态、等离子强制为启弧成功状态。12时37分，F4燃烧器壁温高熄弧冷却，并在熄弧前将F4燃烧器关断门在开状态挂禁止操作，导致F4熄弧后未能连锁关闭F燃烧器关断门，且供氧门一直开启。12时40分，F4重新拉弧成功后炉膛风压出现大幅度波动，12时41分，炉膛发生爆燃，炉膛压力高MFT动作。事故造成锅炉炉膛变形、水冷壁及支撑钢梁严重受损。

第二十六节 防止四管泄露的措施

在机组大、小（A、B、C）修前，针对机组运行状况和重大缺陷，专项制定机组“四管”检修中的“防磨防爆”检查以及特殊项目的技术措施，经批准后在检修中认真执行。加强检修过程监督，严格执行检修工艺标准，加强设备检修指导书及检修文件包的管理执行工作，正确指导设备的检修工作。加强检修人员的技能培训，防止因检修工艺不当或检修质量不良而造成的停机情况发生。

由于燃料变化较大，锅炉运行中偏离设计煤种较大，烟气含灰量较大，造成各部受热面磨损严重。针对燃料的变化，积极推行燃料配比与掺烧措施，保持燃料发热量及燃料输入量的相对稳定，避免发生急剧磨损。燃料做好来煤指标控制，严格按照环保要求指标控制来煤。

根据煤种情况，加强燃烧调整，注意风粉配合要均匀，燃烧室内火焰充满度好，防止火焰偏斜及气流冲刷炉墙；经常检查炉内燃烧工况及各点烟温、壁温情况，加强风压、炉膛负压、汽温、减温水量等表计、参数的监视，对炉膛及一次风口结焦情况做到心中有数。遇有低灰熔点的煤种及锅炉负荷高的情况，更应加强巡视；发现燃烧器结焦要及时清除，避免结焦加剧。

控制氧量在规定范围内，加强表计分析，热控保证表计投入正常，定期校验，确保其指示准确。维护、运行加强锅炉底部漏风、烟道漏风等锅炉本体漏风及制粉系统漏风的检查，发现缺陷及时联系检修进行处理，采取措施限制漏风量。加强对燃烧画面的监视，视煤种及负荷等的变化，及时调整风量，严禁缺氧运行。充分利用风粉在线监视仪表，监测风量配比。

严禁锅炉机组超温超压运行。任何时候均应严格控制升温升压速度在规定范围内，适当保证正常的风粉浓度，防止因烟气量大锅炉尾部受热面超温。注意高加运行情况，尽量维持较高的给水温度，防止过热器超温。由于高加故障需要退出运行时，应适当控制机组负荷，以保证过热器、再热器不超温为原则。

加强吹灰工作的管理和系统维护。定期对锅炉吹灰记录和炉管检漏报警系统进行检查，对异常现象组织分析，并根据具体情况对吹灰次数、吹灰压力、吹灰范围和吹灰管理等方面进行调整。吹灰工作应在燃烧稳定的工况下开展，尽可能不在机组低负荷运行时进行。严格执行吹灰器日常消缺、检修质量验收制度。

第二十七节　均衡燃烧控制系统

理想的燃烧是均衡的，传统燃烧控制系统的主要任务是保证进入锅炉炉膛的燃料总量与机组所需的燃料量相等，但这并不能确保燃料能平均分配至锅炉的每个燃烧器。尽管我们做了很多工作，但燃料的均衡性很难做到真的平衡，因燃料分配的非均匀性，造成了燃烧的不稳定、炉膛火焰中心的偏移及水冷壁结焦。

以四角切圆锅炉为例，假设流经同层的每个燃烧器的煤粉量相等，根据运行工况，总的煤粉量以最优比例分配给各层燃烧器，并称之为均衡燃烧控制系统（BCCS）。这种控制系统是建立在反馈及时的检测系统和调整系统的基础上的，通过在磨煤机出口安装新式分离器挡板，在出口一次风管道安装煤粉浓度测点，实现了实时监控煤粉浓度的功能，并通过其实时调整分离器挡板开度，解决了如何测量分配至每个燃烧器的燃料量及如何控制每个燃烧器的燃料量的问题，并采用了定量反馈控制理论设计给粉控制器。

通过在炉内加装声波测量温度场的设备，能够及时检测出锅炉断面热负荷的分布情况，对燃烧偏移有可视化、可量化的指示，将火焰辐射作为调节风粉浓度的反馈，效果不错，为进一步提高 CCS 调节品质开辟了新的有意义的切入点。

第二十八节 基于炉内热信号的燃烧控制

燃料在炉内燃烧时立刻能释放出能量。这个过程非常快，一般煤粉只在炉膛内停留 2s。而燃料进入炉膛后，压力要 30s 左右才能有反应，慢的要 1～2min。炉内热信号能够快速反应入炉燃料的变化。若能有一种手段精确测量的话，那么采用炉内辐射热作为调节变量进入燃烧控制，会大大提高机组协调性，对“两个细则”、环保控制的作用会优于一般的计算预控制。

传统控制方式：大多数的锅炉燃料量的控制都是通过主汽压力的变化来调整的，协调控制系统通过计算汽包压力得出锅炉能量信号。但是从燃料进入炉膛到主汽压力变化，是一个比较滞后的调节过程，广大司炉人员不胜其烦，虽然现在有很多新的算法解决此问题，例如模糊算法、预控制、自学习，但收效甚微。

更先进一些的控制方法是采用热量信号作为串级。因为煤质的变化是任何算法都无法及时应对的。热量信号是间接计量的一种方法。它利用热量信号来代替煤种燃烧率的变化，而热量信号是根据汽包压力计算出来的。汽包压力的变化率比主汽压力能够更快地反映燃烧变化，从而能够尽快地消除燃料侧的扰动。

采用炉膛燃烧温度作为串级控制系统，以主汽压力为主调，以炉膛温度为副调，调节速率会大大提高。但是，炉膛温度测点是一点的温度，炉内的温度场是三维的。在同一断面上，各点温度差很大，单点的温度不能反映整个炉膛内的燃烧状况，因此这种方法虽然好，却无法实施应用。

如果能够建立断面热负荷的数据，那么燃料控制会大大提高响应能力。其关键点就是锅炉辐射能的测量技术。

先来看一组曲线，如图 5－7 所示。

通过主汽压力与炉膛温度场测量的对比可以看出，温度场信号可以反映入炉

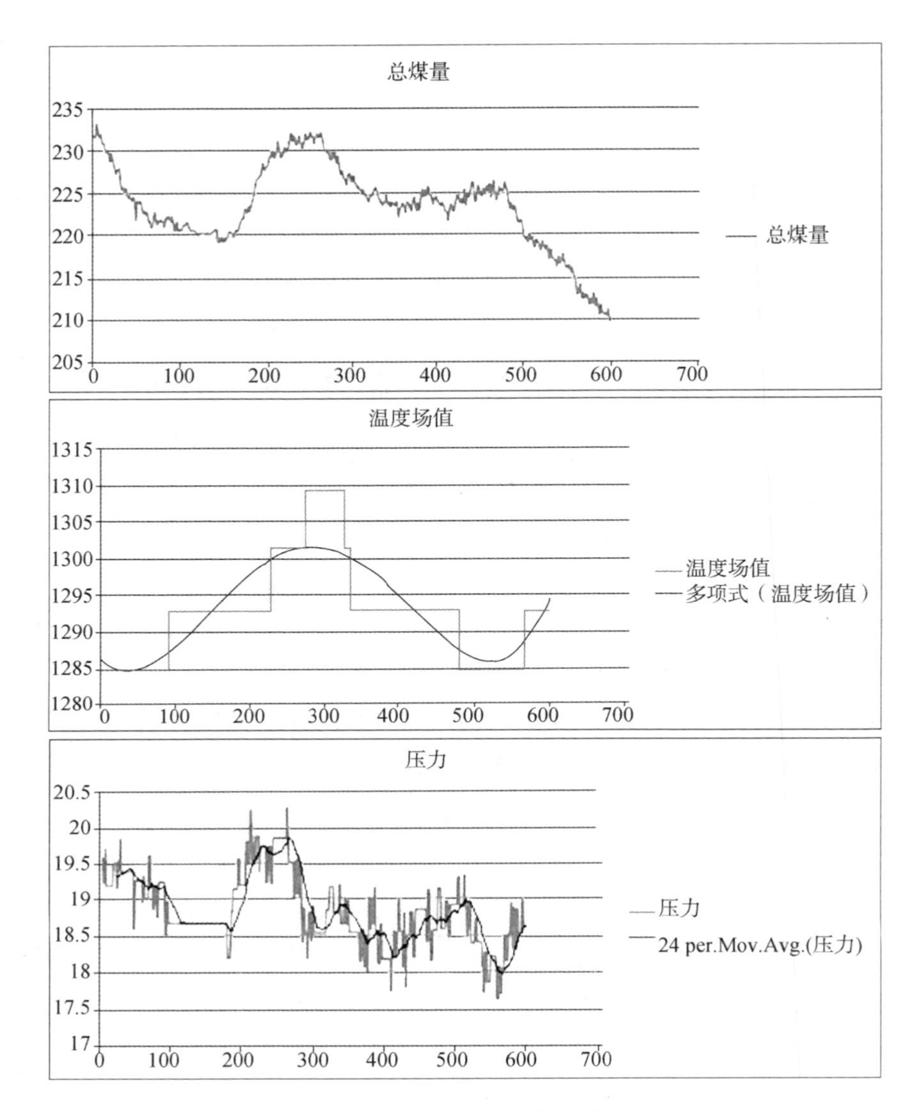

图 5－7　温度场与其他参数对照图

燃料量的变化，因此可以考虑将炉膛温度场信号引入燃烧控制系统，组成新的串级控制系统，通过直接掌握炉内能量信号，快速、准确地控制入炉燃料量、一次风量及二次风配比，有效提高机组变负荷能力，增加 AGC 跟踪能力，减少燃料、压力的波动，指导脱硝优化运行等。

炉内温度信号对燃料量变化的响应远远快于主汽压力对燃料变化的响应，即燃烧释放的能量具有快速反应入炉燃料量变化的特点。将炉膛温度作为被调量进入燃料主控，使原有的串级控制系统的内回路产生极快的反应速度，以消除燃料的自发扰动、克服燃烧对象迟延、滞后给协调控制带来的不利影响。

随着炉内温度场监测技术的不断完善和提升，声波法等德系免维护的硬件水平的提高，炉内温度场的数据将大大改善现有燃烧控制系统的效果，加快控制系统跟踪机组负荷变化的速度，从更深层次上改善锅炉侧与汽机侧在对象本质上的不平衡。

第二十九节 制粉系统保障措施

（1）完善备件台账，深化细化备件管理，从事故备件到日常维护备件及消耗性材料均需要备全备齐。

（2）重点做好制粉系统的检修工作，确保磨煤机的出力，提高磨煤机健康水平；深入研究磨煤机存在的问题，减少不利因素对磨煤机运行的影响。

（3）运行人员应严格按照《运行规程》操作，确保磨煤机通风量、出口温度、磨煤机油系统等参数符合条件。

（4）磨煤机在停运后必须进行“惰化”。制粉系统在正常停运时，应首先停给煤机，磨煤机可空转2~5min，确保磨内煤粉吹扫干净。烧褐煤的中速磨还应用蒸汽惰化。

（5）磨煤机未经吹扫停止时，必须关严磨煤机冷热风挡板、总风挡板和出口关断挡板禁止打开给煤机的观察孔和检修门，防止空气进入磨煤机筒体引起煤粉自燃。阀门挡板状态回不来时，必须就地确认开关状态。

（6）对设备漏点要及时填写缺陷通知单，消缺后做到设备上及其周围无积粉，防止消缺后积粉自燃。

（7）运行中的制粉系统严禁动火工作。

（8）磨煤机检修或机组停运时，磨煤机完全吹扫后才能停止，防止积粉自燃。

（9）停磨期间监视磨煤机、原煤斗各部温度变化情况，发现异常和火险，进行及时处理。

（10）中速磨暖磨期间必须开启给煤机、磨煤机密封风，防止发生给煤机皮带过热变形，原煤斗着火过热等现象。

第三十节　为什么锅炉汽包壁温差不能超过 50℃

汽包下半部分存有一定量的水，供水冷壁蒸发之用，而上半部分是蒸汽。锅炉在停炉冷却过程中，由于汽包上半部分接触的是蒸汽，而下半部分接触的是水，所以汽包上半部分冷却速度比下半部分慢，从而汽包上下壁面产生温差。按规定，温差不得超过 50℃，因此必须确保汽压不能急剧下降，否则会导致汽包下部分冷却过快，最终导致汽包上下温差超过 50℃。之所以规定上下温差不能超过 50℃，是因为温差大，会造成较大的热应力，同时停炉冷却期间汽包内压还较高，在热应力和内压的共同作用下，可能出现超过材料许用应力的情况，以致造成汽包损坏。

锅炉点火升温期间，汽包上下部分同样存在较大温差，也就存在较大热应力。但此时汽包内压较低，只要升温期间控制汽包上下温差不超过 50℃，汽包壁面应力仍会在许用范围之内。

可见，汽包在停炉冷却期间，如果压力下降太快，就会导致汽包下壁面降温过快，汽包上下壁面产生热应力比点火升温时更加危险。

1. 受到向上的外力引起。

当受到向上外力而发生弯曲变形时，汽包上半部分受到拉伸；汽包下半部分受到压缩。

2. 汽包在点火升温或者停炉冷却过程中，热应力过大。

由于上半部分壁面温度大于下半部分壁面温度，汽包上半部分膨胀量大，而下半部分膨胀量小。汽包作为一个整体，这就导致上半部分受到下半部分的限制而不能充分膨胀，结果使上半部分产生了压缩。汽包下半部分在上半部分膨胀量大的影响下，会被上半部分拉伸一起膨胀，结果使下半部分产生了拉升。所以汽包上半部分受压缩，下半部分受拉伸，导致汽包向上弯曲。

可见，同是汽包向上弯曲变形的情况，一个是由外力引起，一个是由热应力引起。

第三十一节 直流锅炉给水温度突降的原因与处理

1. 原因

高加退出运行，是造成锅炉给水温度突降的主要原因。当高加水管严重泄漏或爆破时将造成高水位保护动作而紧急停用，或由于高加保护装置误动、运行人员在高加有严重缺陷时的手动紧急停用等，均是高加退出运行的常见原因。当高加汽、水管道或阀门爆破时，由于加热蒸汽量减少或通过高加的水量增大，也造成给水温度的较大幅度下降。此外，由于除氧器压力降低造成高加进水温度下降，也是锅炉给水温度下降的原因之一。

2. 处理

正常运行中发生给水温度突降应迅速查明故障原因，并根据不同的情况作相应的处理。机组满负荷运行时，如果发生高加保护动作或紧急退出运行，为防止汽轮机中、低压缸过负荷，应马上按有关规定降低机组和锅炉负荷。在负荷不超过规定值的情况下，为了避免处理过程中对机组功率及锅炉燃烧工况造成不必要的挠动，燃料量可保持不变。在此基础上根据给水温度下降的幅度，按比例减少给水量，维持分离器出口及低过出口温度正常。与此同时，及时调整减温水量，保持主蒸汽温度正常。当给水自动动作不正常时，应及时切至手操进行处理。由于锅炉本身具有一定的蓄热，且温度较低的给水进入锅炉各受热面需要一定的时间，因此当发生给水温度突降时，锅炉各段工质温度将延迟一段时间后才开始陆续下降。由此可见，给水流量的减少不应与给水温度的下降同步，而应滞后一段时间。运行经验表明，待省煤器出口温度发生变化后再开始减水较为适宜，一般这段滞后时间约为3min左右。减水幅度要与当时锅炉负荷的高低相符。

机组高负荷运行时，如发生高加突然退出运行，当机组采用机跟炉控制方式运行时，很有可能造成机组负荷瞬时超限和再热器进、出口压力升高、再热器安全门起座或低压旁路阀自行打开，高加全部停用时机组负荷将上升20MW。对于采用汽动给水泵的锅炉而言，在发生安全门起座、向空排汽阀或高、低压旁路阀打开时，还应特别注意由于抽汽压力降低造成的给水压力下降。

高加汽水、管道或阀门发生爆破时可听到爆破声和汽水外喷声，爆破点附近汽水弥漫，事故处理时应特别注意人身安全。当给水管道爆破时还将造成给水压力下降。当采用开大给水调节门，降低主汽压力措施后，如给水流量尚能维持在额定流量的30%以上时，应立即紧急降低机组负荷，维持燃料与给水的比例正常，调整风量，控制锅炉各工况正常，同时汇报总工程师，要求申请停炉。当给水流量低至紧急停炉低条件时自动MFT将动作，否则应手动MFT紧急停用锅炉。凡因汽水中断而停炉者，应对受热面进行全面检查，只有在确认无过热和损失现象后方可向锅炉进水。

第三十二节　二次再热锅炉汽温的调整

再热汽温调节是保证锅炉稳定运行的关键技术之一，影响再热汽温的因素可分为烟气侧和蒸汽侧2方面。目前大多数一次再热机组再热蒸汽气温调节采用烟气挡板和喷减温水2种主要手段，必要时配合燃烧调整。为减少热损失，再热器出口蒸汽温度应尽量少使用或不使用喷水调节。对于二次再热机组，主要考虑烟气侧的调温方式，已采用或拟采用的调温方式有：烟气再循环、烟气挡板和摆动燃烧器。如日本川越电厂1#、2#炉、丹麦诺加兰德电厂3#炉采用烟气再循环调节方式，国电泰州电厂2×1000MW塔式二次再热锅炉采用双烟道烟气挡板及摆动式燃烧器调节二次再热汽温；华能莱芜电厂2×1000MW塔式二次再热锅炉、华能安源2×660MW Π型二次再热锅炉均采用烟气再循环和烟气挡板配合，以及摆动式燃烧器调节二次蒸汽温度。此外还有三烟道挡板调节方案，并已经对其进行了冷态模拟实验。

烟气挡板调温方式，是将塔式锅炉的对流竖井上部（或Π型锅炉尾部竖井）烟道分成2部分，分别布置再热器和过热器。调节分隔烟道下部烟道挡板的开度，就可改变流过两烟道的烟气流量比例，从而改变过热器和再热器的吸热量。如负荷降低时，开大装有再热器一侧的烟道挡板，关小另一侧烟道挡板，就可提高再热蒸汽温度。烟气挡板调节再热蒸汽温度，还可采用3个烟道并列布置方式，3个烟道分别布置过热器、一次低温再热器、二次低温再热器和省煤器。根据吸热比例确定受热面布置位置和数量，并与高温受热面布置相匹配，一次低温再热器布置在后烟道内，二次低温再热器布置在前烟道内，低温过热器布置在中烟道内。每个烟道出口分别布置烟气调节挡板，共3个挡板。

研究分析，对于采用三挡板调节再热汽温，由于低温过热器汽温变化幅度较小且可通过喷水调节，在二次再热汽温调节过程中，可以采用固定低温过热器挡板开度不变的策略进行汽温调节控制，即采用维持低温过热器烟气挡板基本不变，一级再热器挡板调节一次再热蒸汽温度，二级再热器挡板调节二次再热蒸汽温度的控制方案。在这种方案下，一级再热器烟气挡板和二级再热器烟气挡板可以保持在调节性能较好的开度范围内。由于低温过热器的温升小，可以通过喷水调节汽温。以喷水微调再热器系统的汽温偏差进行辅助调节，直至挡板调温达到平衡，当负荷稳定时做到基本无喷水。挡板调温方式相对来说，设备简单，操作方便，但有时挡板易产生热变形，降低了调温的准确性。此外在低负荷时烟气流量和挡板阻力下降，挡板的调温功能亦随之降低。对于烟气挡板 + 喷水减温 + 摆动燃烧器的再热蒸汽调温方式，可确保一次再热蒸汽出口温度在 50% ~100% BMCR 工况下达到设计值，而二次再热蒸汽出口温度只能满足在 65% ~100% BMCR 工况下达到设计值。

为了使二次再热蒸汽出口温度能够在中低负荷工况下也达到设计值，烟气再循环调温方式成为有效的解决手段。烟气再循环风机入口可以接在省煤器出口或除尘器出口，循环风机出口接在炉膛冷灰斗底部。烟气从炉膛底部送入，炉膛温度水平下降，炉膛辐射吸热量减小，炉膛出口温度几乎不变。由于烟气量增加，烟气流速增大，提高烟气侧的传热系数，对流传热量增加，汽温升高，改变锅炉辐射和对流受热面的吸热比例，从而调节蒸汽温度。

此外，由于炉膛温度水平降低，炉内氧浓度减小，抑制 NO_x 的生成量，减少了污染，同时由于热负荷的降低，还可防止水冷壁管内传热恶化。这种调温方式可以满足中低负荷工况下的二次再热蒸汽温度达到设计值。当循环风机进口接在省煤器出口时，高粉尘、高工作温度、低烟气密度、高风机转速将使得循环风机可靠性降低，电耗增大；当循环风机进口接在除尘器出口时，则会使得空气预热器处烟气侧流量增加 10% ~20%，造成锅炉排烟温度上升，锅炉效率降低。

第三十三节 调峰时的注意事项

深度调峰就是受电网负荷峰谷差较大影响导致各发电厂降出力的一种运行方式。深度调峰的负荷范围超过电厂锅炉最低稳燃负荷以下，一般在 70% MCR 左右。深度调峰期间以稳定锅炉燃烧为第一要务，其他指标控制只有在保证锅炉稳燃的基础上才可适当考虑。

注意事项：锅炉以稳定燃烧为主，严密监视火检情况，发生异常情况要果断投油稳燃，同时保证燃煤的热值和挥发分稳定。汽机及时投切轴封汽源，关注小汽机运行状态、各水箱和加热器水位以及各油泵、电泵试运和备用良好。

（1）低负荷运行时，喷燃器摆角尽量保持在水平位置。若因运行工况确需摆动喷燃器角度，应缓慢操作，禁止大幅度调整摆角。汽包水位保护全程投入，要加强汽包水位及汽温的调整、监视，锅炉水盘必须安排专人值守，尽量少用减温水，防止因3台磨煤机运行造成汽温过低。

（2）锅炉低负荷运行时不允许进行锅炉炉膛吹灰，防止锅炉灭火；空预器、省煤器、再热器可进行吹灰。

（3）调度负荷曲线下降很快时，各项调整操作一定要缓慢，防止出现较大扰动。制粉系统的出力调整应遵循稳定下层的原则，及时对风量进行调整，控制氧量在3.5%～5.5%之间，低负荷控制在高限运行，适当提高磨煤机分离器出口温度。

（4）加强汽水品质的监督管理，尤其是加强夜间机组深度调峰时汽水指标的化验、数据记录、对比分析工作，严格执行《火力发电厂水汽化学监督导则》相关要求及标准。

（5）冬季供热期机组进行深度调峰期间，无特殊情况暖风器必须投入，以提高炉膛燃烧稳定程度。供热期深度调峰运行期间，严格控制供热抽汽压力不低于0.20MPa，同时要确保低压缸冷却流量，必要时可降低供热负荷；加强对供热系统的检查，防止加热器及管路振动。

（6）2台引（送）风机静（动）叶开度应尽量接近（偏差不超过5%），增减风量时2台引（送）风机同步调整，避免风量和风压的不平衡，在风机投入自动时严格监视其调整的同步性。在增加静（动）叶开度时发现电流无变化，要立即查找原因，禁止盲目增加静（动）叶开度。在增减负荷过程中，安排专人监视风烟系统画面，一旦发现引（送）风机电流偏差大于10A，立即解除自动，手动调平。

第三十四节　调整汽温的方法

大型燃煤锅炉中，蒸汽温度可以从蒸汽侧和烟气侧来调节，以达到机组负荷要求。从蒸汽侧调节蒸汽温度，需通过一定的手段来改变蒸汽热焓，达到调节蒸汽温度的目的，主要方法是喷水减温法；从烟气侧调节汽温，则需通过改变锅炉内辐射吸热量和对流吸热量的比例来实现温度的调节，主要方法有：分割烟道挡板法、改变火焰中心法和烟气再循环法。

1. 喷水减温法

喷水减温法是通过喷水减温器将温度较低的水喷入蒸汽管道内，从而达到调节蒸汽温度的目的。喷水减温法灵敏度高、迟滞性小，便于自动化控制，再加上调温幅度大、设备结构简单，所以在电站锅炉上获得了广泛的使用。在大型锅炉的过热蒸汽温度调节系统上，一般采用两级喷水减温。第一级的位置在辐射过热器前，用于保护过热器，减温水量大，对蒸汽温度的调节幅度也大；第二级布置在最后一级高温过热器前面，减温水量较小，对过热蒸汽温度进行细微调节。当然，喷水减温法一般只用于过热蒸汽温度的调节和发生事故情况下的调节方式，而不在再热器中使用。这是由于当对再热器进行喷水后，会增加蒸汽流量，使工质做工能力下降，最终导致机组的热效率下降。因此，在机组正常运行工况下，不宜采用喷水调温方式对再热器汽温进行调节控制。

2. 分割烟道挡板法

分割烟道挡板法控制再热蒸汽温度是调节再热蒸汽温度的主要手段之一，同时配合喷水减温法，可达到精确控制再热汽温的目的。采用分割烟道挡板法调节蒸汽温度的锅炉，在其尾部竖井烟道中有分割挡板将其分成 2 部分，再布置低温过热器和低温再热器。调节挡板开度，就可以改变两侧的烟气流量，达到调节再热汽温的目的。分割烟道挡板法结构简单，操作方便，在大型电站锅炉都有使用。其缺点是汽温调节的迟滞性太大，调温范围小，大部分只能局限于 0% ~ 40% 范围内，挡板对温度要求高，只能在 400℃左右温度下工作。

3. 改变火焰中心法

改变火焰中心法就是通过调节燃烧器倾角来改变燃烧中心。改变火焰中心位置需采用摆动燃烧器。通过调节摆动式燃烧器喷嘴的倾角，改变煤粉喷射出去的角度和位置，使得煤粉燃烧的位置不同，烟气在炉膛里停留的时间也不同，炉膛的出口烟气温度不同，受热面的辐射传热量和对流传热量也不同，从而达到调节蒸汽温度的目的。实际运行中，在高负荷时，燃烧器向下倾斜；在低负荷时，燃烧器向上倾斜。摆动式燃烧器的摆动角度范围一般在为 20° ~30°，对应的炉膛出口温度变化范围为110~140℃，再热蒸汽温度变化范围为40~60℃。通过改变火焰中心位置调节再热蒸汽温度，其优点是非常敏感，迟滞性小。但燃烧器的倾角不宜过大，会增加未完全燃烧损失，下倾角过大还会造成冷灰斗的结渣。

4. 烟气再循环法

采用烟气再循环法调节再热蒸汽温度，就是将锅炉尾部受热面温度较低的一部分烟气通过再循环风机送入炉膛，通过改变烟气温度和烟气流速来调节锅炉炉膛以及各受热面的吸热量比例，达到调节再热汽温的目的。

当再循环烟气送入炉膛后，炉膛温度水平降低，传热温差减小，辐射传热量减少，但炉膛出口烟温变化不大。对于对流受热面而言，烟气流量的增加导致烟气流速增加，对流传热系数增加，对流传热量增加，蒸汽温度提高。而且，对流受热面离炉膛越远，其效果越明显。这是由于离炉膛出口近的高温对流受热面，只是由于烟气流量的增加使得传热量增加，其传热温差基本保持不变；而离炉膛出口远的对流受热面，不但烟气流量增加了，同时传热温差也增加了，因此对流传热量增加更多。烟气再循环的优点是温度调节幅度大，迟滞性小，灵敏性高，可用于汽温的微调，在某些大型电站锅炉中还用来减少大气污染。但这种方法需要添加再循环风机，增加厂用电率，也会导致燃料的未完全燃烧损失和排烟损失增加。

第三十五节　蒸汽侧对汽温的影响

1. 饱和蒸汽湿度

饱和蒸汽湿度越大，含水量越多，汽温越低。饱和蒸汽湿度与汽水品质、汽包水位高低和蒸发量大小有关。当锅水品质差、含盐量增大时，容易造成汽水共腾引起蒸汽带水；当汽包水位保持过高，汽包内部旋风分离器分离空间减小，汽水分离效果下降容易引起蒸汽带水；当锅炉蒸发量突然大增或者超负荷运行，蒸汽流速增加，蒸汽携带水滴能力增强，会造成饱和蒸汽携带水滴的直径和数量大增。上述几种情况均会造成汽温突降，严重时威胁汽轮机安全运行，因此，运行中要尽量避免。

2. 负荷（锅炉蒸发量）

一般锅炉的过热器汽温特性整体呈对流型，再热器汽温特性，为对流型，所以，在负荷增加时汽温上升；反之，汽温下降。再热汽温有一定的滞后性，提前控制很重要。在加负荷过程中，可能存在锅炉燃烧暂时跟不上的情况，因为这个时段烟气温度和烟气量增加不多而蒸汽量增加很快，导致主、再热汽温汽压下降，此时应根据汽温情况提前预控，防止汽温大幅上升。同理，减负荷时要提前控制减温水，甚至全关减温水，防止汽温突降。

3. 主汽压力

压力升高，饱和温度随之升高，则从水变为蒸汽所需的热量增加，在燃料量不变的情况下，锅炉蒸发量瞬间减少，即通过过热器的蒸汽量减少，且过热器入口的饱和蒸汽温度上升，导致汽温升高；反之，压力下降，汽温下降。但是压力变化对气温的影响是一个暂时的过程，随着压力降低，燃料量及风量会增加，汽温最终会上升，甚至上升的幅度会很大。理解这一条的原则为：压力高时谨防灭火，压力低时谨防超温。

4. 给水温度

给水温度升高，产出相同蒸汽量所需燃料量减少，烟气量相应减少且流速下降，炉膛出口烟温降低。整体上，辐射过热器吸热比例增加，对流过热器吸热比例减少，根据偏对流过热器和纯对流再热器特性，主、再热汽温下降，减温水量减小；反之，给水温度降低，将导致主、再热汽温升高。实际运行中在进行高加的解列和投入操作时尤为明显，要多加关注，及时调整。

5. 一、二级减温水量

过热器一级减温水在屏过前低过后喷入，主要用于保护屏过，防止屏过管壁超温，同时对过热汽温进行粗调；二级减温水在屏过与高过间喷入，对汽温进行细调。一级减温水的投入原则是保护屏过不超温兼顾汽温调整在正常范围，二级减温水量在保证汽温正常的基础上尽量少投或不投。由于二级减温水量变化对汽温变化影响较快、较大，运行中禁止大幅度操作，防止汽温突升突降。再热汽温的调整设计上用烟气挡板调整，事故喷水减温在再热器入口布置要确保是异常情况下防止再热汽温超限而少量喷入，投入时要确保减温器后温度有一定的过热度。

不论是烟气挡板，还是喷水减温，调整再热汽温均存在滞后性比较大，所以加减负荷、切换磨煤机等变动工况运行应有预见性，减温水和挡板同时配合调整，和过热温调整要同步进行，否则，将很难控制。由于再热器减温水投入后对机组效率降低明显，所以，在保证安全经济运行的前提下，尽量不投或少投减温水，应采用烟气挡板和燃烧调整满足再热汽温要求。

第三十六节　烟气侧对汽温的影响

1. 燃烧强度

负荷不变的情况下，若燃烧加强（风量、煤量增加），则主汽压力上升，主汽温度及再热汽温会由于烟温和烟气量增加有所上升；反之则下降。汽温的变化幅度与燃烧变化的幅度有关。

2. 火焰中心（燃烧中心）位置

当炉膛火焰中心上移，炉膛出口烟温升高，由于过热器、再热器均布置在炉膛上部，因而吸收的辐射热量增加，导致主、再热汽温升高。运行中常见的就是当磨煤机切换为中上层磨煤机运行时，主再热汽温度均上升。此外，当锅炉炉底水封失去时，炉膛负压将冷空气从炉底吸入，抬高了火焰中心，会造成主再热汽温大幅升高，严重时会造成汽温、过热器壁温全面超限。

3. 煤质

煤质差，即发热量低、挥发分低、灰分、水分含量高，维持相同蒸发量所需燃料量相对增加，同时煤中水分和灰分吸收炉内热量所占比例增加，造成炉膛出口炉温降低。这对辐射型即屏式过热器影响较大，导致其吸热降低，汽温下降。对流型过热器则相对复杂一点，一方面，其入口烟温下降，影响汽温下降；另一方面，要保证同样的蒸发量，当燃用煤质变差时就要相应增加燃料量和风量，造成烟气热容积增大，流经对流过热器的烟气量和流速增加，使汽温上升。同时，因为煤质差，着火点就会推迟，相应地会造成火焰中心抬高，使汽温上升。

因此煤质差，致使汽温上升、下降的因素都有，要看哪个因素影响大。汽温上升的主要原因是在负荷不变的情况下，由于煤质差、煤量增加，煤主控指令增加，送风量也增加，烟气量增加，由于过热汽温、再热汽温均为对流特性，烟气量的增加会使过热器、再热器在蒸汽流量不变（负荷一定）的情况下，吸收烟气的换热量增加，致使蒸汽温度升高。当煤质较好（发热量高、挥发分高、灰分低）时，会因为相同负荷下燃烧产生的烟气量小，汽温偏低。值得注意的是，当燃用煤质的发热量高但挥发分低时（如无烟煤或挥发分很低的贫煤），由于其在炉膛内不能完全燃烧，仍有一部分未完全燃烧的碳粒会被烟气携带至过热器区域燃烧，因此可能会造成主、再热汽温升高。因此运行中应注意煤质变化情况，分析判断其对汽温的影响趋势，提前做好预控调整。

4. 煤粉细度

煤粉变粗时，煤粉在炉内燃尽时间增加，火焰中心上移，炉膛出口烟温升高，汽温上升；煤粉变细时，其在炉膛内即可实现完全燃烧，水冷壁吸热增强，但过热器吸热相对减少，主再热汽温随之下降。

5. 风量大小

风量大小直接影响烟气量的大小，也就是对对流型过热器及再热器影响较大，锅炉设计中一般过热器汽温特性都是偏对流型，再热器汽温特性也多是对流型的，所以，风量增加汽温上升，风量减小汽温下降。

6. 吹灰、打焦及受热面清洁程度

受热面清洁程度对汽温影响非常大，当受热面积灰或结焦后，换热能力急剧下降（灰的换热系数是钢的1/40），因此，当不同的受热面积灰或结焦时，对汽温的影响是不同的。一般来说水冷壁积灰结焦，其吸热量下降，这些热量会由烟气携带至过热器、再热器区域进行释放。而流经过热器、再热器中的蒸汽量不变，所以过热汽温、再热汽温必然上升。进行炉膛吹灰后，水冷壁清洁，水冷壁吸热量增加，过热器、再热器吸热量减小，汽温自然下降。同理，对过热器、再热器受热面吹灰后，汽温会升高，减温水量相应增加。吹灰效果越好，汽温变化越明显。

因此，在锅炉吹灰时，要根据所吹区域掌握汽温变化趋势，及时调节减温水量，避免汽温突变。应当指出，这里分析的汽温变化是在本区域吹灰结束后的一个总体变化趋势，在实际锅炉吹灰过程中，往往出现吹的是A侧过热器区域而A侧过热汽温降低，这种情况也属正常。主要是2个方面的原因：一是吹灰是一个漫长的过程，整个受热面的清洁是一个渐进的过程，不可能吹1个吹灰器就能表现出汽温特性来；是当进行吹灰时，由于吹灰蒸汽温度低于烟气温度，可能造成被吹区域的烟温、烟气流速降低，进而导致本侧汽温降低。随着吹灰的不断进行，越来越多的受热面变得清洁，汽温越来越高、减温水量慢慢增加。

7. 烟气量

再热汽温调整设计为烟气挡板的调节，其原理就是通过改变流过低温对流再热器烟气量大小来调节再热汽温。对于对流型过热器、再热器，烟气量即流速（流通面积是一定的）对对流换热量影响很大，烟气量增加汽温上升，减少汽温下降。

第三十七节　负荷变化对汽温的影响

负荷变化时，由于炉内辐射换热的特性，单位燃料传给过热器、再热器的热量比也要发生变化。

当燃料增加时，炉膛出口烟温升高，炉内单位辐射热减少，对流总热量增加，且辐射热减少的部分就是对流热增加的部分。在总对流热中，对流过热器和对流再热器的吸热量所占份额要比其他对流受热面大得多，而炉内换热面，辐射热吸收份额多数被水冷壁吸收了。因此，负荷增加时，对流受热面吸收的热量大于炉内辐射热减少的份额，总的表现是过热器、再热器吸热量总体增加，主、再热汽温提高。或许有人认为，涨负荷加煤量当然汽温升高，但负荷变化时，辐射热与对流热变化趋势是不同的。只有建立起这个思维，才能在各个负荷段对主、再热汽温的变化有一个可靠地判断。如在低负荷情况下，涨负荷时，过热汽温升得快，一级减温水耗量会增加，而再热汽温可能迟迟提不上去。这与对流、辐射受热面的换热比例有关，或者改造燃烧器后造成的辐射热份额增加。

第三十八节　高加停运对锅炉的影响

高压加热器，是利用汽轮机的部分抽汽对给水进行加热的装置。在电厂为了减少能源损耗，把一部分做过有用功的高压蒸汽抽出来，用来加热锅炉给水或其他热交换，如低压加热器、预热器等等，把锅炉给水温度逐级提高，节省燃煤或其他能源物质。

高加停运对锅炉的影响：①锅炉给水温度下降；②排烟温度下降，空预器低温腐蚀；③锅炉热风温度下降影响燃烧温度；④锅炉蒸发吸热量增加，过热吸热量不变，在未及调整情况下过热蒸汽温度升高；⑤锅炉效率下降。

某厂1#机组3台高加于2016年2月26日退出。高加停运之后，在相同负荷下锅炉给水温度降低约100℃，造成锅炉蒸发吸热量增加，需要从烟气中吸收更多的热量，导致排烟温度下降，促进硫酸氢铵的生成。

表5－1为高加退出前后乙侧空预器差压及其对应送、引风机电流的参数（高加停运前，乙侧空气预热器已经出现轻度积灰迹象）：

表5－1　高加退出前后乙侧空预器差压及其对应送、引风机电流的参数

时间	负荷/MW	主汽流量/（t/h）	空预器差压/kPa	引风机电流/A	送风机电流/A
2.26	230	800	1.5	120	24
2.27	230	800	1.9	160	26
2.29	240	800	2.4	160	26
3.03	310	1020	3.7	280	35

不难发现，高加停运后，在短短的几天内，由于排烟温度降低，导致硫酸氢铵生成量增大，进而造成空预器堵塞的现象愈发恶劣。而且堵塞现状已经严重影响到了机组的安全经济运行，采取有效措施迫在眉睫。

通过空预器升温来治理高加停运造成的空预器堵塞。表5－2为实验前后乙侧空预器差压及其对应送引风机电流数据对比：

表5－2　实验前后乙侧空预器差压及其对应送引风机电流数据对比

时间	负荷/MW	主汽流量/（t/h）	空预器差压/kPa	引风机电流/A	送风机电流/A
试验前	260	820	2.9	160	24
	330	1020	3.7	280	35
试验后	260	820	1.4	140	24
	330	990	1.75	190	30

当采取措施后，空预器差压及其对应送引风机电流下降非常明显，尤其是在高负荷时更为明显。整个空预器运行工况大大改善，且对其他辅机与脱硫除尘等设备无不良影响。

高加解列对于汽温的影响：

高加解列，高加抽汽终止，主汽流量降低，而炉膛燃烧有一定的迟滞性，汽压、汽温升高。高加解列后给水温度降低，进入锅炉蒸发段后，汽化热增加，原燃烧工况下蒸发量减少，负荷降低，汽压、汽温回落。若保持负荷不变，必须加强燃烧，此时如果未及时调整减温水，易造成汽温超温。

高加解列，抽汽量减少，使得高压缸做功增多，为了维持机组负荷不变，进行高调门关向调节，主蒸汽流量减少，通过过热器的蒸汽流量减少，造成过热汽温在短时间内上升；同时流过再热器的蒸汽流量增加，导致再热汽温下降。

由于给水温度大幅下降，进入水冷壁的工质温度降低，水冷壁吸热量增加，蒸发段后移，过热段减少，过热汽温下降。同时水冷壁吸热量增加，导致炉膛出口烟气温度降低，机组效率由于高加解列而降低。为了维持机组负荷，增加煤量，炉膛温度升高，辐射放热量增多，水冷壁吸热量增加，蒸发段前移，过热段加长，过热汽温上升。燃料量的增加导致炉膛出口烟气温度与流量均上升，再热器受热面吸热量增加，再热汽温上升。

第三十九节　控制壁温的措施

锅炉的各级过热器出口都安装壁温测点，测点位置一般在炉顶包厢里，对外换热较弱，一般用这些温度测点代表管子内工质的出口温度。

管壁温度与管子的最高允许温度并不相同，但两者有一定关系。控制出口壁温在报警点以下，即可保证炉内管子不超温。在锅炉变负荷过程中，首先要掌握哪些壁温是敏感点，变化趋势比较明显；其次通过调整粉管分配和二次风配比，有目的地控制敏感管壁的温度。

炉外管壁温度变化趋势在启动、停炉过程中要做好记录，尤其是锅炉冷态上水过程中。通过壁温情况的变化，可以了解联箱对介质的分配情况，这种方法简单易行，比起电科院采取的其他复杂的流量分配试验更可行。

壁温监视还要注意屏式过热器的低负荷特性，锅炉的分隔屏、后屏辐射吸热特性比较明显，在低负荷时单位工质值增量比高负荷时焓要高，在低负荷情况下，后屏更容易超温，一级减温水量会增加。

第四十节　锅炉水冷壁水循环故障

通过研究水冷壁汽水两相流的流型与传热可知，水冷壁水循环故障将导致水冷壁爆管。水冷壁爆管的根本原因在于水循环恶化，水冷壁得不到正常的冷却所致。导致水冷壁水循环恶化的因素是多方面的，在锅炉正常运行时，出现的问题主要有循环停滞、循环倒流和汽水分层。

1. 循环停滞

循环停滞发生在受热最弱的某根上升管中。循环停滞时，上升管的水流速度很慢，热量的传递主要靠传导。由于热量不能及时被带走，管壁就会超温，极易造成过热而烧坏。同时由于水面波动，水面附近的管壁受到汽、水交替接触，所产生交变热应力是导致管子疲劳而造成破坏。

2. 循环倒流

循环倒流的现象发生在当上升管引入汽包的水之间，且当该管受热很弱以致其重位压差大于回路的共同压差时。因此，只有当上升管的流动阻力为负值时才能达到平衡，也就是汽水的流向颠倒，该上升管就变成一根受热的下降管。倒流发生时，管内的蒸汽泡不能被带走，这些汽包聚集长大形成汽塞，而形成汽塞的这部分管壁的温度升高或壁温交变，最后导致管壁超温或疲劳损坏。

3. 汽水分层

当汽水混合物在水平或倾斜的管子中流动时，由于汽水密度的不同，水倾向于在下面流，汽倾向于在上面流，严重时，汽水会分开出现一个清晰的分界面。出现汽水分层时，管壁上部的温度高于下部，产生管壁上、下之间的壁温差，形成温差热应力，同时由于管中水的起伏波动，在汽和水交界面处会产生温度交变应力，在该应力作用下，水冷壁受到破坏。如果平均受热情况不变，受热弱的管子受热更弱，则该根管子越容易发生停滞、倒流。若每根管子受热相同，则不会发生停滞、倒流。

引起水循环故障的因素有：

（1）下降管阻力的影响。

下降管阻力系数影响下降管压差特性曲线是，下降管阻力越大，下降管压差越小，在上升管吸热不变的情况下，使回路工作点的压差下移，流速减小，更容易发生停滞、倒流。

（2）下降管带汽。

下降管带汽导致下降管压差减小，对水循环极为不利。下降管带汽主要有以下几方面的原因：下降管入口形成涡斗，蒸汽自锅筒水面上随水流而带入下降管中；来自上升管中的蒸汽被流向下降管的水流直接带入下降管中；因流动过程中压力降低而引起自蒸发；下降管受热引起汽化。

（3）汽水引出管的阻力。

汽水引出管的阻力很大时，回路工作点流量小，水冷壁管屏的工作点压差高，易于超过其受热弱管子的停滞压差或最大倒流压差，严重影响水循环可靠性。

（4）上升管阻力系数不同。

上升管阻力系数不同主要是由平行连接的管子结构不同引起的，如有的管子因为绕过燃烧器、人孔、观火孔等而有更多的弯头和长度。此问题可从2方面分析，首先，阻力大的管子是受热弱的管子，在同样压差下受热弱管子的流量进一步减小，故受热弱的管子不宜有更多的弯头和长度；另一方面，若平均受热的管子阻力增大，而受热弱管子阻力不变，在同样的压差下，受热弱管子的流量反而增加，这对倒流而言也有好处，提高了受热弱管子的安全性。当然平均受热管流量减小会使出口干度增大，回路循环倍率下降，若整个回路的循环倍率已经很小，则对受热强的管子不利。如果整个回路的循环倍率很大（通常低压力时），则可用提高受热强管子阻力的办法来提高受热弱管子的流量，同时还可降低回路的循环倍率，以减轻汽水混合物进入汽包时的扰动。

第四十一节　防止锅炉受热面发生超温的经验

受热面超温将引起金属组织老化，产生蠕变爆管，受热面高温氧化腐蚀将导致管壁减薄而无效。在开机过程中，并屏过热器、水冷壁后墙和水冷壁垂直管容易出现超温，正常运行过程中或事故情况下，末级过热器、末级再热器、水冷壁后墙、水冷壁垂直管及水冷壁螺旋管等最容易出现超温的情况。

1. 启动过程中

（1）锅炉启动过程中要严格按启动曲线进行升温、升压，当蒸汽流量≤10% BMCR时，严格控制炉膛出口烟温不大于540℃，防止再热器受热面干烧。

（2）锅炉水压试验或化学清洗后，由于过、再热器积水，启动初期受热管内形成水塞，阻碍了蒸汽畅流，在积水蒸干以前应严格控制锅炉燃烧率及炉膛出口烟温。

（3）锅炉点火前，按要求进行凝结水、给水及锅炉冷态循环清洗；点火后，当分离器出水温度在260～290℃时，保持炉水温度稳定进行热态清洗；严格执行直流锅炉汽、水品质要求，当汽、水品质不合格时，严禁锅炉转入干态运行，以防止受热面内壁结垢，引起受热面金属传热恶化而超温。

（4）开机过程中，要严格按旁路曲线控制高、低压旁路的开度；当前屏过热器及再热器壁温偏高时，应适当开大高、低压旁路的开度，降低主汽压力，同时适当降低给水流量，尽量通过提高辅汽联箱压力，随机投运高、低加运行来提高给水温度，增加锅炉产汽量，从而产生更多的蒸汽对屏过及再热器管壁进行冷却。

（5）为防止启动过程中各管壁之间流量不均引起水冷壁超温，锅炉点火前必须满足锅炉最小启动流量要求。

（6）锅炉干、湿态转换应平稳进行，垂直管和后墙悬吊管可能产生两相流，引起水力不均性而造成管壁超温，此时应防止煤量或给水大幅度波动，适当增加过量空气系数以改善管壁温度，尽量减少锅炉在干、湿态转换过程中停留时间。

2. 正常运行过程中

（1）保持合适的水煤比，控制分离器出口蒸汽的过热度在正常范围内波动，当给水或煤量自动失灵时，应切到手动进行干预。

（2）发现受热面壁温超温时，首先应从运行调整角度去降低壁温，如调整无关效，应适当防低主、再汽温或降低锅炉负荷。

（3）启动磨煤机时，应控制好锅炉加负荷的速率，避免加负荷过快导致超温现象的发生。

（4）根据燃烧的需要及时调整各层燃烧器配风，保持合适的火焰中心，尽量减小炉膛出口烟温，减小同一层燃烧器一次风粉的浓度及速度偏差，防止锅炉火焰偏斜或贴墙；发现同一层燃烧器摆角位置或辅助风开度不正确时，应及时联系设管部处理；对于易出现超温的受热面，应进行针对性较强的燃烧试验，制定合理的运行方式。

（5）通过改变反切辅助风的开度大小，尽量减小或消除四角切圆锅炉炉膛出口两侧烟温及两侧主、再热汽温的偏差。

（6）调节主、再热汽温在正常范围内，防止因汽温超温导致金属壁温超温，减温装置应投入自动，防止减温水在手动时，运行人员监控不到位导致超温。

(7) 调节一次风时，应缓慢进行，防止磨煤机风量突增使大量存粉进入炉膛内，短时间内使实际煤水比失调，造成分离器出口蒸汽温度、末再及末过温度飞升而引起相应受热面金属超温。

(8) 积灰、结渣会使受热面表面温度增高，导致受热面管壁超温和高温腐蚀甚至爆管；在运行过程中，应控制合适的过量空气系数及煤粉细度，减少锅炉本体的漏风，对受热面进行周期性吹扫，使锅炉受热面保持在合适的清洁状态，避免高温过热器、再热器及屏式过热器等受热面处出现烟气走廊，提高运行的安全经济性。

(9) 合理进行配煤工作，对热值及挥发分高，灰熔点低的煤进行掺烧。

(10) 正常运行过程中，应防止锅炉过负荷，特别是锅炉受热面管壁温度偏高时。

(11) 在协调运行方式下，当高加跳闸后，由于给水温度急速下降，会自动减少给水，增加煤量，但省煤器出口温度需要经过5～9min后才开始下降；当发现分离器过热度，主、再温度升高时，应适当增加给水偏置，减小分离器过热度偏置，以防过热器超温导致末过壁温超限。

(12) 当发生RB工况时，底油枪将自动投入，应监视炉内燃烧变化（燃烧稳定后及时退出手动油枪），同时监视水煤比、分离器过热度主、再汽温及受热面壁温在允许范围内，否则根据实际情况对水煤比及风量等参数进行干预，防止煤水比严重失调导致受热面壁温超限。

(13) 当发生炉底水封破坏等异常工况，应设法降低火火焰中心高度，并减少分离器出口蒸汽的过热度，相应降低主、再汽温的设定值，并立即恢复炉底水封。

第四十二节　停炉保养（一）

1. 常规的保养方式

氨、联氨钝化烘干法：锅炉停炉前2h利用给水、凝水加药系统，向给水、凝水加氨和联氨，提高pH值和联氨浓度，在高温下形成保护膜，然后热炉放水，余热烘干但此种停炉保护法存在一定的停用腐蚀，系统铁含量长期居高不下。

氨水碱化烘干法：给水采用加氨处理［AVT（O）］和加氧处理（OT）机组，在机组停机前4h，停止给水加氧，加大给水氨的加入量，提高系统pH值，然后热炉放水，余热烘干。

充氮法：充氮保护的原理是隔绝空气，锅炉充氮保护有2种方式：

（1）氮气覆盖法。锅炉停运后不放水，用氮气来覆盖汽空间。锅炉压力降至0.5MPa时，开始向锅炉充氮，在锅炉冷却和保护过程中，维持氮气压力在0.03～0.05MPa范围内。

（2）氮密封法。锅炉停运后必须放水，用氮气来密封水汽空间。锅炉压力降至0.5MPa时，开始向锅炉充氮排水，在排水和保护过程中，保持氮气压力在0.01～0.03MPa范围内。

2. 混合方式保养

“氨水碱化烘干＋真空干燥”停炉保护方法的主要原理：在机组停机前，通过增大给水系统的加氨量，在高温下形成保护膜，然后热炉放水，余热烘干，并利用凝汽器抽真空系统，对锅炉抽真空，以保证锅炉干燥，并将锅内空气相对湿度降至50%以下，或达到环境相对湿度，以此降低机组停运期间的腐蚀速率，并缩短机组重新开机时的启动时间。操作步骤如下：

（1）锅炉停运后，迅速关闭锅炉各风门、挡板，封闭炉膛，防止热量过快散失。

（2）当分离器出口压力降至1.0MPa时，开启省煤器疏水；分离器出口压力降至0.8MPa，开启水冷壁和过热器、再热器疏水。

（3）当分离器出口压力降至0.2MPa时，开启各受热面排气阀。

（4）锅炉热炉放水结束、锅炉无压后，值长联系热控将屏过入口A侧就地压力表、低再入口A侧就地压力表更换为真空表，并由热控将给水控制站后至高压主汽门前及再热器系统中所有不允许在真空条件下工作的压力表和压力变送器的二次阀关闭，二次阀无法关闭的由热控通知运行关闭一次阀。

（5）在开始建立真空时，由于水汽系统中存在大量的蒸汽和凝结水，被抽走的蒸汽不断被过饱和水闪蒸出的蒸汽补充，随着闪蒸的进行，金属壁温因水的汽化而逐渐下降，水蒸气的饱和压力也随之相应下降。所以在抽真空的起始阶段，锅炉内的真空有所上升，但较缓慢。随着抽真空的不断进行，系统中的水不断汽化并被抽出，金属面趋于干燥。当水被蒸干后，系统中真空上升的速度会明显加快，因为被抽走的气体再也得不到蒸汽的补充。所以当系统中真空达到一定值时，空气中相对湿度也会逐渐降低到安全范围。

长期停运的锅炉在停运阶段应该仔细保养并严密监视，防止受到腐蚀。此要求也同样适用于辅机。

第四十三节　停炉保养（二）

锅炉的防护保养可采用许多方法，应根据特定的环境来选择，并取决于保养时间的长短、是否进行受压部件的检修等因素。下图给出了选择保养方法的准则。环境因素，例如发生霜冻的可能性也需要考虑。

锅炉保养可分成2种：一种是机组处于备用状态；另一种是机组长期停运。如果锅炉处于备用状态，必须做好随时启动运行的准备，湿法保护更合适，因为它可以迅速做好准备切换到运行状态。如果已确认锅炉需要停用一段时间，而且在投运之前允许有一段准备时间，推荐采用干法保护。

锅炉受热面内表面的保护：干法保护

1. 内表面的准备

如果采取干法保护，机组应在升压之后疏水。

锅炉和过热器内表面的干燥应尽可能与锅炉外表面的干燥同步进行。

锅炉应点火升压（最小到400～600kPa），以确保过热器凝结水的去除（图5－8）。随后主汽阀和过热器疏水阀应关闭，允许汽包压力减小到200～330kPa。在此压力下，锅炉应彻底疏水。疏水过程中，要防止降压时汽水分离器中的饱和蒸汽进入过热器，以免导致过热器壁温的降低。

2. 充氮保护

辐射式锅炉可通过向受压部件充氮来进行长期有效的保护。

选用这种干式保护法是根据停运时间长短和启动时供水充足与否来决定的。如果出现环境温度低于0℃的情况，那么选用充氮保护则比湿法保护要好。

通常氮气是通过锅炉和过热器最高点处的排气管供给的，但在某些情况下，有必要通过所有排气阀进行充氮。气源由氮气瓶或是可再充气的容器提供。通常供气压力要远高于所需压力，因此需在与锅炉连接的管道上设减压站。针对氮气膨胀时温度会降低的情况，使用汽化器防止金属管壁温度骤降。

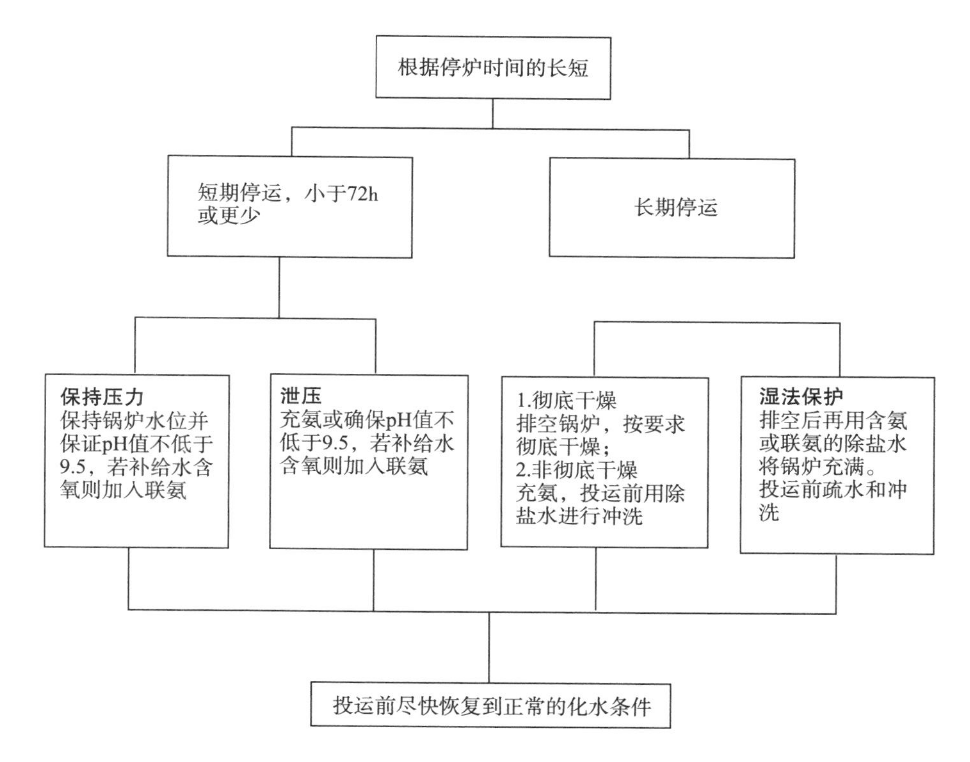

图 5－8 停炉保养的方法简图

（1）置换方法。

如果氮气中的氧含量很低，金属内表面允许有少量水分存在，水压试验结束后可立即充氮。随着锅炉疏水，氮通过安装在排气管道上的阀门替换空气充进去，这样锅炉不再与大气相通，疏水结束后受压部件也就充满了氮气。疏水阀过热器打开，直到循环回路排净。此方法在锅炉使用寿命期限内随时可用。

（2）导入法。

充氮的最佳时机是当锅炉还有一定余热时，这样可以使内部尽可能干燥。方法是正常运行后将锅炉吹空，随着锅炉疏水从其上部充氮（在锅炉疏水之前允许压力减小到1000kPa），然后开启充氮阀（500kPa 时允许氮气进入受压部件），这时除了充氮阀门以外锅炉的所有阀门都要关上。此法在锅炉钝化完成后，当锅炉内表面形成一层磁性氧化铁薄膜后最有效果。应在氮气管道上加装加热元件，以防温度高的金属表面受到冷冲击。

（3）吹扫法。

当锅炉彻底排空（在受压部件更换结束）后采用第三种吹扫方法。将充氮管路连到下集箱排放口和过热器排放口，保证氮气流经所有锅炉循环回路。锅炉向大气排气，充足的氮气从受压部件经排气管将空气排出，直到排放气体中氧的体积浓度 <1%。这时，关闭锅炉所有阀门，但不包括充氮阀门。

（4）覆盖法。

此法是湿法保护和充氮保护相结合的方法。由于锅炉已经没有负荷，在降到大气压力之前不进行任何操作。将充氮管路连到指定的排气阀，确保开启时进入的是氮气而不是空气，此方法保证了氧含量较低，避免引起腐蚀。当水质正常时，锅炉可以快速切换到运行状态。

（5）充氮保护后的监视。

一旦充氮结束，锅炉就应保持微正压，压力值最小为 100mm 水柱。如果没有泄漏，压力可稍高些。如果有泄漏，通过压力的降低可以快速检查出来。但是，维持锅炉压力不降低是非常困难的，特别是阀门经过一段时间使用之后。如果发现氮气泄漏，需将压力降至最低确保锅炉经济运行。此时应尽快检查泄漏点并进行修补。

为了检查氮气的纯度，应在适宜打开的排气孔处取样。如果采用封闭的疏水系统，需在疏水阀的上游疏水管道上开孔。开孔必须满足强度要求。如果氧含量的体积浓度超过 1%，那么需要进一步充氮。

氮气是一种无味无色气体，尽管它没有毒性，但也会置换大气中的氧，使人窒息，所以充氮保护的锅炉要用护栏围上并注明危险。锅炉附近工作人员要预留安全空间，包括在实地工作区进行大气中氧含量测试的工作人员都应佩带上氧气表，在进入炉膛或死角处作业时应进行更多的测试。特别需要注意的是在充氮保护期间一定要小心开启受压部件，必要时佩戴氧气面罩。对使用带压气体的操作人员要进行教育指导，并在其作业时，提醒有冻伤的危险。

第四十四节　四段抽汽逆止门为何重要

四抽供汽带着汽动给水泵，直接影响锅炉给水，因此也需关注。

问题：四段抽汽需要装 2 道逆止门（其实至小机、至辅联也有逆止门）。

解释是：因为机组各段抽汽的汽量是为预告设计，也就是有极限抽汽量，不会因为抽汽量大就多设置一道逆止门。这主要是和四抽带除氧器有关。除氧器是混合式加热器，这与其他抽汽带表面式换热器有区别。除氧器类似于锅炉的汽包，容量巨大，潜力无限，一旦机组发生突降负荷，四抽压力下降，就会使除氧器蕴含的能量释放出来，即除氧器内饱和水不断释放热量，保持对应的饱和压力。除氧器闪蒸的蒸汽量要远比其他加热器严重，所以设置除氧器逆止门是为了防止蒸汽倒流。如果除氧器逆止门不动作，加之四抽逆止门不严的话，极易造成中压缸进水，危害极大。

第四十五节 炉膛为何要吹扫

在锅炉点火之前，要对炉膛进行清扫，以清除炉内及烟道内积存的可燃物及可燃气体，这是防止炉膛爆燃的最有效方法之一。

一般来说，清扫时通风容积流量应 >25% 额定风量（通常为 25% ~40% 额定风量），通风时间应不少于 5min，以保证炉膛内清扫效果。对于煤粉炉的一次风管亦应吹扫 3 ~5min，油枪应使用蒸汽进行吹扫，以保证一次风管与油枪内无残余的燃料，确保点火安全。

一般规定炉膛清扫条件是：①所有燃料全部切断；②所有燃烧器风门应处于清扫位置；③至少 1 台送风机及 1 台引风机运行；④风量应大于 30% 全负荷风量。

在进行锅炉点火前的清扫时，应先启动回转式空气预热器，然后再顺序启动 1 台引风机和 1 台送风机，为炉膛吹扫提供足够的风量，防止点火后出现回转式空气预热器因受热不均而发生变形的问题，同时也可以对空预器进行吹灰清扫。先启动引风机后启动送风机，这是保证锅炉处于负压状态。如果未装置 FSSS 控制系统，上述操作均由运行人员手动完成。

大型锅炉均设置了 FSSS，启动点火前应保证炉膛内有足够的清扫风量，清扫时自动计时，完成清扫规定时间后发出清扫结束信号，解除全系统 MFT 状态记忆（MFT 复位）。炉膛内继续保持清扫时的风量，直至锅炉负荷升至对应清扫风量的负荷时，再逐步增加风量。保持清扫风量是为了在点火不成功时能带走炉膛内的燃料、避免炉膛爆燃。当点火不成功时，需重新点火，点火前必须对炉膛进行重新吹扫。值得注意的是，吹扫只是简单的 5min，但往往违章就发生在这段时间内。无数的案例、惨痛的教训告诫人们：遵守规程才是运行人员的保护神。

第四十六节 暖风器泄露

目前电站锅炉使用的暖风器大部分是利用蒸汽作为热源加热空气，这样可以避免在预热器金属表面造成氧化腐蚀和SO_3造成的硫酸腐蚀，使金属壁的积灰大为减轻，有效减少了因堵灰造成的风系统阻力，从而大大延长空气预热的使用寿命，确保了机组的安全稳定运行。

锅炉暖风器工作压力一般为0.4～1.0MPa，工作温度一般为150～350℃，基本属于低温低压，常见缺陷为泄漏。暖风器泄漏一般分为内部泄漏和外部泄漏。外漏比较容易处理，不再赘言。下面主要分析内部泄漏：

暖风器在运行的过程中，风道内的振动比较小，一般不应该发生泄漏，并且内部泄漏比较难找，只能通过堵管的办法来解决。

发生内部泄漏后，如果泄漏量比较小，外部不容易发现，容易造成空预器的堵灰，只有水从风道内流出或暖风器停运时风从暖风器疏水管道流出才能发现泄漏。在锅炉连续运行期间，投入暖风器后要严密监视空预器差压变化情况，若差压出现连续增长情况，要及时将暖风器解列出来，判断是否存在泄漏，防止进一步堵塞空预器。

暖风器的泄漏一般是在管道与联箱的连接处（胀接的管子更容易发生此类缺陷），而管子泄漏的可能性极小。通过进一步分析暖风器的结构，发现焊缝开裂是因为管排间的相对热膨胀引起。暖风器的膨胀有两种情况，一种是整体热膨胀，由管内工质温度引起；另一种是管排间的热膨胀，主要是由空气进出口温度不同引起。有的暖风器设计时虽然考虑了整体热膨胀，但很少考虑管排间的热膨胀，由于此膨胀在结构上不能吸收，导致在薄弱的焊缝处拉裂，造成泄漏。

第四十七节 影响压力的内外因素

运行中蒸汽压力发生变化，首先需判明其原因是属于内扰或外扰，才能进行准确地调整。蒸汽压力的变化总是与蒸汽流量密切相关，故可根据蒸汽压力与蒸汽流量的变化关系来判断。

（1）在蒸汽压力降低的同时，蒸汽流量表指示增大，说明外界对蒸汽的需要量增大；在蒸汽压力升高的同时，蒸汽流量减小，说明外界蒸汽需要量减小，这些都属于外扰。即当蒸汽压力与蒸汽流量变化方向相反时，蒸汽压力变化的原因是外扰。

（2）在蒸汽压力降低的同时，蒸汽流量也减小，说明炉内燃料燃烧供热量不足导致蒸发量减小；在蒸汽压力升高的同时，蒸汽流量也增大，说明炉内燃烧供热量偏多，使蒸发量增大，这都属于内扰。即蒸汽压力与蒸汽流量变化方向相同时，蒸汽压力变化的原因是内扰。

需要指出的是，对于单元机组，上述判断内扰的方法仅适用于工况变化初期，即仅适用于汽轮机调速汽门未动作之前。而在调速汽门动作之后，锅炉汽压与蒸汽流量变化方向也是相反的，故运行中应予以注意。

造成上述特殊情况的原因是：在外界负荷不变而锅炉燃烧量突然增大（内扰），最初在蒸汽压力上升的同时，蒸汽流量也增大，汽轮机为了维持额定转速，调速汽门将关小，这时汽压将继续上升，而蒸汽流量减小，也就是蒸汽压力与流量的变化方向相反。

在实际锅炉运行中，压力变化的因素要多得多，熟练工都清楚，直接通过二次风、减温水甚至摆角就能调整热控的协调系统。不过需要注意的是，压力的控制是一个惯性比较大的、滞后的调节，一旦发力后果非常严重，所以新手最好让老师傅多带带，摸清自己锅炉的特性，只有这样才能掌控这庞大、复杂的系统。

第四十八节　对付硫酸氢铵的措施

1. 硫酸氢铵的危害

硫酸氢铵黏稠，附着在空预器上与积灰相作用，形成沉积型氨盐，阻塞空预器，造成锅炉通气不畅。负压波动影响炉内燃烧稳定。

2. 解决措施

轻度阻塞——增加空预器吹灰次数；中度阻塞——用高压水冲洗；重试阻塞——停炉处理。操作经验——提高空预器排烟温度达 170℃左右，空预器冷端蓄热片的底部应该达到 200℃，在此温度下硫酸氢氨基本全部气化。

3. 举例

两年前某厂受高加解列影响，排烟温度大幅下降，B 侧空预器差压由 1.4kPa 升至 2.0kPa，炉膛负压变动 200Pa。针对这种情况，该厂进行了提升排烟温度的试验。

提升烟温的措施：开大 B 侧一、二次风暖风器，降低 B 侧一、二次风机处理，将 B 侧空预器出口排烟温度提升至 165 ~ 170℃，同时投入冷端空预器吹灰，连续运行 6h 后，在边界条件不变的情况下，空预器差压由 2.0kPa 降至 1.4kPa，A、B 两侧烟气流量逐步减少偏差（图 5 –9）。

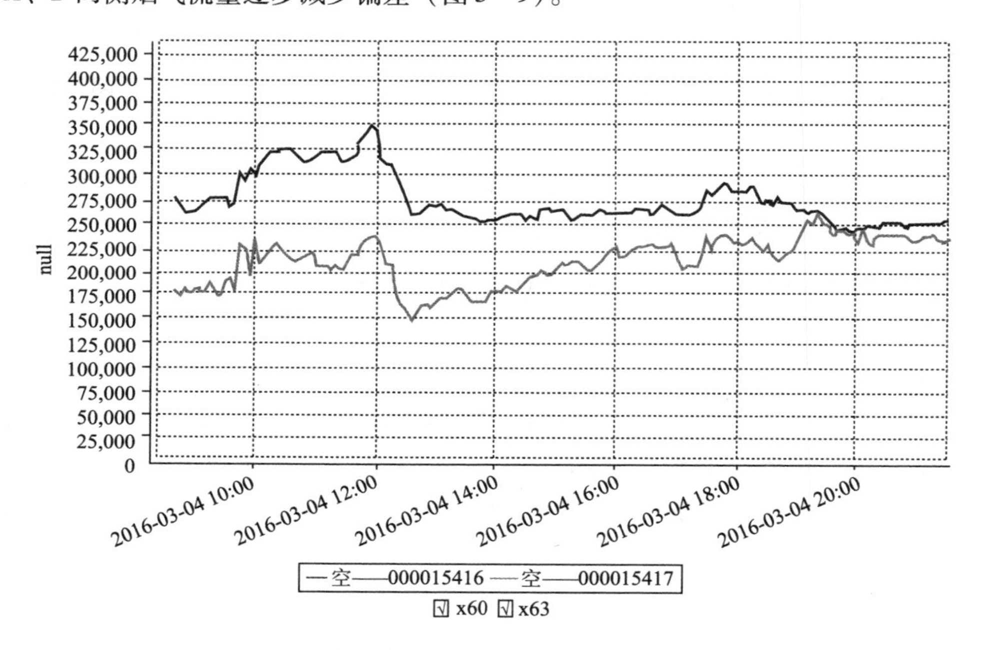

图 5 –9　空气预热器差压变化趋势图

第四十九节　炉水硬度大的危害

1. 硬度超标

水质硬度超标的水应用在电厂锅炉中很有可能产生爆炸事故，因此锅炉水处理过程中水质需要达到一定的标准。锅炉水质不良主要危害有：

（1）结垢。

水垢的导热性极差，其导热率仅为锅炉钢板的 1% 左右，严重影响了锅炉的热传导，必须靠提高炉膛温度来保证蒸发量，并且锅炉的进煤量和鼓、引风量都要被迫加大，排烟的热损失增加，煤中的固定炭燃烧不充分，锅炉处于不良的燃烧状态，其热效率大幅降低。

（2）腐蚀。

由于水质不良引起的锅炉腐蚀主要有以下 3 种：

①氧腐蚀：其特点是局部的点状腐蚀，穿透性非常强，对锅炉的安全运行危害极大。

②苛性脆化：是由于锅水碱度长期过高所致，其危害是破坏了金属的内部结构，使锅炉金属的强度降低。

③垢下腐蚀（铁腐蚀）：锅水中的铁离子会在锅炉内形成高价铁质水垢，这种水垢能够加快其垢下金属铁的腐蚀，并生成新的水垢，形成铁腐蚀的恶性循环。因此国家工业锅炉水质标准对锅炉给水中的铁离子含量提出了明确的要求。

（3）汽水共腾。

汽水共腾现象是由于锅水中的溶解固形物及油脂、有机物等成分过高引起。其主要危害是蒸汽受到严重污染，甚至不能使用；水位计内出现气泡，不能正常显示锅炉水位。水位自控系统完全失灵，对锅炉的安全危害极大。

2. 水处理标准

详细的锅炉水处理标准参数如表 5－3 所示：

表 5－3 锅炉水处理标准参数

<table>
<tr><th rowspan="3">炉型</th><th rowspan="3">锅炉过热蒸汽压力/MPa</th><th colspan="2" rowspan="2">电导率/(μs/cm)</th><th rowspan="2">硬度/(μmol/L)</th><th colspan="2">溶解氧</th><th colspan="2">铁</th><th colspan="2">铜</th><th colspan="2">二氧化硅</th></tr>
<tr><th colspan="8">μg/L</th></tr>
<tr><th>标准值</th><th>期望值</th><th>标准值</th><th>标准值</th><th>标准值</th><th>标准值</th><th>期望值</th><th>标准值</th><th>期望值</th><th>标准值</th><th>期望值</th></tr>
<tr><td rowspan="4">汽包炉</td><td>3.5～5.8</td><td>—</td><td>—</td><td>≤2.0</td><td>≤15</td><td>≤50</td><td>≤10</td><td>—</td><td>—</td><td>—</td><td colspan="2" rowspan="4">应保证蒸汽二氧化硅符合标准</td></tr>
<tr><td>5.9～12.6</td><td>—</td><td>—</td><td>≤2.0</td><td>≤7</td><td>≤30</td><td>≤5</td><td>—</td><td>—</td><td>—</td></tr>
<tr><td>12.7～15.6</td><td>≤0.3</td><td>—</td><td>≤1.0</td><td>≤7</td><td>≤20</td><td>≤5</td><td>—</td><td>—</td><td>—</td></tr>
<tr><td>15.7～18.3</td><td>≤0.3</td><td>≤0.2</td><td>约为0</td><td>≤7</td><td>≤20</td><td>≤5</td><td>—</td><td>—</td><td>—</td></tr>
<tr><td rowspan="2">直流炉</td><td>5.9～18.3</td><td>≤0.3</td><td>≤0.2</td><td>约为0</td><td>≤7</td><td>≤10</td><td>≤5</td><td>≤3</td><td>≤10</td><td>≤5</td><td>≤20</td><td>—</td></tr>
<tr><td>18.4～25</td><td>≤0.2</td><td>≤0.15</td><td>约为0</td><td>≤7</td><td>≤10</td><td>≤5</td><td>≤3</td><td>≤5</td><td>—</td><td>≤15</td><td>≤10</td></tr>
</table>

锅炉水处理与锅炉能否经济安全运行有很大的关系，为了避免锅炉水结垢腐蚀，以及延长锅炉水处理寿命，需要采用正确的锅炉水处理方式，以保证水质达

到锅炉水处理标准，提高经济效益。

第五十节　煤里的金色物质是什么

图 5－10　硫铁矿石

黄铁矿是铁的二硫化物。纯黄铁矿中含有 46.67% 的铁和 53.33% 的硫。一般将黄铁矿作为生产硫黄和硫酸的原料，而不是用作提炼铁的原料，因为提炼铁有更好的铁矿石。黄铁矿分布广泛，在很多矿石和岩石中包括煤中都可以见到，一般为黄铜色立方体。黄铁矿风化后会变成褐铁矿或黄钾铁矾。黄铁矿可经由岩浆分结作用、热水溶解或升华作用生成，也可于火成岩、沉积岩中生成。在工业上，黄铁矿用作硫和二氧化硫生成的原料。

一般磨煤机排出的矸石里也可以黄铁矿。

那么，是不是含硫铁矿的煤一定是高硫呢？煤中硫含量低于 1% 时，往往以有机硫为主；硫含量高时，则大部分是硫铁矿硫。但在少数情况下，也可能以有机硫为主，同时煤中硫铁矿硫含量一般均随煤中全硫含量的增高而增高。苏联顿巴斯煤的全硫含量和黄铁矿含量之间有一定的关系，$S_{全硫}=0.737S_{铁}-0.38$，为线性关系。

第五十一节 氧量控制的重要意义

1. 氧量控制对锅炉高温腐蚀和结渣的影响

氧量控制过低时，会在锅炉水冷壁附近形成还原性气氛和含量很高的 H_2S 气体，H_2S 对水冷壁的腐蚀非常强，会使 Fe_2O_3 保护膜破坏，使得管壁不断遭受腐蚀。而灰分在还原性气体中灰熔融温度将大幅降低，易引起炉内结渣。因此氧量控制过低会产生高温腐蚀和结渣的风险，对锅炉运行安全性造成影响。为防止结焦结渣和水冷壁高温腐蚀，锅炉烟气中一氧化碳含量宜控制在 120mg/L 以下。烟气中一氧化碳含量与氧量、燃料种类和制粉系统运行方式都有密切的关系。

2. 氧量控制对锅炉燃烧稳定性的影响

锅炉燃烧的稳定性是安全运行的根基，煤粉射流主要是通过卷吸炉内高温烟气使自身温度达到着火温度后开始燃烧反应，运行氧量过高，燃烧器区域炉膛温度明显降低，无论是对煤粉气流的辐射换热还是卷吸的对流换热都将减弱，煤粉气流着火条件恶化，燃烧稳定性下降，甚至会产生锅炉灭火的风险。低负荷下更加突出。

3. 氧量控制对锅炉运行经济性的影响

合理的风粉配合是提高锅炉运行经济性的重要措施。在一定范围内，运行氧量增加，可以改善燃料与空气的接触和混合，有利于完全燃烧，使可燃气体未完全燃烧热损失和固体未完全燃烧热损失降低。但是运行氧量增大，会导致锅炉排烟量增加，增大了排烟热损失。运行氧量过大，还会使风机的电耗增加。因此氧量控制对锅炉运行经济性影响很大，合理的运行氧量应使各项热损失之和为最小，锅炉热效率最高。氧量的控制应在一氧化碳含量骤然升高的拐点右侧，也就是锅炉热损失最小的区域。

4. 氧量控制对 NO_x 排放的影响

氧量控制对锅炉燃烧生成的 NO_x 影响很大，锅炉燃烧生成的总 NO_x 含量随氧量的增加而增加，因此高氧量运行对锅炉的 NO_x 控制是不利的。采用分级燃烧技术的锅炉，通过燃尽风的设置来降低烟气中 NO_x 排放量，燃尽风的吹入大小会对锅炉燃烧经济性产生影响。在氧量一定的情况下，燃尽风吹入过大将使主燃烧器区域缺风，影响煤粉的燃尽，降低锅炉热效率；燃尽风投入过小，达不到降低

烟气中 NO_x 排放量的目的。因此，应通过氧量和燃尽风的综合控制来达到提高锅炉热效率和控制 NO_x 排放的目标。

第五十二节　锅炉吹灰操作及影响

1. 吹灰的作用及影响

（1）锅炉长期运行，受热面会产生积灰和结焦，使得传热恶化，对于尾部烟道来说，由于可燃物的长期积存，还会发生再燃烧恶化事故，因此在锅炉运行一段时间后就需要对受热面进行吹灰工作，以清洁受热面。

（2）炉膛吹灰采用短吹灰枪，用于水冷壁受热面的吹灰；烟道吹灰采用长吹灰枪，用于过热器和再热器受热面的吹灰。

（3）锅炉吹灰会造成锅炉负压、汽温、汽压、负荷、水位的波动，而且不同受热面吹灰对锅炉的影响也不相同，在吹灰过程中应对这些参数加强监视。吹灰对于燃烧的稳定会造成一定的影响，在吹灰过程中应加强燃烧的监视工作，在低负荷运行及燃烧不稳定时，不能进行吹灰工作。吹灰使受热面清洁，吸热量增加，因而会使排烟温度降低。

由于吹灰造成炉膛负压波动较大，所以在吹灰过程中应维持较大负压以防止炉膛冒正压。

（4）在吹灰操作中应加强对吹灰器的巡检工作，发现有吹灰器故障应进行登记并联系检修处理；发现有吹灰器卡在炉膛内及出现泄漏情况应立即停止吹灰，并及时联系处理。

2. 炉膛吹灰

（1）当对炉膛进行吹灰时，人员不得在捞渣机附近逗留，以防大的渣块落下使水封水敞开溅出及水封水产生氢爆对捞渣机附近人员造成伤害。

（2）在对炉膛进行吹灰前，应检查各项参数稳定，进行大的操作前应停止炉膛吹灰。

（3）炉膛吹灰过程中各参数的变化及调节。

①汽温下降：这是因为炉膛水冷壁受热面被吹干净后其吸热量增加，造成后面的过、再热器受热面吸热量变小，因此汽温下降。在炉膛吹灰的过程中，应根据汽温的下降趋势，调整减温水量。当减温水量全关后及汽温下降较快时应暂停

炉膛吹灰。

②汽压上升：这是因为炉膛水冷壁受热面吸热量增加使得其管内蒸发量增大，蒸汽体积随之增大，下降管与水冷壁管差压增大，自然循环的动力增加，汽压上长。在进行炉膛大面积吹灰时应注意防止超压。

③负荷上升：吹灰对负荷的影响表现在 2 方面，一是受热面被吹开干净后，吸热量增加使得锅炉的热经济性增加；二是由于吹灰消耗过热蒸汽使热经济性降低。但总体上，尤其是在受热面积灰比较严重时，第一个因素的影响要远大于第二个因素，在炉膛吹灰过程中表现比较明显，负荷上升比较迅速。因此要把握好吹灰的时机，一般是在减温水量比较大时，当负荷上升较快时，应适当减少一些燃料量以维持负荷的稳定。

3. 烟道吹灰

烟道吹灰对汽温的影响比较复杂，而且吹灰的位置不同，对汽温的影响也不完全相同，下面将分区域予以介绍：

（1）屏式过热器区域。

由于这一受热面从流程上看接近水冷壁出口，而且由于吹灰枪的吹灰区域较大，此处一部分水冷壁受热面也得到了吹灰，因此，这一区域吹灰对过热汽温、汽压及负荷的影响类似于炉膛吹灰。

（2）高温再热器、高温过热器区域。

这一区域靠近过、再热蒸汽的出口，因此对过、再热蒸汽的汽温影响最为灵敏。这一区域过、再热蒸汽的汽温由以下几个因素决定：一是高温再热器、高温过热器的入口蒸汽温度；二是高温再热器、高温过热器受热面的金属温度；当其入口蒸汽温度不变时，其出口汽温取决于受热面的金属温度，当受热面的金属发生积灰时，由于灰的导热性远低于金属，因此造成金属温度低于未积灰状态，蒸汽温度也相应降低；积灰被吹后，金属温度迅速升高，汽温也随之升高，高于吹灰之前；由于高温过热器管束布置在高温再热器之前，其吸热量增加快，汽温升高也快，再热汽温的变化要视其受热面吸热量是否增加而定，在一般情况下汽温也会增高。这一区域的吹灰，汽温反应较快，尤其是过热汽温的反应速度更快，要注意及时进行调节。

在这一区域的吹灰过程中，吹灰汽耗对压力的影响很大，因此汽压会有一定的下降，负荷也会有所降低。在吹灰过程中可以视情况少量增加燃料量，但要注意在吹灰结束后汽压与负荷都会回升，要及时进行调节。

（3）低过、低再区域。

在这一区域的吹灰，使低过、低再受热面清洁。当这一区域受热面积灰较严重时，吹灰使低过出口、低再出口汽温升高，汽压、汽温、负荷都有所上升。

第五十三节　锅炉运行经验总结

从日常运行的监视和调整操作方面来说，“稳定”是关键，调控压力、温度、水位、负压、制粉等等参数，保持稳定工况是安全经济运行的重要保证。简单来说，稳定工况主要通过“平衡”这一手段取得。如外界负荷与炉内燃烧工况取得平衡，则压力稳定；给水量与蒸发量取得平衡，则水位稳定；引风量与送风量相平衡，则负压稳定。而根据锅炉运行调节的目的，采取必要的调节手段，确保这些平衡，进而稳定炉况是每一个运行人员应掌握的技能。

（1）日常调节的关键——“汽压”。

在锅炉各主要参数中，保持主汽压力稳定是关键，只有汽压稳定了，其余参数才能稳定下来。汽压不稳，汽温、水位都会随之变化，所以调节时首先要从压力着手。汽压分外扰和内扰。外扰即外界负荷因此一般变化不大，汽压的变化大都是由内扰即炉内工况改变引起的，因此保持炉内燃烧工况的稳定是汽压稳定的前提。如果燃烧工况发生改变，比如风粉比、煤粉发热量等因素改变，压力就会发生变化，必须进行调节，从而将炉内工况变化的过渡状态进入稳定燃烧状态。

（2）关注氧量变化。

氧量是监视炉内过量空气系数的一个指标，它与炉内燃烧工况的变化息息相关。如果在外界负荷、燃烧方式、引送风量、漏风量等参数不变的情况下，氧量就要与炉内燃料的放热量相对应。一般来说，稳定工况下，炉内的放热量与送风量相匹配，氧量保持基本不变，主汽压力也相应稳定在某一数值。氧量增大，说明炉内放热量小于送风量，这时压力就会下降，就要求加大燃料量供给，维持压力。而因为汽包的蓄热能力和燃烧设备的惯性，主汽压力的变化速度慢于氧量的变化速度，因此，关注氧量变化就可以提前判断压力的变化方向，从而对压力的调节起到超前调节的效果，这是调节压力稳定运行的一个主要依据。当然氧量变化也不能完全说明是由燃料放热量引起，在一些引起燃烧工况变化的操作或事件发生时，也会引起氧量变化。如启停制粉系统、吹灰打焦等，但也可以根据其变化来判断操作的正确或分析事件的原因。总之，关注氧量变化除了可以控制燃烧的经济性，也是保持各参数稳定的一个重要手段。而在事故处理及燃烧不稳定时，氧量变化更为明显，特别是氧量突然之间大幅上升，很可能是炉内燃烧极微弱，这往往是即将灭火的一个征兆。出现这种情况，应立即投油稳燃，并加强燃烧，不能犹豫延迟。

（3）注意“提前调节”和“过度调节”相结合。

对于蒸汽母管制系统，由于设备较复杂，燃烧系统和蒸汽系统惯性大，因此在参数变化时迟滞较大，但变化的趋势保持较长，所以在调节时应注意“提前调节”和“过度调节”相结合，特别是对于汽压来说，如果压力开始下降，就要在下降初期开始增加燃料量，延缓其下降幅度，这就是“提前调节”；而如果压力已经降低一段时间，就要过多增加燃料量，使压力回升，即“过度调节”。对于母管制系统，压力变化时不能盲目调节，应分析其变化的具体原因，做到针对性调节，这样才能更好更快恢复压力稳定。

（4）注意“粗调”与“细调”相结合。

在运行参数变化幅度较大的情况下，应采用“快速调节”和“过度调节”的方式，使参数能尽快改变其变化趋势，即“粗调”。特别是事故处理时，对水位的调节，尤应注意。事故情况下，如“甩负荷”“锅炉灭火”等，这时的水位变化幅度非常大，而且由于“虚假水位”的影响，变化速度也很快，要求运行人员反应迅速，及时调节。如果是母管制供水系统，几台炉相互影响，再加上平时给水压力较低，在事故情况下，几台炉水位同时变化，“抢水”现象严重，因此在“粗调”时更应相互协调，互通有无，避免人为调整不当造成事故扩大。如“汽机甩负荷”时锅炉因为水位调节不当造成灭火；“锅炉灭火”时因为水位调节不当造成满水；在锅炉 1 台送风机跳闸时下层给粉机转速过大造成风管堵塞等等。“粗调”之后，在参数趋于稳定时再采用“细调”“精调”的方式控制参数缓慢稳定下来。对于汽压的调节来说，“过度调节”是以增加热损失为代价的调节方式，特别是在给粉机转速大幅上下波动，氧量随之波动，造成炉内燃烧工况也为之改变，这时部分燃料未完全燃烧损失大幅增加，对机组热效率影响很大。因此尽量避免这种运行方式，在采用“燃烧自动”时应对给粉机转速的波动幅度加以监视，发现其波动幅度过大，应解除自动运行，手动加以干预，采用人工“细调”，以提高机组热效率。

（5）抓住调节的目的与关键，避免因小失大。

日常正常运行中，调节的目的与关键是保持参数稳定，尽量提高机组经济性，要求精心操作，细心调整，耐心监视。而在机组异常运行时，则应根据需要采取不同运行方式进行调整。如燃煤易结焦时、挥发分较高时、水分高时等，这时就要求调节以安全运行为目的，采取相应的运行方式保证机组安全运行。特别是在事故处理的时候，以不扩大事故，尽快恢复为目的，要求运行人员心中有数，抓住调节关键，避免调节时机失误，造成事故扩大。比如在“汽机甩负荷”时，锅炉水位调节就是关键，反应不及时就会出现水位事故；而在“锅炉灭火”时，检查 FSSS 动作正确与否是关键，如果 FSSS 未能及时切断燃料，造成“爆燃”，或者未及时关闭减温水造成汽机水冲击，就会导致事故扩大，损失严重。

（6）及时判断与分析参数变化的原因，避免盲目调节。

任何参数的变化都有其内在原因，要求我们在发现其变化时及时判断与认真分析，找出根源，对症下药，针对性调节，避免盲目调节，反复调节。很多运行监视参数都是相互关联、相互影响的。如温度变化，不能仅仅依靠减温水调节，应综合其他参数分析温度变化的原因，采取不同的处理方式，这样可以避免造成温度反复波动。要对各个参数变化的影响因素做到心中有数，对所监视的参数有一定的敏感性，及时找到根源，采取正确的应变措施。一般情况下，煤质发生改变时，运行参数是缓慢变化的，如果运行参数突然变化很大，说明燃烧工况有很大变化，十有八九是事故发生，应及时检查，及时分析，及时处理。

（7）注意理论与实践的差异。

平时注意观察总结，以实践验证理论。炉内燃烧工况是一个非常复杂的集合体，影响因素很多，而分析起来非常困难，即使 2 台炉设计相同，运行方式相同，但运行的实际情况也不一样，因此日常运行中注意总结，以理论为指导，以实际效果为目标，进行调节，尽量提高机组的安全经济性。

第五十四节　提高锅炉效率的分析及手段

提高锅炉效率应从分析锅炉各项热损失方面入手。从运行方面来说，排烟热损失、飞灰和排渣热损失是可以通过运行调整而有所减少的，而且这 3 项热损失在影响炉效方面所占的比重较大，为达到减少以上损失的目的，在运行调整中应注意控制合适的氧量、一次风速和不同层的二次风量的分配。

锅炉运行氧量的大小对锅炉运行性能影响很大，在一定限度内降低氧量将使 $q2$ 降低，但 $q3$ 和 $q4$ 会增大，最佳氧量应使 $q2+q3+q4$ 最小。另外在燃料氮含量变化不大的情况下，NO_x 的生成主要依赖于 2 个条件，即富裕的氧浓度和高温环境。降低运行氧量即降低了氧浓度，从而达到抑制 NO_x 生成的目的，因此氧量下降也就意味着 NO_x 排放浓度下降。

从低氧运行对锅炉热效率的影响来考虑，当燃用煤种为挥发分较高的煤时，极易着火，因此灰渣含碳量低，机械未完全燃烧热损失 $q4$ 很小，化学未完全燃烧热损失 $q3$ 甚至达到可以忽略的程度。这样，氧量下降所带来的排烟热损失 $q2$ 下降的受益，远大于低氧燃烧所造成的化学未完全燃烧热损失 $q3$ 升高和灰渣含碳量升高所引起的机械未完全燃烧热损失 $q4$ 增大的影响，因此随着氧量下降，锅炉热效率将会逐渐升高。

从 600MW 机组调整试验中发现，当负荷 600MW O_2 从 4.06% 下降至 3.40% 时，锅炉热效率达到 94.44%，NO_x 排放浓度为 392mg/m^3（V_n）的最优值。负荷 500MW O_2 从 4.62% 下降至 3.54% 时，锅炉热效率达到 95%，NO_x 排放浓度为 403mg/m^3（V_n）的最优值。负荷 360MW O_2 从 5.27% 下降至 4.32% 时，锅炉热效率达到 94.64%，NO_x 排放浓度为 418mg/m^3（V_n）的最优值。但在 600MW 负荷当 O_2 继续由 3.40% 下降到 3.17% 时，锅炉热效率将会下降，这主要是由于此时低氧燃烧所造成的不完全燃烧热损失增大，已经抵消了其带来的排烟热损失下降的益处。

一次风量主要满足煤粉的前期燃烧，与煤质挥发分关系密切，对制粉系统的运行和煤粉颗粒的着火影响很大。一次风量增加，即一次风速增加，煤粉的着火点提高，着火距离拉长，着火推迟，锅炉的排烟温度将升高，引起锅炉热效率下降，同时一次风机的电流也升高，增加了一次风机电耗，降低了锅炉运行的经济性。一次风量降低，容易造成煤粉管堵粉和煤粉着火点提前，威胁喷口安全，同时一次风刚性变差，特别当燃用煤种为挥发分较高且灰熔点较低的煤炭时，则更容易造成燃烧器附近区域的结渣。另外，一次风量下降也会造成石子煤量增加，影响锅炉的经济性。经过对 600MW 机组的分析和试验，在 360～500MW 负荷时一次风速控制在 24～25m/s，500～600MW 负荷时一次风速控制在 26～27m/s，此时制粉电耗和锅炉效率可在经济工况下运行。

给水品质的好坏是影响锅炉运行效率的根本因素。锅炉是电厂生产的重要设备，锅炉的正常运转需要充足的锅炉水供给，如果锅炉水的品质得不到保证，就会严重影响电厂锅炉的运行效率。锅炉水中的离子浓度应保持在一定的限度内，如果离子浓度过高并且得不到控制，随着锅炉运行时间的加长，锅炉水中的杂质含量会不断增加，从而导致锅炉蒸汽的品质大大降低。

如果锅炉的给水品质得不到改善，在锅炉的运行中，蒸汽中的杂质会不断积累在过热器的受热面管壁上，形成水垢，降低锅炉水冷壁的导热性能。此时利用加热系统对锅炉进行加热，因为过热器的热传递能力受到了抑制，锅炉水冷壁的导热性能受到影响，会出现受热不均现象，严重的还会使受热面管壁温度不断升高，超过极限温度，导致锅炉部件损坏，影响锅炉的正常运行，降低锅炉的运行效率。除了离子浓度之外，含气量也是影响锅炉给水品质的重要因素。如果锅炉品质长期得不到改善，锅炉蒸汽中的盐垢会不断积累在汽轮机的流通部分，堵塞蒸汽的流通渠道，增加汽轮机叶片的表面粗糙度，增大蒸汽的流通阻力，严重的会阻碍机组的正常运行。

第五十五节　锅炉排污率的计算方法

1. 排污率的计算

锅炉排污的指标用排污率表示，排污率即排污水量（$Q_{污}$）占锅炉蒸发量（$Q_{汽}$）的百分数。如下式表示：$K=Q_{污}/Q_{汽}\times100\%$。

当锅炉水质稳定时，根据物量平衡的关系可知，某物质随给水带入炉内的量等于排污水排掉的量与饱和蒸汽带走的量之和。则 $(Q_{污}+Q_{汽})\times S_{给}=Q_{汽}\times S_{汽}+Q_{污}\times S_{污}$ 式中 $S_{给}$、$S_{汽}$、$S_{污}$分别表示给水中、饱和蒸汽中、排污水中某物质的含量，式中的 S 值可以按含盐量，也可按某一组分（如碱度、氯离子）的含量来计算。则 $K=Q_{污}/Q_{汽}=(S_{给}-S_{汽})/(S_{污}-S_{给})\times100\%$。

2. 排污率计算要注意以下 3 点

（1）排污率计算可按碱度或氯离子（氯离子与含盐量有较固定的比例关系，通常用氯离子代替含盐量）分别计算排污率，最后取其中较大的数值作为排污率，一般供热锅炉的排污率应控制在 10% 以下。

（2）对于容量较大的锅炉，由于其汽水分离装置效果好，蒸汽的湿度很小。这样饱和蒸汽中的含盐量远远低于给水中的含盐量，所以在这类锅炉的排污率计算中均可以忽略蒸汽中的含盐量，即 $K=S_{给}/(S_{污}-S_{给})\times100\%$

（3）对于大多数工业锅炉，特别是汽包容积小、汽水分离装置简单、饱和蒸汽的带水量较大的工业锅炉，蒸汽湿度常在3%左右，（与排污率控制在5%～10%的范围比较，已经是不算低了）这种条件下计算锅炉排污率时不能忽略蒸汽中的含盐量。因为 $K=(S_{给}-S_{汽})/(S_{污}-S_{给})=CL_{给}/(CL_{污}-CL_{给})-CL_{汽}/(CL_{污}-CL_{给})<CL_{给}/(CL_{污}-CL_{给})-CL_{汽}/CL_{污}$。这里 $CL_{汽}/CL_{污}$ 为蒸汽湿度，$CL_{污}=CL_{锅炉水}$，即排污水中的氯离子含量等于锅水中的氯离子含量，式中 $CL_{给}$、$CL_{污}$、$CL_{汽}$、$CL_{锅炉水}$分别表示给水中、排污水中、饱和蒸汽中、炉水中氯离子的含量。可见，如果忽略了蒸汽中的含盐量，则计算所得的排污率将偏大（差值大于蒸汽湿度）。

锅炉的排污率每增大1%，燃料的消耗量就增加0.3%。

第五十六节 影响锅炉热效率的主要因素

1. 排烟热损失

排烟热损失主要是根据锅炉实际排烟温度与设计排烟温度的差别大小进行判断。排烟温度越低，排烟热损失越小，一般情况下300MW燃煤机组锅炉排烟温度每升高10℃，影响机组供电煤耗升高1.5g/(kW·h)左右。降低锅炉排烟温度可以直接提高锅炉的热效率。但如果排烟温度过低，达到烟气露点温度，则烟气中的二氧化硫就会凝结在空气预热器的壁面上，形成低温腐蚀。燃用含硫量多的燃料时，这种低温腐蚀更加剧烈。因此，排烟温度的高低应通过技术经济比较确定。

影响排烟热损失的因素如下：

（1）燃烧器运行方式。

主要是通过炉膛火焰中心位置的相对变化来实现火焰中心位置上移，锅炉出口烟气温度升高，在锅炉对流受热面吸热一定的前提下，锅炉排烟温度升高。对多层燃烧器，投上层燃烧器，炉膛火焰中心位置上移；增加上层燃烧器出力，炉膛火焰中心位置上移；适当改变层间配风工况，也可改变炉膛火焰中心位置。

（2）锅炉送风量。

主要是通过影响燃烧和换热体现。锅炉风量增大，一方面锅炉辐射、对流换热比例发生变化，在入炉总热量不变的情况下，辐射总热量减少、对流总热量增加，使更多的热量交换由炉膛转移到对流烟道中，锅炉排烟温度升高；另一方面通过预热器受热面的风量增加，预热器受热面传热量增加，锅炉排烟温度降低。锅炉排烟温度的变化是两方面综合作用的结果。但锅炉风量大，排烟烟气体积增大，同时锅炉引风机、送风机耗电量增大。所以锅炉送风量的大小一般要与锅炉排烟热损失、煤粉燃烧效率以及引风机、送风机耗电量等因素综合来考虑。

（3）锅炉漏风。

锅炉漏风主要由锅炉本体漏风、制粉系统漏风以及空气预热器漏风等组成，其中锅炉本体漏风、制粉系统漏风影响锅炉炉膛出口过剩空气系数，对锅炉燃烧和排烟温度都有一定影响。

（4）受热面沾污情况。

水冷壁结渣，炉膛辐射换热量和水冷壁吸热量减少，炉膛出口烟气温度升高，导致锅炉排烟温度升高；对流受热面积灰，热阻增加，传热量减少，各段烟温升高，导致锅炉排烟温度升高；低温对流受热面堵灰，对流受热面传热量减少，各段烟温高，导致锅炉排烟温度升高；同时各对流受热面烟气侧阻力增加，引风机耗电率增加。

（5）送风温度。

当环境温度升高或需要暖风器投入运行时，送风温度高于设计值，会减少空气预热器的传热温差，降低空气预热器的传热量，导致锅炉排烟温度升高。

（6）制粉系统运行方式。

制粉系统热风利用量大，则通过空气预热器的空气量多，锅炉排烟温度降低。所以，保持制粉系统最佳干燥出力，不仅是提高制粉系统运行经济性的需要，同时也是降低锅炉排烟温度的要求。

（7）给水温度。

给水温度降低，会使锅炉省煤器传热温差大、吸热量增大，在锅炉燃料量不变的情况下，锅炉排烟温度降低；但同时省煤器出口水温度降低，锅炉蒸发受热面所需的热量增加，为保持锅炉蒸发量不变，就需要相应地增加燃料量，使锅炉各部分烟气温度回升。这样锅炉排烟温度同时受给水温度下降与燃料量增加两方面因素的影响，一般情况下，在机组负荷不变的情况下，给水温度降低锅炉排烟温度将会降低。但这将降低汽轮机循环热效率，是不足取的。

（8）煤质。

煤质对锅炉排烟温度的影响主要通过水分、挥发分、灰分、发热量来体现。水分、灰分增大，挥发分降低，都会使燃料着火晚、燃烧和燃尽过程推迟，炉膛火焰中心位置上移；发热量降低，则会使燃料量增加，相应烟气量增加，炉膛火焰中心位置提高，同时也使对流受热面传热增大；在锅炉对流受热面吸热一定的前提下，锅炉排烟温度升。

（9）煤粉细度。

煤粉过粗，燃尽时间延长，火焰中心上移，锅炉排烟温度升高；煤粉过细，燃烧提前，火焰中心下降，对汽温调整产生影响，同时也增加了制粉系统电耗。

（10）机组负荷。

机组负荷降低，锅炉排烟温度相应降低。

（11）对流受热面面积。

个别机组由于处理“四管泄漏”采取的堵管措施，会造成过热器、再热器以及省煤器传热面积减少，也会导致锅炉排烟温度升高。

2. 固体不完全燃烧损失

固体不完全燃烧损失主要是指飞灰可燃物和炉渣可燃物所造成的损失。飞灰可燃物主要是指锅炉飞灰中可燃物含量占总灰量的百分比，它是反映锅炉燃烧效率的一项指标，降低飞灰可燃物含量可以提高锅炉热效率；炉渣可燃物主要是指锅炉炉渣可燃物含量占灰总灰量的百分比。电站煤粉锅炉一般飞灰占总灰量的90%份额，炉渣占总灰量的10%份额。

（1）煤质。

燃煤挥发分高，着火温度低、着火距离近，燃尽程度高，飞灰可燃物含量低；挥发分低，锅炉燃烧效率与燃烧稳定性都有可能下降，飞灰可燃物含量升高。

灰分高，着火温度高、着火推迟，炉膛温度降低，燃尽程度变差，飞灰可燃物含量升高。

水分高，由于水汽化吸收热量，使锅炉炉膛温度降低，着火困难，燃烧推迟使飞灰可燃物含量升高。

低位发热量 Qar. net 低于设计值时，燃料消耗量增加。对直吹式制粉系统，磨煤机出力有可能要超出力运行，一次风量增加，煤粉变粗。一次风速的增大和煤粉变粗都会对着火、燃烧产生不利影响。

（2）煤粉细度。

煤粉越细，单位质量的煤粉表面积越大，挥发分易析出，着火及燃烧反应速度快，飞灰可燃物含量降低、燃烧效率提高。

（3）锅炉氧量。

在一定的变化范围内，锅炉氧量增加，过量空气系数增加，由于供氧充分炉内气流混合扰动增强，锅炉燃烧效率提高，飞灰可燃物含量降低，使得固体未完全燃烧热损失减少。

（4）一、二次风的影响。

一、二次风的配合特性也是影响锅炉燃烧的重要因素。二次风过早混入一次风不利于着火，使着火热量增加、着火推迟；如果二次风的过迟混入，又会使着火后的煤粉得不到燃烧所需氧气的及时补充，同样影响燃烧效率。旋流燃烧器各个燃烧器射流之间的相互配合作用远不及四角切圆直流燃烧方式，因此一、二次风的配合问题更为重要，需要现场进行单只旋流燃烧器燃烧调整试验来确定。

一次风：一次风率（一次风量占锅炉总风量的百分比）过大，为达到煤粉气流着火所需要的热量增加，着火推迟；一次风率过小，煤粉燃烧之初氧量不足，挥发分析出时不能完全燃烧也会影响着火速度。一次风速过大，着火距离延长，燃烧器出口附近烟温低，着火困难，另外一次风中大煤粉颗粒可能因其动能大而穿过燃烧区不能燃尽，使固体不完全燃烧热损失增大；一次风速过低，一次风气流刚性差，很容易偏转和贴墙，而且卷吸高温烟气的能力也差，对低挥发分煤种将会影响着火与燃烧，对高挥发分煤种着火将会太靠近燃烧器出口，从而引起喷嘴烧损。

二次风：二次风各层之间的分配方式对煤粉燃烧有直接的影响。二次风必须保持一定的动量，使之能在一次风风粉着火以后及时穿透到一次风内部，否则由于补氧不及时，将会影响燃烧，造成燃烧效率降低，飞灰可燃物含量增大。上层二次风能压住火焰，不使其过分上飘，是控制炉膛火焰中心位置和煤粉燃尽的主要风源；中部二次风则是为煤粉燃烧提供的主要的空气量；下部二次风则可以防止煤粉离析，使火焰不至于下冲冷灰斗而造成灰渣可燃物含量增加。

燃尽风是锅炉二次风的一部分，主要是在低 NO_x 燃烧技术中控制烟气中 NO_x 的生成量。过燃风风量增加，使燃烧过程推迟，炉膛火焰中心位置相对提高，使飞灰可燃物含量增加。

（5）燃烧器倾角。

调整燃烧器上倾角过大，会引起锅炉飞灰可燃物含量增加；若燃烧器下倾角过大，则可能引起火焰冲刷冷灰斗，导致结渣，也会使灰渣可燃物增加。

（6）负荷率。

锅炉负荷增加，炉膛温度升高，飞灰可燃物含量降低，有利于提高锅炉燃烧效率。

第五十七节　自然循环锅炉 VS 强制循环锅炉

1. 工作原理不同

自然循环原理：工质依靠上升管受热所产生的密度差沿着闭合的路线运动。

强制循环原理：在给水泵压头作用下，工质顺次通过预热、蒸发、过热各受热面，而被预热、蒸发、过热到所需的温度。

2. 锅炉启动操作不同

（1）自然循环锅炉。

自然循环锅炉的一个重要特征是其汽水系统中的厚壁金属汽包。汽包内蓄水、蓄热能力大，内、外和上、下壁的温度差是制约整台机组启动速度的主要因素。在启动过程中，要保证汽包等部件逐渐、均匀加热，不致产生过大的热应力而危害设备的安全。

①启动前的检查。启动前的常规检查内容包括：热工仪表的检查和校验，所有辅机传动机构正常，热力系统已处于完整备用状态。

②锅炉上水。在完成启动前的检查与准备工作后，即可进行锅炉上水操作。冷态启动时，汽包的金属温度接近室温，上水的温度应不高于90℃；热态启动时的上水温度与汽包的金属温度差应不大于40℃。上水至汽包水位计的最低可见水位。

③锅炉的升温升压。由于水和蒸汽在饱和状态下温度和压力存在一定的对应关系，所以汽包和水冷壁的升压过程就是升温过程。通常以控制升压的速度来控

制升温的速度。

在锅炉升压的过程中，工况变动频繁会对汽包的水位产生不同程度的影响。一方面是锅水升温、汽化，体积膨胀，使汽包水位逐渐升高。同时为了使水冷壁受热均匀，通常还要进行锅炉下部放水，使汽包的水位下降，这就需要根据汽包水位调整给水量。随着锅炉汽温汽压逐渐加速升高、产汽量增加，需要及时增加给水量，以防水位下降。当锅炉负荷上升到一定的数值而且水位比较稳定后，即可投入给水自动调节。

（2）强制循环锅炉。

和自然循环锅炉相比，强制循环锅炉由于可以利用水的强制流动，使各承压部件得到均匀的加热或冷却，因而能提高升降负荷的速度，缩短锅炉的启停时间。

3.2 种类型锅炉优劣比较

（1）自然循环锅炉。

①汽包是锅炉中省煤器、过热器和蒸发受热面的分隔容器。有了汽包，给水的加热、蒸发和过热等相应的各个受热面有明显的分界，因而汽水流动特性比较简单，较容易掌握。

②由于自然循环的推动力主要依靠水汽的密度差，因而自然循环锅炉的蒸发受热面就是由许多垂直管子组成的水冷壁，在尽量减少弯头，以减少流动阻力，保证水循环的安全。

③汽包中的汽水分离器，从水冷壁上升管进入汽包的水汽混合物，可以在汽包中的汽空间，也可以在汽水分离装置中进行汽水分离，以减少饱和蒸汽的带水。

④锅炉的水容量及其相应的蓄热能力较大，当负荷变化时，汽包水位及蒸汽压力的变化速度较慢，对机组的调节要求低。但由于水容量大，加上大直径的汽包壁较厚，因此加热、冷却不易均匀，使锅炉的启动停止速度受到限制。

⑤由于汽包直径及壁厚都较大，所以自然循环锅炉的金属消耗量较大。

⑥汽包极易短时间水位过低，导致水冷壁总循环流量不足，甚至发生更为严重的“干锅”。

⑦由于蒸发受热面内工质流速较低，易造成水冷壁受热不均匀、水冷壁受热偏差或管内阻力的影响，导致个别或部分管子出现循环流动停滞或倒流。

（2）强制循环锅炉。

①由于装有锅水循环泵，其循环推力比自然循环锅炉大好几倍。因此，一方面可用直径较小的管子做水冷壁，减少锅炉的金属消耗量；另一方面可以任意布置锅炉的蒸发受热面，管子直立、平放都可以。

②蒸发受热面内工质可以采用较高的流速。强制循环锅炉的循环倍率可以比自然循环锅炉小一些，循环水流量减小，流动阻力减小。因而可用锅水循环泵来克服汽水分离设备的阻力，也可以选用蒸汽负荷较高、阻力较大的旋风分离装置，充分利用离心分离的效果，减少汽水分离器的数量和尺寸。因而可以采用较小的汽包直径，汽包壁厚也相应减小。

③由于蒸发受热面内工质保持较高的质量流速，可使循环稳定，蒸发受热面内受热较弱的管子不易发生循环停滞或倒流循环故障，特别是控制循环锅炉的水冷壁管子进口处的节流圈，更是避免出现循环故障和受热偏差的有效措施。

④在锅炉启停期间，由于可以利用水的强制流动，使各承压部件得到均匀的加热或冷却，因而能够提高升降负荷的速度，缩短锅炉的启停时间。

⑤与自然循环锅炉相比，由于要增加锅水循环泵，不但增加了锅炉的投资和运行费用，而且锅水循环泵长期在高温和高压下运行，需采取特殊的结构和材料，才能保证锅炉运行的安全性。

第六章　环保运行

第一节　脱硝控制导则摘选

喷氨控制逻辑的优化措施：

（1）总控制逻辑宜为串级 PID 调节回路。

（2）主 PID 调节回路宜采用脱硝反应器出口浓度目标作为设定值，实际测量浓度作为过程值，输出值参与计算供氨计算值。

（3）次级 PID 调节回路宜采用供氨计算值作为设定值，实际供氨质量流量值作为过程值，输出至供氨调节阀。

（4）理论供氨计算值应采用修正后的烟气流量参与计算。

（5）增加有效前馈控制，消除 CEMS 系统测量滞后对控制的不利影响。

（6）将氨逃逸值加入供氨计算逻辑中。

（7）加入人工输入模块，运行人员可直接对供氨计算值进行偏置调整。

（8）应定期进行喷氨均匀性优化调整试验，确保反应器出口 NO_x 测量值具有代表性，提高喷氨自动的投运率。

第二节　氨的特性及储存

一般性质：分子量为 17.032，无色、强烈刺激性和腐蚀性的气体，比空气轻，极易溶与水，常温下 1 体积水大约溶解 700 体积的氨。在 1 个大气压下，沸点为 -33.3℃，熔点为 -77.7℃。

毒性：氨属于中毒类物质，浓度为 5mg/L 时，有强烈的刺激气味；浓度为 20～25mg/L 时，眼睛和喉咙有刺激感。若与氨直接接触，会刺激皮肤，灼伤眼睛，使眼睛暂时或永久失明，并导致头痛、恶心、呕吐等，严重时，会导致系统积水，甚至死亡。长期暴露在氨气中，会伤肺，导致咳嗽或呼吸急促的支气管炎症状。

爆炸性：氨在空气中的爆炸极限为，室温下15.5%～28.0%；在《石油化工企业设计防火规范》（GB50160－2008）中，可燃气体的火灾危险分类中氨属于乙类；根据《重大危险源辨识》（GB18218－2000）的规定氨的存储量若超过40t，则为重大危险源。

饱和蒸汽压特性：液氨的饱和蒸汽压随温度升高而升高，液氨也随温度升高而膨胀，虽然液体膨胀系数小，但液体具有不可压缩性，气隙太小，温度略有升高会使压力急剧增高，从而可能导致容器发生爆炸。

储存：液氨储存方式由于温度、压力的条件不同，应按照国家的规定选用储存容器，如储罐、槽车或钢瓶；储存形式有加压常温、加压低温和常压低温等。

第三节　NO_x 的分类

1. 热力型

燃烧空气中的氮气在高温下氧化而成 NO_x。温度是其生成的决定性因素，温度低于1500℃时，几乎不能生成；超过1500℃时，温度每增加100℃，反应速率增加1倍。人为能够采取的措施是降低燃烧温度，避免产生局部高温区，这块需要测量装置的准确性与即时性，可以采取声波法矩阵测量断面温度场。

2. 燃料型

煤中氮与碳氢化合物结合成环状化合物或链状化合物，再燃烧氧化合成 NO_x。从来源上划为挥发分型 NO_x 与渣碳型 NO_x，前者为主要来源，占60%～80%。燃料中的N不会全部转化成为 NO_x。

3. 挥发分型

挥发分中的N以HCN与 NH_3 形式出现，它们既是 NO_x 的生成源，也是其还原剂，最终生成挥发分型 NO_x 的原因是生成速度大于还原速度。

挥发分型 NO_x 主要取决于燃料中的含N量，但是相同含N量水平，挥发分越多，其携带的N原子越多，产生的挥发型 NO_x 越多；600～800℃的着火阶段就已经产生，与温度的关系不大，但是如果温度明显升高，会使挥发分析出的量增加，携带的N原子越多，产生更多挥发分型 NO_x；挥发分燃烧期间氧浓度越大，产生的挥发分型 NO_x 越多，挥发分与氧气反应的速度越快。减少一次风率、减少燃烧区域的二次风和降低氧气浓度，可以控制挥发分型 NO_x 的生成。

一般烟煤如果能控制含氮量低于0.8%，挥发分高于27%，锅炉出口 NO_x 就能被很好控制；若突破了这2个边界，调整的难度将增大很多。

第四节　SCR反应器布置类型

按SCR反应器在锅炉烟道中不同的安装位置可分为3种布置方式，即热段/高含尘布置、热段/低含尘布置和冷段布置。

1. 热段/高含尘布置

反应器布置在空气预热器前温度为360℃左右的位置，此时烟气中所含有的全部飞灰和 SO_2 均通过催化剂反应器，反应器的工作条件是在“不干净”的高尘烟气中。由于这种布置方案的烟气温度在300～400℃的范围内，适合于多数催化剂的反应温度，因而它被广泛采用。但是由于催化剂是在“不干净”的烟气中工作，因此催化剂的寿命会受下列因素的影响：

（1）烟气所携带的飞灰中含有Na、Ca、Si、As等成分时，会使催化剂“中毒”或受污染，从而降低催化剂的效能。

（2）飞灰对催化剂反应器的磨损。

（3）飞灰将催化剂通道堵塞。

（4）如果烟气温度升高，会将催化剂烧结，或使之再结晶而失效；如果烟气温度降低，NH_3 和 SO_3 反应生成酸性硫酸铵，从而堵塞催化剂和污染空气预热器。

（5）高活性的催化剂会促使烟气中的 SO_2 氧化成 SO_3，因此应避免采用高活性的催化剂用于这种布置。为了尽可能延长催化剂的使用寿命，除了应选择合适的催化剂之外，要使反应器通道保持足够的空间以防堵塞，同时还要制定有效的防腐措施。

2. 热段/低含尘布置

反应器布置在静电除尘器和空气预热器之间，这时，温度为300～400℃的烟气先经过电除尘器以后再进入催化剂反应器，这样可以防止烟气中的飞灰对催化剂的污染和造成反应器磨损或堵塞。但烟气中的 SO_3 始终存在，因此烟气中的 NH_3 和 SO_3 反应生成硫酸铵而发生堵塞的可能性仍然存在。采用这一方案的最大问题是，静电除尘器很难在 300～400℃的温度下正常运行，因此很少采用。

3. 冷段布置

反应器布置在烟气脱硫装置（FGD）之后，这样催化剂将完全工作在无尘、无 SO_2 的"干净"烟气中。由于不存在飞灰对反应器的堵塞及腐蚀问题，也不存在催化剂的污染和中毒问题，因此可以采用高活性的催化剂，减少了反应器的体积并使反应器布置紧凑。当催化剂在"干净"烟气中工作时，其工作寿命可达 3～5 年（在"不干净"的烟气中的工作寿命为 2～3 年）。这一布置方式的主要问题是，当将反应器布置在湿式 FGD 脱硫装置后，其排烟温度仅为 50～60℃，因此，为使烟气在进入催化剂反应器之前达到所需要的反应温度，需要在烟道内加装燃油或燃烧天然气的燃烧器，或蒸汽加热的换热器以加热烟气，从而增加了能源消耗和运行费用。

对于一般燃油或燃煤锅炉，其 SCR 反应器多选择安装于锅炉省煤器与空气预热器之间。因为此区间的烟气温度刚好适合 SCR 脱硝还原反应，氨被喷射于省煤器与 SCR 反应器间烟道内的适当位置，使其与烟气充分混合后，在反应器内与氮氧化物反应，SCR 系统商业运行业绩的脱硝效率约为 50%～90%。

第五节　SCR 调节原理

1. 主要模拟量的调节

根据脱硝系统工艺流程及特点，主要模拟量调节包括：SCR 反应器氨气流量控制、液氨蒸发槽温度控制、氨气缓冲槽压力控制等。其中脱硝模拟量调节系统中最为重要和核心的控制为 SCR 反应器氨气流量控制。

脱硝系统氨气流量控制策略在实施过程中需要注意以下 3 个问题：

（1）NO_x 测量信号存在较长时间的滞后问题。

（2）NO_x 在催化剂作用下的时间复杂性。

（3）氨气逃逸率的控制问题。

2. 控制方式

SCR 反应器氨气流量控制方式通常有 2 种：固定摩尔比控制方式（标准控制

方式）和出口 NO_x 定值控制方式。

（1）固定摩尔比控制。

1）控制过程。

氨气流量：反应器入口烟气流量×入口氮氧化物浓度×摩尔比二氨气流量，SCR 烟气脱硝系统利用固定的 NH_3/NO_x 摩尔比来控制所需要喷入的氨气量。SCR 反应器进口的 NO_x 浓度乘以烟气流量得到 NO_x 信号，该信号乘以所需 NH_3/NO_x 摩尔比就是基本氨气流量信号。此信号作为给定值送入 PID 控制器与实测的氨气的流量信号比较，由 PID 控制器经运算后发出调节信号控制 SCR 入口氨气流量调节阀的开度以调节氨气流量。

2）控制原理。

①由于烟气流量不易于直接准确测量，因此烟气流量通常是通过锅炉空气流量和锅炉燃烧等数据计算得到的（数据由机组 DCS 提供）。由于测量信号存在的滞后性问题，锅炉空气流量被用来快速检测负荷变化。

②计算出的 NO_x 流量乘以摩尔比是所需的氨气流量。摩尔比是根据系统设计的脱硝效率计算得出的，在固定摩尔比控制方法中为预设常数。

③净氨气的质量流量由在氨气喷射母管测得的体积流量通过温度和压力修正后取得。

④大负荷变化预喷氨控制。由于脱硝系统存在明显的 NO_x 反应器催化剂反馈滞后和 NO_x 分析仪响应滞后的问题，控制回路中采用加入大负荷变化预喷氨气措施，原理是将烟气流量信号被用作预示负荷变化的超前信号（对于负荷变化信号有必要采用一个尽可能迅速的预测 NO_x 变化的信号，在某些情况下，发电量需求信号、主蒸汽流量信号等比烟气流量信号更能迅速地预测 NO_x 变化）。

针对脱硝催化剂反应缓慢等原因导致控制效果不能很好满足调节要求的问题，除要根据系统特点调整从而改变调节品质外，还应从以下几个方面进行处理：a. 缩短 NO_x 分析仪采样管以保证即时的检测响应。b. 采用能够灵敏地预测 NO_x 变化的信号。c. 催化剂在 NO_x 变化之前提前吸收足量的氨气来弥补反应滞后。

（2）出口 NO_x 定值控制。

这种控制方法是保持出口 NO_x 恒定。根据环境空气质量标准，控制反应器 NO_x 为定值比控制固定的脱氮效率更容易监视，同时氨气消耗量更少。

出口 NO_x 定值控制方式与固定摩尔比的控制方式在主控制回路上基本相同，与固定摩尔比控制主要的不同之处在于摩尔比是个变值，摩尔比与反应器 SCR 出口 NO_x 值以及锅炉负荷相应。

控制原理：主控制回路同固定摩尔比控制方法，仅是将摩尔比作为变量。变化摩尔比输出控制器原理如下。

①根据入口 NO_x 实际测量值以及出口 NO_x 设定值，计算出预脱硝效率和预置摩尔比。

②预置摩尔比作为摩尔比控制器的基准来输出，出口 NO_x 实际测量值同出口 NO_x 设定值进行比较，通过 PID 调节器的输出作为修正，最终确定控制系统当前需要的摩尔比值。

③摩尔比控制器输出的摩尔比信号作为固定摩尔比控制回路中摩尔比设定值，控制氨的喷射，从而有效地控制脱硝系统，保证出口 NO_x 稳定在设定值上。

另外，受脱硝反应器催化剂的特性决定，即便在锅炉负荷已确定的条件下，出口 NO_x 浓度也将会波动较长时间，因此当采用固定脱硝装置出口 NO_x 为控制方式时，应该考虑对这种波动现象进行补偿。

简而言之，调整控制策略和控制参数确保出口 NO_x 变化可以在一个很短的时间内被抑制。

第六节　脱硝运行问题四则

1. 引起 SNCR 系统氨逃逸的原因有哪些？

引起 SNCR 系统氨逃逸的原因有 2 种：一种是由于喷入点烟气温度低，影响了氨与 NO_x 的反应；另一种是喷入的还原剂过量或还原剂分布不均匀。还原剂喷入系统必须能将还原剂喷入炉内最有效的部位，因为 NO_x 在炉膛内的分布经常变化，如果喷入控制点太少或喷到炉内某个断面上的氨分布不均匀，则会出现分布较高的氨逃逸量。为保证脱硝反应能充分地进行，以最少的喷入 NH_3 量达到最好的还原效果，必须设法使喷入的 NH_3 与烟气良好地混合。若喷入的 NH_3 不充分反应，则逃逸的 NH_3 不仅会使烟气中的飞灰容易沉积在锅炉尾部的受热面上，而且烟气中 NH_3 遇到 SO_3 会产生 $(NH_4)_2SO_4$，易造成空气预热器堵塞，并有腐蚀的危险。

2. 稀释风的作用有哪些?

稀释风由稀释风机负责提供，其主要作用如下：一是作为 NH_3 的载体，降低氨的浓度，将其控制在爆炸极限下限以下，保证系统安全运行；二是通过喷氨格栅将 NH_3 喷入烟道，有助于加强 NH_3 在烟道中的均匀分布，便于系统对喷氨量的控制。

3. 声波吹灰器与蒸汽吹灰器有何不同?

声波吹灰技术是利用声波发生器，把调制高压气流而产生的强声波送入反应器空间内。由于声波的全方位传播和空气质点高速周期性振荡，可以使表面上的灰垢微粒脱离催化剂而处于悬浮状态，以便被烟气流带走。声波除灰的机理是"波及"，吹灰器输出的能量载体是"声波"，通过声场与催化剂表面的积灰进行能量交换，从而达到清除灰渣的效果。这种方式适合于松散积灰的清除，但对黏结性积灰和严重堵灰以及坚硬的灰垢无法清除。而传统的高压蒸汽吹灰器，是用"触及"的方法，输出的能量载体是"蒸汽射流"，靠"蒸汽射流"的动量直接打击换热面上的灰尘，使之脱落并将其送走。这种方式适用于各种积灰的清除，对黏结性较强、灰熔点低和较黏的灰有较明显效果。

4. 催化反应系统运行需注意哪些要点?

(1) 反应器声波吹灰系统的稳定运行对于机组和脱硝系统的安全稳定运行极为重要。因此无论是否喷氨，在锅炉引风机运行以后，都应该把声波吹灰系统顺控投入运行。只有当锅炉需要检修时、引风机停运后，方可将声波吹灰系统停运。

(2) 声波吹灰系统在每一个反应器的每一层的就地管路上都有一个压力调节阀，应该把压缩空气的压力调整在 0.5MPa，日常巡检时应该检查该压力是否在 0.5MPa 左右，否则应该进行调整。

(3) 稀释风机产生的稀释风不但起稀释氨气的作用，同时还具有防止 AIG 喷嘴堵塞的作用。因此，无论是否喷氨，在锅炉引风机投入运行之前，都应该把稀释风机投入运行。在锅炉引风机停运后，方可停运稀释风机。

(4) 为了防止压缩空气中的水分腐蚀声波吹灰器的鼓膜，应该定期对声波吹灰器压缩空气缓冲罐进行排污。

(5) 由于脱硝混合系统中所有手动碟阀的开度在调试过程中都进行了调整和确认，因此运行人员应该记录并标记所有手动碟阀的开度位置，在日常运行时，严禁随意调整这些阀门的开度位置，以免影响脱硝系统的正常运行。

（6）为了保证脱硝系统的安全稳定运行，进入反应器内的烟气温度不能过高，也不能过低。催化剂的正常工作温度为290~420℃，只有当烟气温度高于290℃且低于420℃时，方可向反应器内喷氨。当反应器烟气温度高于420℃时，应该对锅炉进行调整，以免催化剂发生高温烧结，导致催化剂活性迅速降低。

（7）应当关注反应器进口温度和空气预热器进口温度，尤其是在机组启停阶段。当空气预热器进口温度远大于反应器进口温度时，表明很有可能在反应器内发生了再燃现象，此时应该及时向脱硝技术供应商BHK进行咨询，以便采取适当措施。

（8）在正常情况下，锅炉满负荷运行时，反应器压差应该小于350Pa。若反应器压差过大，应引起注意；当反应器压差高于400Pa时，应该及时向脱硝技术供应商BHK进行咨询，以便采取适当措施。

第七节　关于脱硝最低喷氨温度的讨论

当SCR温度较低时，烟气中的二氧化硫、氨气、水会发生反应生成硫酸氢铵，在催化剂的孔内形成氨盐，堵塞催化剂微孔，降低催化剂活性，喷氨量会逐步增加。除此之外，硫酸氢氨副产物还会对下游空预器的换热元件造成低温腐蚀和堵塞。而以上反应是与二氧化硫、氨气的浓度有关系的，所以，脱硝系统最低喷氨温度取决于烟气自身的参数。

脱硝系统最低喷氨温度与烟气中SO_2浓度、烟气中含湿量等参数有关，SO_2浓度越高，最低喷氨的温度越高，烟气中水分越大、脱硝效率要求越高，最低喷氨温度越高。

实际上，氨盐生成后并不是不可恢复的，因为氨盐本身并不稳定，如果生成氨盐，只要将烟气温度提升到最低连续运行温度以上，就能将生成的氨盐在24h内蒸发去除分别如图6-1、图6-2所示。

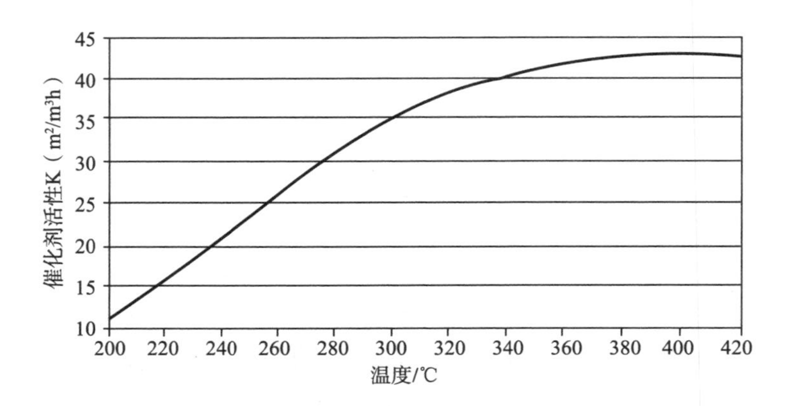

图 6-1 催化剂活性与温度关系图

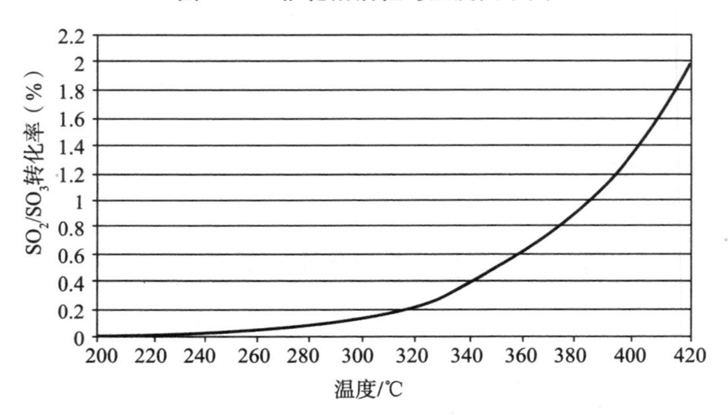

图 6-2 SO_2/SO_3 转化率与温度关系图

第八节 脱硝系统总体资料

1. 概述

采用“选择性催化剂还原烟气脱硝”技术，其主要化学反应如下：

$$4NH_3+4NO+O_2 \rightarrow 4N_2+6H_2O$$

$$4NH_3+2NO_2+O_2 \rightarrow 3N_2+6H_2O$$

其反应产物为对环境无害的水和氮气，但只有在 800℃ 以上的条件下才具备足够的反应速度。工业应用时须安装相关反应的催化剂，在催化剂的作用下其反应温度降至 400℃ 左右，锅炉省煤器后温度正好处于这一范围内，这为锅炉脱硝提供了有利条件。

SCR（脱硝系统）催化剂的工作温度是有一定范围的，温度过高（>450℃）时催化剂会加速老化；当温度在300℃左右时，在同一催化剂的作用下，另一副反应也会发生。

$$2SO_2 + O_2 \rightarrow 2SO_3$$

$$NH_3 + H_2O + SO_3 \rightarrow NH_4HSO_4$$

即生成氨盐，该物质黏性大，易黏结在催化剂和锅炉尾部的受热面上，影响锅炉运行。因此，只有符合催化剂环境的、烟气温度在305～425℃之间时，才允许喷射氨气进行脱硝。

2. 系统的组成

烟气脱硝采用选择性催化还原（SCR）脱硝工艺，由反应器、液氨卸料和储存、蒸发器、缓冲罐及管道组成。

（1）主要工艺流程。

公用系统制备的氨气输送至炉前，通过混合器与稀释风混合稀释后进入烟道，稀释风通过烟道内的涡流混合器与烟气进行充分、均匀地混合后进入反应器，在催化剂的作用下，氨气与烟气中的NO_x反应生成氮气和水，从而达到除去氮氧化物的目的。氨气的喷入量应根据出口浓度及脱硝效率通过调节门进行调节，喷氨量少会使脱硝效率过低，过大容易导致氨逃逸率上升造成尾部烟道积灰。

脱硝系统的反应器布置在省煤器与空气预热器之间，锅炉燃烧产生的飞灰流经反应器。为防止反应器积灰，每层反应器入口布置有吹灰器，通过吹灰器的定期吹扫清除催化剂上的积灰。

公用系统氨气的制备过程实际上是液氨的气化过程，液氨存储在液氨储罐中，引自机组的蒸汽通过氨站蒸发器的加热器对液氨进行加热；液氨受热蒸发气化成氨气，通过蒸发器后的调节阀可控制缓冲罐内的压力；蒸发器内的压力和温度可通过调节液氨调节门和蒸汽调节门来控制。

（2）脱硝系统构成。

脱硝系统主要由烟气系统、SCR反应器和催化剂、催化剂吹灰系统、液氨存储和卸料系统、液氨蒸发系统、氨的空气稀释和喷射系统、烟气取样系统和工业水系统组成。其他由主系统接出的水、蒸汽等辅助系统设计。

1）烟气系统。烟气系统是指从锅炉尾部低温省煤器下部引出口至SCR反应器本体入口、SCR 反应器本体出口至回转式空预器入口之间的连接烟道。

烟道壁厚按 6mm 设计。

为了将与烟道连接的设备受力控制在允许范围内，特别要考虑烟道系统的热膨胀问题，热膨胀通过膨胀节进行补偿。

所有烟道将在适当位置配有足够数量和大小的人孔门和清灰孔，以便于烟道的维修、检查及清除积灰。

烟道需在适当位置配有足够数量测试孔。

2）SCR 反应器。SCR 反应器的设计要充分考虑与周围设备布置的协调性及美观性。每台锅炉配置 2 台 SCR 反应器，反应器尺寸为 11.6m×6.9m×16m，反应器设计成烟气竖直向下流动。反应器入口设气流均布装置，反应器入口及出口段设导流板，反应器内部易于磨损的部位设计必要的防磨措施。反应器内部各类加强板、支架设计成不易积灰的形式，同时要考虑热膨胀的补偿措施。

反应器要设置足够大小和数量的人孔门。

反应器设计还要考虑内部催化剂维修及更换所必需的起吊装置。

SCR 反应器要能承受运行温度 450℃ 不少于 5h 的考验，而不产生任何损坏。

3）催化剂反应器。反应器内催化剂层按照两层并预留一层设计。催化剂的形式可采用蜂窝式或平板式。

催化剂反应器要根据锅炉飞灰的特性合理选择孔径大小并设计防堵灰措施，确保催化剂不堵灰，同时，设计要尽可能降低压力损失。

①当采用平板式催化剂时：

a. 平板式催化剂采用不锈钢作为基材。

b. 平板式催化剂孔径一般 >6.0 mm，卖方将根据自身的特点以及设计条件合理确定。

②当采用蜂窝式催化剂时：

a. 蜂窝式催化剂要整体成型。

b. 蜂窝式催化剂孔径一般将 >7.0 mm，卖方将根据自身的特点以及设计条件合理确定。

c. 蜂窝式催化剂壁厚一般 >0.7 mm。

催化剂模块必须设计有效防止烟气短路的密封系统，密封装置的寿命不低于催化剂的寿命。

催化剂设计必须考虑燃料中含有的微量元素可能导致的催化剂中毒。

在加装新的催化剂之前，催化剂体积要满足关于脱硝效率和氨的逃逸率等的要求。同时，卖方需考虑预留加装催化剂的空间。

催化剂要能承受运行温度450℃不少于5h的考验，而不产生任何损坏。

4）吹灰系统。根据煤种特性设置吹灰器，采用声波式吹灰系统，按每一层催化剂设置4台吹灰器进行设计，预留层吹灰器只预留吹灰器接口。

声波吹灰器的频率为75Hz，有效辐射范围为13m，内部能量输出水平为147dB，外部噪音水平为85dB，建议吹扫频率为10s/10min，每个反应器从最上层开始吹扫，每一层的吹灰器同时动作。声波式吹灰器工作介质为压缩空气，压缩空气由电厂提供。

5）氨的空气稀释和喷射系统。每台锅炉设两台100%容量的离心式稀释风机，一用一备。设两套氨/空气混合系统，分别用于2台SCR反应器氨与空气的混合。

为保证氨（NH_3）注入烟道的绝对安全以及均匀混合，将氨浓度降低到爆炸极限［爆炸极限（空气中体积%）为15%～28%］下限以下，控制在5%以内。

氨/烟气混合均布系统按如下设计：每台SCR反应器设置6台涡流混合器。来自氨/空气混合系统中的混合气体喷入烟道内的涡流混合器处，在注入涡流混合器前将设手动调节阀，在系统投运时可根据烟道进出口检测出的NO_x浓度来调节氨的分配量，调节结束后基本不再调整。

6）烟气取样系统。每台炉设置4台烟气取样风机，2台为原烟气取样风机，2台为净烟气取样风机，皆为一用一备。原烟气取样风机从喷氨点前的烟道抽取原烟气经风机后注入反应器出口，净烟气取样风机从反应器出口抽取净烟气经风机后注入反应器出口烟道。位于烟道抽取烟气处的管道都设置了过滤元件以过滤烟气中的烟尘，在每台反应器抽取烟气入口管道上安装有NO_x及O_2分析仪。

7）冷却水系统。烟气取样风机轴承冷却水采用锅炉房区域闭式冷却水，排水至闭式水回水管。氨站区卸料压缩机冷却水取自工业水，排水至氨区地坑。

8）仪表压缩空气系统。锅炉房区域仪表用气就近取自锅炉房区域仪表用压缩空气母管，氨站区域仪表用压缩空气取自厂区仪表用压缩空气管道，在氨站区域设置压缩空气储罐稳压。

9）液氨储存蒸发系统。液氨储存、制备、供应系统包括液氨卸料压缩机、储氨罐、液氨蒸发槽、氨气缓冲槽、稀释风机、混合器、氨气稀释槽、废水泵、废水池等。此套系统氨气供脱硝反应使用。液氨的供应由液氨槽车运送，利用液氨卸料压缩机将液氨由槽车输入储氨罐内，再将储槽中的液氨输送到液氨蒸发槽内蒸发为氨气，经氨气缓冲槽控制一定的压力及流量，然后与稀释空气在混合器中混合均匀，再送达脱硝系统。氨气系统紧急排放的氨气则排入氨气稀释槽中，经水的吸收排入废水池，再经由废水泵送至废水处理厂处理。

设计的氨制备及其供应系统中，氨的供应量能满足锅炉不同负荷的要求，调节方便灵活；可靠；存氨罐与其他设备、厂房等要有一定的安全防火防爆距离，并在适当位置设置室外防火栓，设有防雷、防静电接地装置；氨存储、供应系统相关管道、阀门、法兰、仪表、泵等设备选择时，其必须满足抗腐蚀要求，采用防爆、防腐型户外电气装置。氨液泄漏处及氨罐区域应装有氨气泄漏检测报警系统；系统卸料压缩机、储氨罐、氨气蒸发槽、氨气缓冲槽及氨输送管道等都应备有氮气吹扫系统，防止泄漏氨气和空气混合发生爆炸。氨存储和供应系统应配有良好的控制系统。

（3）SCR 的启动。为避免启动过程中温升所产生的膨胀及应力问题，在 SCR 的启动过程中应对反应器的温度上升速度加以控制。具体分为 2 种启动方式：冷态启动和温态启动。

冷态启动：锅炉长期停运后，脱硝反应器也处于常温状态，这种启动方式称为冷态启动。在冷态启动过程中，反应器温度 $<150℃$ 时，SCR 的温升速度应 $<5℃/min$。

温态启动：锅炉温态启动时，反应器温度 $>150℃$，SCR 的温升速度可达到 50℃/min，而根据锅炉的启动要求，温态启动的温度上升速度一般不允许达到这一数值，因此热态 SCR 启动的温升速度一般不作为主要控制对象。

系统启动前应首先做好相应的准备工作，投入相关的辅助系统，如冷却水系统、压缩空气系统等。

1）启动前的系统检查。系统启动前应首先做好相应的准备工作，启动相关的辅助系统，如工业冷却水泵、空压机等，并对系统设备进行检查。

①检查氨气母管压力是否正常。系统投入前应首先对氨气母管进行检查，且无泄露报警。如是第一台投入脱硝的锅炉，母管可能未通氨气，应先将氨区缓冲罐出口手动截止门全开，通过调整缓冲罐出口气动调节门将母管压力调整到设计

运行压力范围内。

②检查稀释风管道。稀释风进入烟道的手动门应全开，稀释风机入口无杂物，转动部分无障碍，风机手动阀门动作灵活，方向正确。

③检查取样风机管道是否存在泄露，冷却水是否投入，轴承油位是否正常，风机手动阀门动作灵活，方向正确。

④检查 DCS 上热工信号是否正确。

⑤检查过程中如发现异常应及时汇报值长，并待故障消除后方可进行 SCR 的启动工作。

2）SCR 的启动。具体启动步骤：

①联系投入相应的辅助系统，如压缩空气系统、工业水系统。

②锅炉启动后要进行吹扫。脱硝系统也应随锅炉对 SCR 的反应器进行吹扫。吹扫过程中可投入反应器声波吹灰器。

③反应器的预热。随锅炉的启动，热烟气进入 SCR 系统后，其温度将逐渐升高。冷态的温升速度应在 5℃/min 以内，脱硝系统无法控制温升速度，因此一旦接近限制值时，应联系值长对锅炉进行调整，降低锅炉的温升速度。温态启动时，正常情况下温升速度应不超过 50℃/min。

④SCR 温度达到 250℃，启动氨站蒸发系统，使氨气缓冲罐中的氨气压力保持在 0.55MPa。启动取样风机及稀释风机。

⑤SCR 温度达到允许温度时，全开该炉两路氨气母管上的手动截止门，并开启两路供氨管道上的电动氨气截止门，通过调整喷氨电动调节门控制氨气量，开始喷氨气脱硝。

⑥氨气进入烟道后在催化剂的作用下与烟气中的氮氧化物发生反应生成氮气和水，从而发挥脱硝作用。通过调节供氨量可对脱硝效率进行调节，供氨量大效率也将提高。启动过程中应逐渐加大供氨量，脱硝效率达到运行要求后，投入喷氨自动，DCS 将根据脱硝效率自动调节供氨量。

3）取样风机的启动。

①启动前的设备检查，包括出口门应处于关闭位置；电机、冷却水、轴承油位是否正常等。

②启动风机。

③全开出口门。

4）稀释风机的启动。

①启动前的设备检查，包括出口门应处于关闭位置；电机、轴承是否正常等。

②启动风机。

③全开出口手动门。

④另一风机投入备用。

5）喷氨的投入。

启动条件：

①氨气缓冲罐压力正常，压力控制应在0.55～0.6MPa。

②SCR烟气温度正常，在允许温度以上允许开反应器侧氨气截止门。

③稀释风机工作，稀释风流量正常。

④DCS上各热工信号显示正常。

投入步骤：

①全开氨站氨气缓冲罐供气手动门，利用缓冲罐出口启动调节门调节，使氨气母管压力维持在0.55MPa。

②全开氨气母管通向反应器的手动截止门，开启反应器的氨气供气电动截止门。

③逐渐开启氨气供气调节门，随着氨气的投入，脱硝效率将逐渐提高，当反应器的脱硝效率达到75%～80%时，可投入供氨自动，DCS将自动调节供氨量，使脱硝效率维持在设定值。

6）声波吹灰器的投入。

①锅炉吹扫后，点火投油时就应投入声波吹灰器。

②接到值长命令后，运行人员投入吹灰器顺控功能组，各吹灰器将逐台锅炉按由上至下顺序开启各吹灰器的吹扫电动门进行吹扫。吹扫时每层反应器吹扫10秒，每10分钟循环吹扫一次。

③如有吹灰器需要检修，应关闭该吹灰器的压缩空气手动门，并将该吹灰器的电磁阀停电后，方可进行检修。

（4）SCR的停止。SCR的停止首先由切断氨气的供应开始，然后根据停机原因及是否有其他锅炉脱硝运行决定是否停止氨气制备系统。如只是脱硝系统停止运行，则反应器的吹灰装置应继续运行。具体步骤如下：

①接到停止脱硝反应器工作的通知后，首先关闭氨气电动截止阀，稀释风机和取样风机应保持运行。

②关闭氨气母管上的手动截止门，如长时间不投入脱硝系统，可停止稀释风机及取样风机。

第九节　湿式除尘器

随着超低排放概念的流行，湿式电除尘器受到了燃煤电厂的关注，在考虑是否采用湿式电除尘器前，希望大家对如下事实有所了解。

（1）湿式电除尘器是一种在一级除尘器和湿法脱硫后增设的二级除尘设备，从技术路线上可分为 2 类：一类来源于日本，用来治理燃煤电厂烟气中烟尘的湿式电除尘技术，一类来源于化工领域，用来治理废气中酸雾滴的湿式电除雾技术（为了便于区别下面陈述中，湿式电除尘器是指选用 2 类技术路线中任一类技术的除尘设备，湿式电除尘技术专指本类来源于日本的湿电技术）。后者与前者的显著区别在于前者阳极板为金属材质（316L 或更高等级不锈钢），运行时须对阳极板不间断喷水形成水膜；后者阳极板为非金属材质（玻璃钢或其他柔性材料），且认为运行时不需喷水，阳极板上凝结的液滴可靠自重滑落。

（2）虽然湿式电除尘技术并非新技术，但是在进入国内前，燃煤电厂的成功案例主要在日本。当前我国采用的湿式电除尘技术也主要是引进日本成熟技术或借鉴日本成熟技术自行研制开发。就当前来看，国内湿式电除尘技术相比日本源技术，尚未有明显技术突破，采用湿电除尘技术的湿电除尘器的各项效率指标还未超过日本运行水平。

（3）对于湿式电除尘技术，通常认为可达到的性能指标如下：

粉尘去除率（含石膏）：≥70%

SO_3去除率：≥70%

PM2.5 去除效率：≥70%

雾滴含量：不高于 100mg/m^3（V_n）

系统阻力：200～300Pa

在日本，湿式电除尘器作为二级除尘设备，其入口粉尘浓度要求低于 18mg/m^3（V_n），方能保证湿电除尘器出口粉尘低于 5mg/m^3（V_n）。在我国的应用实践中也表明，经常有一些达不到5或10mg/m^3（V_n）的湿电项目，追其原因，多是因为入口尘浓度过高。

（4）湿式电除尘技术虽然能够有效去除脱硫烟气中的石膏颗粒，但是无法去除湿烟气中的水雾含量，甚至会增加湿烟气中的水雾含量，加大烟囱冒“白烟”的现象。交流中，厂家表示出口烟气的雾滴含量为不高于100mg/m^3（V_n）。在日本需要配合管式GGH解决石膏雨问题。

尽管选用湿式电除尘技术改造后，电厂仍然可能要面对周边居民的指责，要通过测试报告，说服周边居民相信：他们所看到的白烟中的粉尘已经是“近零排放”了，如果再有水滴沉降到周边，应该叫作“烟汽雨”而非“石膏雨”。

（5）湿式电除尘技术用在1000MW机组时，初投资约6000万~7000万元，占地约为12m×60m，整机寿命20年，极板极线的寿命要依据运行实际情况来确定，这个会在后面的运行维护中提到。

（6）设备投运后，设备阻力200~300Pa，考虑到增加的烟道部分，系统阻力会更高些。设备运行能耗（含阻力能耗）1000~1200kW。运行中阳极板需用130t水喷淋形成水膜，其中外排废水量随出口烟尘浓度增加而增大，湿式除尘器入口的烟气含尘为30mg/m^3（V_n）时，外排废水量约为38t/h。当湿式除尘器入口的烟气含尘为100mg/m^3（V_n）时，外排废水量约为80t/h，外排水可以考虑进入脱硫系统回用。为了中和冲洗水的酸性，还要耗用碱量约200kg/h（1000MW燃煤S分0.6%时，耗量随S分增高而增高）。

（7）由于湿式电除尘器运行在湿烟气工况下，其外壳与内部金属部件的腐蚀就成了应用中的一大难题（如果不了解其工况的恶劣，可以参考湿烟囱的选材与维护）。当前湿电外壳采取内部衬玻璃鳞片防腐。

阳极板材质通常采用316L，不具备很好的防腐性能。主要依靠极板上的一层均匀的水膜以避免极板受到烟气的腐蚀，水膜一旦出现破损，阳极板将很快腐蚀。这就对设计、制造及安装提出了极高的要求，要求具有良好的现场管理能力。鉴于当前316L极板腐蚀严重，有厂家开始采用双相钢作极板材质，应用效果如何有待时间检验。

国内一些电厂通过采用低温静电除尘器，来预除掉部分SO_3以降低湿烟气对湿式电除尘器的腐蚀。实践证明这一技术用在低硫煤项目是成功的，但是用在中高硫煤项目的效果如何，尚需时间检验。

（8）湿式电除尘技术应用时，需要配套近千个喷嘴喷水形成阳极板的水膜，喷嘴口径1mm。如循环水处理不当，很容易造成喷嘴堵塞，而喷嘴堵塞较多时，会影响对应的阳极板水膜形成，带来腐蚀问题。

（9）曾有一个湿电项目，据运行人员反映因水处理系统故障，湿电除尘器未投运。考虑到即使在不放电状态，通过的湿烟气也会对湿电除尘器进行腐蚀。一旦上了湿电除尘设备，在主机运行时，无论湿电除尘器投与不投，喷水系统都必须投运。因此，“暂时先上湿式电除尘设备，等环保要求高的时候再投运”的想法并不可取。

（10）湿式电除尘技术运行维护手册要求，极板极线要定期检查，如发现腐蚀，极板0.5mm以上，极线1mm以上，则需更换。此项要求远较常规静电除尘器严格，考虑到极板极线需在湿烟气条件下放电工作，一旦出现腐蚀凹点，电化学腐蚀会在凹点处加剧，所以此维护要求是合理的。不过如按照这项要求来执行，湿电除尘器的金属极板极线的更换，必将成为其运行中一大成本。当然，当前国内的湿式电除尘器投运时间较短，此问题尚未显露。

（11）即使是在理想状态下，湿电除尘器能够达到5mg/m^3（V_n），1台1000MW机组的湿电除尘器每小时减排的粉尘量也仅为450kg。不考虑极板极线的更新和人员维护费用（受设备质量影响，各厂差异较大），仅正常的设备折旧、水电耗和NaOH费用，每小时合计超过1500元。相比减排效果，湿电除尘器运行成本过高。

（12）第二类湿式电除雾技术最初用于气体净化，而非烟尘处理。其所宣传的“不需喷水，极板上的液滴可靠自重滑落”也是在气体净化时具备的优势，在处理含尘烟气时能否实现，值得思考。其前期项目极板布置多采用蜂巢结构，后期运行堵塞问题较严重，个别项目外壳腐蚀严重，该技术路线尚未定型，能否适用于燃煤湿烟气工况，还需时间检验。

（13）当前国内应用湿电除尘技术成功的一些电厂，他们所完成的项目通常采用低硫（要求低于1.2%）、低灰（要求低于20%）、高热值煤种，在湿电除尘器之前普遍采用低温静电除尘器预除一部分SO_3，湿法脱硫内通过除雾器提效，保证湿电除尘器入口烟尘浓度低于18mg/m^3（V_n），湿电部件基本采用日本原装进口，在先进的协同控制理念指导下，运行调试人员专业尽责、精细管理，来保证实现多污染物近零排放，而非湿电除尘设备厂家所称的“无论煤质如何，原有烟气治理设备不改动，依靠增加湿电除尘器就能实现近零排放（严格说应该是超低排放）”。简单说，湿式电除尘器并非是实现超低排放的充分条件。

（14）当前很多燃煤电厂不设湿电除尘器，也已实现粉尘的超低排放，且投运时间、设备稳定性、运行经济性和煤种适用性等指标皆超过湿式电除尘器。

如2010年完成的广东湛江电厂2号机组除尘器改造项目，选用分室反吹袋式除尘技术改造其静电除尘器。至今设备运行良好，高效低阻无破袋，除尘器出口尘浓度保持在10mg/m^3（V_n）左右，远低于当前环保部要求的20mg/m^3（V_n）的重点区域尘排放限制，烟囱出口尘浓度可达到1.5mg/m^3（V_n），且因其脱硫系统上了GGH，常年无石膏雨问题，更好地实现了近零排放。另有一些成功的大型湿电除尘器项目，测试发现其一级除尘器出口在12mg/m^3（V_n），经脱硫后，烟尘浓度已降到了2～6mg/m^3（V_n）左右，湿电后进一步降到2mg/m^3（V_n）以下。因此，湿式电除尘器也不是实现超低排放的必要条件。

第十节　湿式除尘器的优点

（1）收尘效率不受粉尘性质影响。采用雾化效果良好的喷嘴，在冲洗时放电极和集尘极同时通电，可保证不产生有害放电现象。电场内部充满均匀水雾，相当于对烟气进行了大剂量的水调质，收尘效率完全不受粉尘性质的影响。

（2）在不利条件下，湿式静电除尘器对粉尘的收集比干式静电除尘器更能适用对气体净化过程和性能方面要求很高的行业；放电极采用独特的形状和安装方法，不会因振动或腐蚀而损坏。

（3）杜绝了反电晕现象发生。利用喷水对集尘极清洗可使放电极和集尘极始终保持清洁，电极上无粉尘堆积现象，有效消除反电晕现象的发生，提高单位面积的集尘效率，在相同条件下可达到更低的排放浓度。

（4）扼制了二次扬尘现象发生。因取消了振打，避免了粉尘在振打过程中的二次扬尘，特别适合于出口要求粉尘浓度低的场所（目前湿式电除尘器出口的粉浓度可达到10mg/m^{3}以下水平）。

（5）无运动部件，大大降低了运行维护工作量。放电极采用特殊形状和安装方法，不会因振动或腐蚀而损坏，对喷淋系统的喷嘴排列形式和集尘极板形式进行优化，可保证对极线和极板最佳的清洗效果，整台电除尘器无须运动部件，大大降低了运行维护工作量。

（6）低耗水量。湿式静电除尘器配套灰水处理自循环系统，流经喷嘴的循环水流量不随机组负荷变化而变化，用水量基本保持不变，循环水的补水量与烟气中含尘量呈线性关系。湿式静电除尘器虽然需要一定的补水量，但由于自循环后排出的污水可作为前置湿法脱硫的工艺水使用，使补水量和排水量保持平衡，整个系统的耗水量和未配置湿式电除尘器时情况相同。

除此之外，采用湿式电除尘器脱除烟气中的汞，对于燃烧高硫煤或低硫煤的电厂来说，是一项极富前景的控制汞排放的方式。烟气中的汞如果以水溶性的化合物形式存在就可以直接以颗粒物形式脱除，而如果以元素汞形式存在就可以被吸附剂吸附后再间接脱除。

第十一节　湿尘的应用关注点

1. 具有多种污染物协同控制能力

试验结果表明，湿式电除尘器对烟气污染物具有良好的协同控制能力。1 套设备能同时脱除烟尘与微细颗粒物 PM2.5、烟气 SO_3、SO_2 雾滴等污染物，不仅对脱除 PM2.5 有效，而且对脱除 SO_2 气态污染物也有效。经过处理后烟气污染物排放浓度很低，烟尘、PM2.5 和烟气 SO_3 都低于 $10mg/m^3$，烟气中的汞等重金属排放浓度都较低，对雾滴有一定控制效果，能避免石膏雨发生。

2. 湿式电除尘器

湿式电除尘器的比集尘面积是常规干式电除尘器的 1/3～1/2。根据除尘原理与污染物控制要求，针对烟尘等粒径相对大的颗粒物，可以选取小的比集尘面积，而对 SO_3 酸雾的控制，必须选取较大的比集尘面积且较长的烟气流经时间才能达到脱除的预期目标。也就是说，电厂要使烟尘、SO_3 达到 >90% 的脱除效率，在现有进口浓度下必须提高比集尘面积，延长烟气流经时间。

3. 湿式电除尘器的特点

湿式电除尘器的一大特点是水力清灰。在除尘过程中不但用水量很大，而且必须循环使用，这就需要选择合适的循环水处理工艺与设施，如一体化絮凝—沉淀—过滤设备。当然，也可以通过优化运行方式，在确保循环水质的同时力争使排污水降至最少。也就是说，水力清灰影响到排污量，但可以采取间断冲洗工艺减少排污水，使其与湿法脱硫建立水平衡。如果采用连续排污方式，排污水不但无法被消纳，而且必须经过废水处理才能排放。

4. 造成烟囱雨的主要原因

烟气携带游离水是造成烟囱雨的主要原因。在湿式电除尘器设计中，必须充分考虑烟气流向与冲洗水流向的匹配和出口除雾器的设置。立式系统当烟气向下流动、冲洗水同向流动时，必须安装除雾器以降低水分夹带。烟气向上流动、冲洗水逆向流动时，将减少水分夹带，有利于降低烟囱雨的发生。在卧式系统中，烟气流向与冲洗水呈垂直交叉的流向，末级电场采用间断冲洗，有利于降低水分夹带。

第十二节　新型氟塑料换热器

氟塑料换热器以小直径氟塑料软管作为传热组件的换热器，又称挠性管换热器。常用的氟塑料有聚四氟乙烯（F4）、聚全氟代乙丙烯（F46）和可熔性聚四氟乙烯（PFA）。氟塑料换热器主要用于工作压力为0.2～0.4MPa、工作温度在200℃以下的各种强腐蚀性介质的换热，如硫酸、腐蚀性极强的氯化物溶液、醋酸和苛性介质的冷却或加热。

结构：氟塑料换热器的结构有管壳式换热器和沉浸式换热器2种形式。它们的主要部分都是由许多小直径薄壁的氟塑料传热软管组成的管束。常用的管子规格有多种，外径×壁厚分别为（3～6）mm×（0.3～0.6）mm。管束包含有60～5000根管子，两端各用聚四氟乙烯卷带互相隔开。管束插在一环中，焊成整体蜂窝状管板（图6－3）。氟塑料换热器的其他部件与常见的、用金属管作为传热组件的管壳式换热器和沉浸式换热器略同。

特点：氟塑料的化学性能极稳定，抗蚀性能尤好。氟塑料管壁表面光滑，并且有适度的挠性，使用时微有振动，故不易结垢。氟塑料换热器体积小，结构紧凑，设备单位体积内传热面积为金属管的管壳式换热器的4倍多。挠性的氟塑料管能在流体的冲击和振动中安全工作，管束可按需要制成各种特殊形状。氟塑料的导热系数低，力学性能较金属差，不耐高温。采用小直径、薄管壁，虽对导热系数和力学性能有所补偿，但仍只能用于较低压力和较低温度的场合。

图 6－3 氟塑料换热器

烟气余热回收系统主要是利用换热设备将烟气携带热量转换成可利用的热量，起到了节能减排的效果。传统的锅炉省煤器（金属材料省煤器），余热未能充分回收利用，导致明显的能源浪费。氟塑料烟气余热回收系统继承了传统余热回收系统的优点，并进一步发展了该技术、使其效率最大化。在酸露点以下回收热量能最大限度地利用好余热，并增大热力输出。

烟气余热用氟塑料换热器（又叫超低温省煤器）是采用美国杜邦和日本大金进口的 PFA（氟塑料）材质制造的换热器。PFA（氟塑料）换热器耐烟气酸露点腐蚀，可回收低温烟气，耐高温（260℃）；管束排布方向和烟道方向平行，烟阻很小；氟塑料光束便面光滑，使用时微有震动，不易积灰，且设有清灰装置，以保证换热器正常运行。

我国烟气余热回收系统利用改造现状：近几年来，我国逐步开始接受烟气余热回收的理念，并在已有的电厂及部分新建电厂采用烟气余热回收系统，来提高整厂运行效率 1% ~1.5%，降低煤耗。目前中国市场有被称为“低温省煤器”的类似系统，但由于在抗烟气腐蚀的选择上还处于欧洲 20 世纪 90 年代初中期水平，使得整个系统不能最大限度地回收烟气余热，且系统使用寿命短，很难形成长期稳定的节能、增效。换热器只能运行在酸露点以上，因此，对烟气温度在 160℃左右的电厂，只能回收 120 ~160℃的烟气热量；对烟气温度在 120℃左右的电厂，无法回收烟气热量。且无法解决烟气腐蚀问题，满负荷运行下换热管寿命在 2 ~3 年，设备投资回收需 2 ~3 年，无投资收益期，没有投资价值。氟塑料换热器无腐蚀问题，对烟气温度在 160℃的左右的电厂，最大可回收 80 ~160℃的烟气热量；对烟气温度在 120℃左右的电厂，最大可回收 80 ~160℃的烟气热量。可有效解决烟气腐蚀问题，做到无腐蚀。满载负荷运行下换热管寿命在15年，设备投资回收需3~5年，投资收益大于10年，具备很高的投资收益价值。

以选择聚四氟乙烯管壳式换热器为例：

从传热系数计算式可以看出：当不考虑管壁污垢的影响时，管壁热阻就决定了传热系数的极限，即不论采用何种办法来强化管壁两侧流体的对流给热并使之为最理想状态，其传热系数最终由管壁的厚度决定。实际上人们在设计和使用氟塑料换热器时，还会综合考虑其他影响氟塑料换热器传热系数的因素，诸如工艺条件、结构形式、换热管径大小、换热管内外管壁是否光滑、流体种类与流速状态、流体是否混浊或有无沉积物或有无固体颗粒、热交换时有无搅拌等。

金属换热器的初始传热系数比氟塑料换热器的传热系数大，但金属换热器随着使用时间的延续，其换热管束的污垢层厚度逐渐增加而使传热系数逐渐降低。氟塑料换热管壁表面光滑且不易结垢，工作时在流体温度变化的作用下换热管束易沿轴向和径向方向频繁伸缩，其结果可除去污垢有利于热交换。判定一台换热器传热效果的好坏并不取决于初始的传热系数，而氟塑料换热器的传热系数基本恒定。也有事例证明在使用一段时间后，两种材质的换热器其传热系数相比相差无几。所以保证氟塑料换热管束表面的相对干净是稳定传热能力必不可少的条件之一。

国内目前聚四氟乙烯换热器常用的换热管外径为6mm，管壁厚度为0.5mm。倘若不考虑管壁污垢的影响和此时管内外传热膜系数取极限值。管壁厚度为0.5mm时聚四氟乙烯换热器的极限传热系数值$K=380W/(m^2\cdot ℃)$ $(\lambda/\delta=0.19/0.0005)$。

在氟塑料换热器设计时，如何选择管程流体的流速是设计者应注意的问题。一般情况下管程流体以选择低流速为宜，其值为金属换热器管程流体流速的1/6~1/4。氟塑料换热元件的两端管板在换热器内虽经固定，但其换热管束不像金属换热器的管束具有很好的刚性。在管、壳程流体流速的作用下，换热管束仍会产生沿轴向和径向方向的振动使流体更加激烈湍动，从而减少液膜热阻以提高传热系数。适宜的流速还可使流体中带有的固体颗粒保持悬浮状态，以防形成污垢和堵管。

第十三节 垂直浓淡燃烧器

1. 浓淡燃烧器

所谓浓淡燃烧器，就是采用将煤粉—空气混合物气流，即一次风气流分离成富粉流和贫粉流两股气流，这样可在一次风总量不变的前提下提高富粉流中的煤粉浓度。

2. 燃烧条件

富粉流中燃料在过量空气系数远小于1的条件下燃烧，贫粉流中燃料则在过量空气系数大于或接近1的条件下燃烧，两股气流合起来使燃烧器出口的总过量空气系数仍保持在合理的范围内。

3. 浓淡分离原理

（1）离心式煤粉浓缩器用在W型火焰锅炉上。

（2）利用管道转弯所产生的离心力使煤粉浓缩，进而在四角切圆燃烧的炉膛上得到应用。

（3）百叶窗锥形轴向分离器（图6-4）。

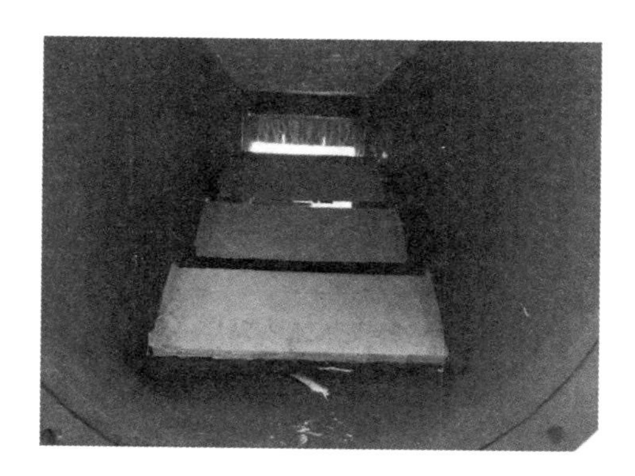

图6-4 垂直浓淡燃烧器

（4）带有旋流叶片的煤粉浓缩器，用于燃用高水分褐煤的风扇磨煤机直吹式燃烧系统中。

4. 稳燃原理

富粉流中煤粉浓度的提高，即该股气流一次风份额降低，使着火热减少，火焰传播速度提高，燃料着火提前。但是，煤粉浓度并非越高越好。如果煤粉浓度过高，则会因氧量不足影响挥发分燃烧，颗粒升温速度降低，反而使火焰转播速度下降，着火距离拉长，并会产生煤烟。最佳煤粉浓度值与煤种有关，低挥发分煤和劣质烟煤的最佳值高于烟煤。富粉流着火后，为贫粉流提供了着火热源；后者随之着火，整个火炬的燃烧稳定性增强，从而扩大了锅炉不投油助燃的负荷调节范围及煤种适应性。

5. 减少污染

煤粉燃烧时有 NO 和极少量的 NO_2 生成，它们统称为氮氧化合物，用 NO_x 表示，是一种有害的气体排放物。要降低 NO_x 的生成量，要求火焰温度低、燃烧区段内氧浓度小、燃料在高温区内的停留时间短。浓淡燃烧器因能降低燃烧产物中 NO_x 的排放量，所以也是一种低 NO_x 燃烧器。

6. 防止结渣

煤粉颗粒在高温还原性气氛下，煤灰的灰熔点将大大降低，这样当烟中的灰粒接触到受热面或炉墙时，仍可能保持软化状态或熔化状态，会黏结在壁面上，形成结渣。

对于浓淡型煤粉燃烧器，将一次风煤粉气流沿水平方向进行浓淡分离。淡煤粉气流位于背火侧，即水冷壁一侧，使水冷壁附近煤粉浓度降低，氧浓度提高，还原性气氛水平下降，提高了灰粒的熔化温度，可减少炉膛结渣的可能性；浓煤粉气流位于向火侧，有利于获取着火热，稳定燃烧。

第十四节　燃烧参数对 NO_x 的影响

在没有分级燃烧的条件下，燃烧放出的 NO_x 与煤种挥发分以及含氮量之间的关系很清晰，挥发分和含氮量越高，NO_x 排放浓度越高。但采用分级燃烧后，特别是采用低氮燃烧器后，结果就不一样了：挥发分以及含氮量之间的关系趋于不明确。由于挥发分 NO_x 可以通过分级燃烧得到控制，而焦炭 NO_x 不易通过燃烧手段控制，因此在分级燃烧条件下，挥发分高的煤种的 NO_x 排放浓度的降低值正比于挥发分含量。同时煤灰分中的某些金属氧化物由于具有催化剂作用也对 NO_x 排放产生影响。含氮量对 NO_x 排放的影响只有很粗略的趋势，高的含氮量导致高的 NO_x 排放，但数据很分散。或者可以简单地理解，挥发分高的煤在低氮燃烧器中，能够比未分级的燃烧器降低更多的 NO_x。

导致烟煤低 NO_x 排放的最佳化学当量为过量空气系数为0.7左右。高的氧气浓度使 HCN 氧化成为 NO_x 的产量增加。NO_x 的异相还原也是一个重要因素，尽管这是一个慢反应，但富燃区域往往存在颗粒直径很小的炭黑，能在一定程度上还原 NO_x，由于炭黑出现的区域与高 NO_x 区域往往不同，因此炭黑的还原作用可能有限。CO 对 NO_x 的异相还原也有促进作用。对无烟煤进行的分级燃烧试验则表明，在低一级燃烧停留时间为1s时，过量空气系数达到0.45时 NO_x 才下降。试验表明在低过量空气系数的一级燃烧区，停留时间越长越有利于降低 NO_x 排放。要做到延长停留时间，只需降低风速就可以。

第十五节　挥发分、N含量与 NO_x 的关系

锅炉 NO_x 排放浓度与煤的挥发分之间到底是什么关系呢？

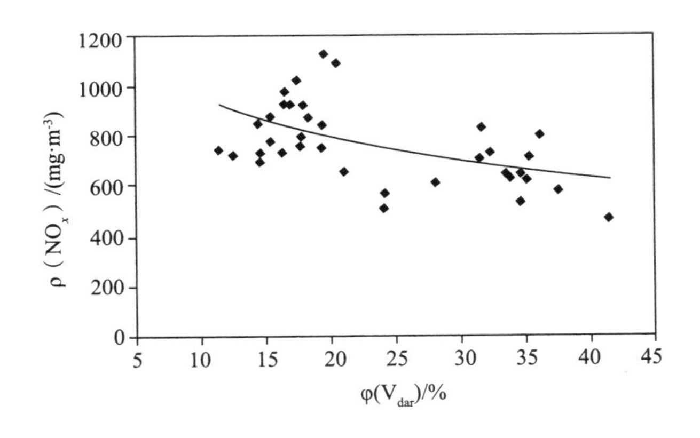

图6-5　燃煤挥发分与 NO_x 排放的关系

从图6-5可以看出，锅炉燃用烟煤情况下，煤的挥发分高，NO_x 排放量呈下降趋势。相比起来，含N量相同的贫煤比烟煤生成的 NO_x 浓度高得多。

国内外大量的实验室研究结果和实际锅炉现场试验的经验表明，煤的挥发分含量是影响锅炉 NO_x 生成和排放量的主要因素之一。这是因为煤中挥发分的释放和燃烧相当程度上决定了煤粉火焰特别是燃烧初期高温区的温度及其分布，因此，在燃烧空气氧量充足的条件下，高挥发分煤燃烧的火焰温度高，这种情况下燃烧生成的 NO_x 质量浓度随煤的挥发分的增加而增加。

但另一方面，挥发分的释放和快速燃烧也是一把双刃剑，它可以迅速、大量消

耗燃烧区的氧气，导致燃烧初期火焰集中区出现还原气氛区，从而抑制挥发分中的氮向 NO_x 的转化和燃料型 NO_x 的生成，这也是低氮燃烧器控制 NO_x 生成的主要依据之一。在低氮燃烧器组中，一般把挥发分较高的煤种布置在中间燃烧器，煤中挥发分含量增加，燃烧器区域的氮较多地被还原，因而锅炉生成的 NO_x 降低。

NO_x 排放浓度与入炉煤 N 含量之间的关系，如图 6－6 所示。

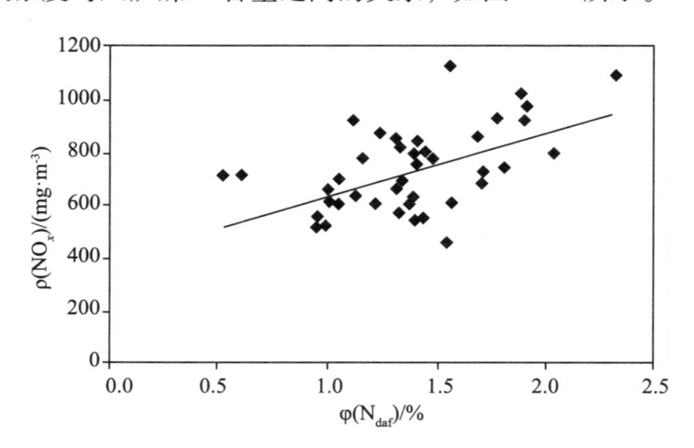

图 6－6　NO_x 排放浓度与入炉煤 N 含量关系图

其中燃煤的 N 含量采用干燥无灰基氮含量。图中可以看出，总体的变化趋势是锅炉 NO_x 排放浓度随煤中 N 含量的增加而升高，二者之间近似呈线性关系。但对于燃煤含氮量相同的煤种，NO_x 排放质量浓度相差可能很大，这是因为煤种的挥发分不同，对煤里的氮转化为 NO_x 的抵消与加强作用是不同的，与配煤掺烧和风量调整都是相关的。

第十六节　布袋除尘器的“糊袋”

“糊袋”是在除尘布袋长期的运行或停运过程中，在含湿度高或有油性物质与滤料发生接触的工况中，灰尘在除尘布袋过滤面或滤料内部凝聚、黏附或结壳且无法被在线清灰系统有效清除，造成运行阻力大幅升高的现象。

布袋糊袋后，灰尘致密地覆盖在滤袋表面，使得滤料的有效过滤面积大幅减小，滤材的透气量急剧下降，运行阻力变得很大，致使引风机的负荷增加造成能耗上升，严重时甚至会使引风机不堪重负而无法运转。同时，除尘布袋的压降居高不下使得在线清灰系统频繁清灰，不但需要消耗大量的压缩空气，而且会造成滤料机械强度的严重损失，致其使用寿命大大缩短。所以，除尘布袋如果长期在糊袋状态下运行，那么电厂将不得不为系统的运行付出更高昂的运行成本。

1. 结露性糊袋

当运行温度低于露点时就会结出液态水，液态水与粉尘混合并聚集在滤袋表面就会形成糊袋。烟气中的水分与 SO_3 的含量越高，露点温度越高。而由于受到除尘布袋滤料材质物理性能和运行经济性的限制，除尘器连续运行温度必须控制在某一合适的范围内。如果这两者无法协调，结露将不可避免。所以，水含量、SO_3 含量及运行温度是决定是否结露的 3 个主要因素。

脉冲清灰的压缩空气也是造成布袋结露的可能原因之一。压缩空气温度一般远远低于除尘器运行温度，在脉冲瞬间，低温压缩空气会使滤袋上部的温度迅速降低，当低于露点温度时，就会导致该部位的滤袋外表面出现结露。一般除尘袋口以下一米范围内的糊袋现象较为严重。

除尘器的漏风率也是可能造成结露。一般除尘器的漏风率在 1% ~2% 左右。但随着运行时间的延长，漏风率会有所升高。如果是在冬季严寒的北方，问题就突出。漏风率越高，对除尘器内局部温度的影响越大，导致该泄露部位的滤袋因结露而糊袋的风险越来越高。

2. 黏结性糊袋

主要是指由于粉尘黏附性比较大，虽然没有发生结露现象，但粉尘仍然黏附在纤维表面，在线清灰系统无法将其清除下来。产生黏结性糊袋的原因主要有：

（1）粉尘本身的黏性比较大，当其与滤料纤维接触时，分子间作用力比较强。比如油性颗粒、脱硝生成的硫酸铵、脱硫使用的硝石灰等。

（2）有些粉尘虽然没有黏性，但其很容易潮解，当其被截留在纤维表面后，会吸收空气中的水分并在纤维表面形成溶液。如糖粉。

（3）有些粉尘黏附性可能并不强，但是其可以吸收烟气中的水分并进行重结晶的化学过程，生成新的水硬性的物质或结晶物，形成的“结壳”覆盖在滤料表面。如水泥熟料、脱硫的生成物——硫酸钙等。

（4）即使粉尘本身并没有黏性，但如果粉尘颗粒较细，并且粉尘的含水量比较大，粉尘很容易均匀吸附在滤料表面，形成一层“浮灰”，附着力并不是很强，但很难清除。运行时间越长，“浮灰”越厚。一般燃煤电厂可能发生此种情况，特别是对于长度超过 6m 的滤袋比较容易发生。

3. 结构性糊袋

因为除尘器设计及相关部件结构引起的糊袋和操作不当造成的糊袋统统归类为结构性糊袋。

1）有些滤料由于针刺密度不够，过滤面纤维比较疏松，即使表面经过烧毛处理，但细小的粉尘仍很容易进入滤料内部并驻留其中。粉尘在内部堆积到一定的程度，再加上烟气中水蒸气的影响，逐渐形成由内而外的堵塞。

2）有些滤料没有或无法进行烧毛或压光处理，滤材表面保留着纤维末端，这实际上为结露提供了“凝结核”，使得结露现象首先从纤维末端开始。粉尘也会在此位置形成粉尘团，当粉尘团逐渐变大相互之间架桥。大面积的糊袋逐步形成。在使用纯 PTFE 滤料的垃圾焚烧电厂，如果表面没有其他任何处理，经常可以发现纤维末端顽固的粉尘结壳。

3）由于滤袋纬向尺寸过小或使用中滤料热收缩程度太大等原因，经过一段时间使用，滤袋“捆绑”在笼骨上无法分离。此时，脉冲清灰造成的滤袋形变很小，滤袋与笼骨碰撞烈度有限，表面粉尘无法有效清除，粉尘在滤袋表面长期积累与板结，就可能造成糊袋。

第十七节　脱硝技术前沿

1. 等离子体定义

等离子体是物质存在的第 4 种状态。它由电离的导电气体组成，其中包括 6 种典型的粒子，即电子、正离子、负离子、激发态的原子或分子、基态的原子或分子以及光子。

等离子体是由上述大量正负带电粒子和中性粒子组成的，并表现出集体行为的一种准中性气体，也就是高度电离的气体。无论是部分电离还是完全电离，其中的负电荷总数等于正电荷总数，所以叫等离子体。等离子体态（plasma）被称为物质的第四态。因为电离过程中正离子和电子总是成对出现，所以等离子体中正离子和电子的总数大致相等，总体来看为准电中性。

2. 低温等离子体的产生方法

（1）辉光放电（glow discharge）。

辉光放电属于低气压放电，工作压力一般都低于 0.01MPa，其构造是在封闭的容器内放置2个平行的电极板，利用电子将中性原子和分子激发，当粒子由激发态降回至基态时会以光的形式释放出能量。电源可以为直流电源也可以是交流电源。荧光灯的发光即为辉光放电。目前的应用范围仅局限于实验室、灯光照明产品和半导体工业等。

（2）电晕放电。

气体介质在不均匀电场中的局部自持放电，是最常见的一种气体放电形式。在曲率半径很大的尖端电极附近，由于局部电场强度超过气体的电离场强，使气体发生电离和激励，因而出现电晕放电。

电晕放电反应器的设计因主要参考电源的性质而有所不同，有直流电晕放电和脉冲式电晕放电。利用电晕放电可以进行静电除尘、污水处理和空气净化等。

（3）介质阻挡放电（DBD）。

这是有绝缘介质插入放电空间的一种非平衡态气体放电，又称介质阻挡电晕放电或无声放电。介质阻挡放电能够在高气压和很宽的频率范围内工作，通常的工作气压为$10^4 \sim 10^6$Pa。电源频率可从50～（1×10^6）Hz。

3. 等离子脱硫脱硝概述

双介质阻挡低温等离子体脱硫技术是应用双介质阻挡低温等离子体技术对锅炉烟气中的二氧化硫进行活化，然后烟气在吸收塔与尿素水溶液逆流接触，二氧化硫被迅速吸收，达到了脱硫的目的。活化后的二氧化硫分子荷电，反应活性非常高，表现在单位体积的吸收剂吸收能力大大增强，吸收塔的强度大幅度提高，并可以使用较小的液气比，降低投资费用及运行费用。

双介质阻挡低温等离子体脱硝技术是应用双介质阻挡低温等离子体技术对锅炉烟气中的一氧化氮进行氧化，变成二氧化氮，然后烟气在吸收塔与脱硝吸收剂溶液逆流接触，二氧化氮被迅速吸收，达到了脱硝的目的。

4. 等离子体脱硝的优势

（1）环保绿色技术：整套工艺无废水、废气、废固体物产生，无氨逃逸现象，是真正的环保绿色技术。

（2）不使用催化剂：该工艺不使用催化剂，可以避免使用催化剂产生的一些问题，如催化剂中毒、堵塞、阻力大、高温反应、危险固废物的污染等。

（3）安全：该工艺可以不依赖氨，杜绝了氨使用中的一些安全问题，如液氨泄露引起的中毒、冻伤、爆炸等。

（4）效率高：脱硫、脱硝效率高，能够实现稳定达标排放。

第十八节　SCR 摩尔比的作用

SCR 系统摩尔比指参与脱硝反应的氨氮配比，即 NH_3/NO_x，是 SCR 脱硝系统的一个重要技术指标。根据脱硝反应方程式，1 摩尔 NH_3 与 1 摩尔 NO_x 进行反应。理论上，假定所有氨参与反应，NH_3/NO_x 摩尔比为 0. 8 时的脱硝效率可达到 80%。根据所要求的脱硝效率为 80%，氨逃逸率 3mg/L，则相应的摩尔比约为 0. 812。

摩尔比可由程序决定或在现场调试时设定。摩尔比的计算公式如下：NO_3/NO_x 摩尔比 = 脱硝效率/100 + 氨逃逸率/进口 NO_x 值。

在 SCR 控制系统中通过锅炉烟气流量、进口 NO_x 浓度和摩尔比三者的乘积计算出所需氨流量后送到控制器中，与实际氨流量进行比较。对误差信号进行 PI 调节，调整氨流量控制阀的开度，从而最终控制脱硝效率。

第十九节　喷氨格栅的磨损

1. 诊断

喷氨格栅装置安装在反应器入口垂直烟道中部区域，氨气经喷嘴射入烟道后，被来自上游的烟气卷携并充分混合，经竖直烟道顶部发生 2 次 90°转向后，向下通过整流格栅，进入催化剂层发生催化还原反应，脱硝后的净烟气流向下游的空气预热器。

停炉期间检查喷氨格栅发现部分喷氨主分管道、支撑、导流板已被不均匀吹损减薄，局部喷氨主管或分管及支撑已出现孔洞，两侧喷氨格栅均为中间部位较两侧吹损严重，最差部位主、分管道已经被吹损削掉一半，运行中喷嘴已不起作用，在烟气流速较高的部位，氨气与烟气混合不能形成均匀态势。反应器催化剂布置的模块，中间部位也较两侧吹损严重，可见烟气流场偏差对喷氨格栅及催化剂吹损较大（图 6 - 7）。当喷氨管道吹损出现孔洞时，造成 NH_3/NO_x 摩尔比分布不均匀，氨和烟气混合较差，计算出理论所需的喷氨量也不稳定，最终导致锅炉出口氮氧化物浓度不易控制，氨逃逸率增大，实际用氨量增高，经济效果较差。

图 6－7 损坏的催化剂模块

最主要的是从脱硝反应器逃逸的部分氨与烟气中的 SO_3 和 H_2O 反应生成硫酸氢氨，与烟气中的灰尘一起黏附在空预器的换热元件上，增加了空气预热器堵塞和腐蚀风险，空气预热器差压增大，通烟受阻，影响锅炉效率。另外氨逃逸过大时对脱硫系统也将造成不良后果。

2. 原因

四角切圆燃烧锅炉炉内的燃烧过程为四股倾角很大的燃烧射流火焰逆时针旋转上升，在运行中势必存在残余旋转，由于是逆时针旋转，可知在炉内右侧烟气旋转方向应指向炉后，与引风机的吸引方向一致，导致右侧烟速增加；同时烟速增加导致右侧烟气多，通过折焰角向锅炉尾部流动，因此烟气残余旋转是四角切圆燃烧锅炉烟气流场偏差的主要原因。

前后墙对冲燃烧、尾部双烟道炉，过热器、再热器烟气挡板冲刷磨损严重，有的挡板磨损得只剩余门轴，通过执行器开、关烟气挡板时无法反映挡板真实开度及烟气流量，烟气挡板磨损是烟气流场偏差主要原因。

省煤器下端灰斗输灰装置出现故障，输灰停止，烟气中的大颗粒灰尘随负荷升高，在烟气中形成加速度，加剧对烟道内部设施的冲刷，造成设施的磨损。

烟气中粉尘含量较大，加剧对喷氨管道、导流板、烟气挡板及催化剂的吹损。

空预器单侧堵塞严重，使脱硝系统两侧烟气流量不均，造成喷氨管、催化剂局部吹损。

3. 对策

根据每台炉烟气流场分布规律及出口烟道各取样测点 NO_x数值大小，及时调整供氨蝶阀开度，平衡脱硝出口 NO_x。定期分析氨耗量、烟气流量和出入口氮氧化物浓度，使 NH_3 比/NO_x 摩尔比分布趋于均匀，实际用氨量减少，锅炉出口氮氧化物可得到较好控制，同时逃逸率也可降低。当负荷变化时烟气流场随之而改变，应及时进行必要地调整。

沿烟道布置多个氮氧化物浓度和氨空混合物流量测点，为准确计算不同工况下 NH_3/NO_x 摩尔比提供依据，需将供氨蝶阀改为调整阀，增加热工控制系统。

充分利用停炉机会，修复或更换吹损的烟气挡板、导流板，烟气挡板、导流板喷涂防磨材料，力争控制烟气流场在设计范围内。定期冲洗空预器蓄热元件，减少空预器堵塞，保证脱硝系统两侧烟气流量一致。进一步调整低氮燃烧器满足设计要求，使脱硝入口 NO_x 降低，减少对烟气流场的影响。

第二十节　比电阻对电除尘的影响

1. 衡量粉尘导电性的指标

粉尘的比电阻是衡量粉尘导电性能的指标。粉尘的比电阻对电除尘器的运行具有显著的影响。一般认为最适宜电除尘器工作的比电阻范围为 $10^4 \sim 10^{11}\Omega \cdot cm$ 之间，粉尘的比电阻过大或过小都会降低电除尘器的除尘效率。比电阻低于 $10^4\Omega \cdot cm$ 的粉尘，称低比电阻粉尘，比如石墨粉尘、碳墨粉等。用电除尘器捕集低比电阻的粉尘，除尘效率会下降，将会得不到预期的除尘效果，其原因是：

（1）低比电阻粉尘到达收尘极后，很快释放出其上的电荷，成为中性，因而比较容易从收尘极上脱落，重新进入气流，产生二次飞扬，降低除尘效率。

（2）由于静电感应获得与收尘极同性的正电荷，如果正电荷的斥力大于粉尘的黏附力，沉积的尘粒将离开收尘极，重返气流从而降低了除尘效果。

2. 高比电阻粉尘

比电阻超过 $10^{11}\Omega \cdot cm$ 的粉尘，称为高比电阻粉尘，电除尘器的性质能随着比电阻的增高而下降。比电阻超过 $10^{11}\Omega \cdot cm$，采用常规的电除尘器就很难获得理想的效率。比电阻超过 $10^{12}\Omega \cdot cm$，采用常规的电除尘器捕集是不可能的。其原因是：

（1）高比电阻粉尘到达收尘极后，电荷释放很慢，残留着部分电荷，这样的收尘极表面逐渐积聚了一层带负电的粉尘层，由于同性相斥，使随后尘粒的驱进速度减慢。

（2）会出现反电晕现象。所谓的反电晕就是沉积在收尘极表面上高电阻粉尘层所产生的局部放电现象。由于粉尘层电荷释放缓慢，于是在粉层间形成较大的电位梯度，进而形成许多微电场。当粉尘中的电场强度大于临界值时，就在粉尘层的空隙间产生局部击穿，空隙中的空气被电离，产生正负离子。电压降继续增高，这种现象会从粉尘层内部空隙发展到粉尘层表面，大量的正离子变相电晕极运动，中和电晕区带负电的粒子，大量的中性粒子由气流带出除尘器，使除尘器效果急剧恶化。

通俗地说，比电阻描述了粉尘颗粒携带电荷的能力，低的比电阻带电荷能力差，除尘效果下降；高的比电阻带电荷能力强，但粘在极板上下不来。

第二十一节　脱硝系统精细化靶向控制系统

国内脱硝控制系统运行情况，对氨气流量的控制一般采用固定摩尔比控制方式和固定出口 NO_x 浓度控制方式，这 2 种控制方式各有自己的控制优势，但他们都是建立在烟气流场、氨气混合都均匀的基础上构建的控制逻辑。但实际运行过程中，由于结构设计问题、负荷的波动和设备运行工况等因素的变化，烟气流场是不均匀的，造成各喷氨点后的氨气浓度与烟气浓度并不匹配，从而出现喷氨量增加、局部氨逃逸过大的问题，同时又缺乏连续在线的监测手段，无法真实全面地了解 SCR 内部情况，使得 SCR 装置整体运行管理水平较低，进而影响空预器、电除尘器的安全运行，增加设备维护运营成本。

某研究机构对脱硝系统烟道内部中心截面做了 NH_3 摩尔浓度分布分析，图 6－8 是喷嘴流量均匀情况下的 NH_3 摩尔浓度图。

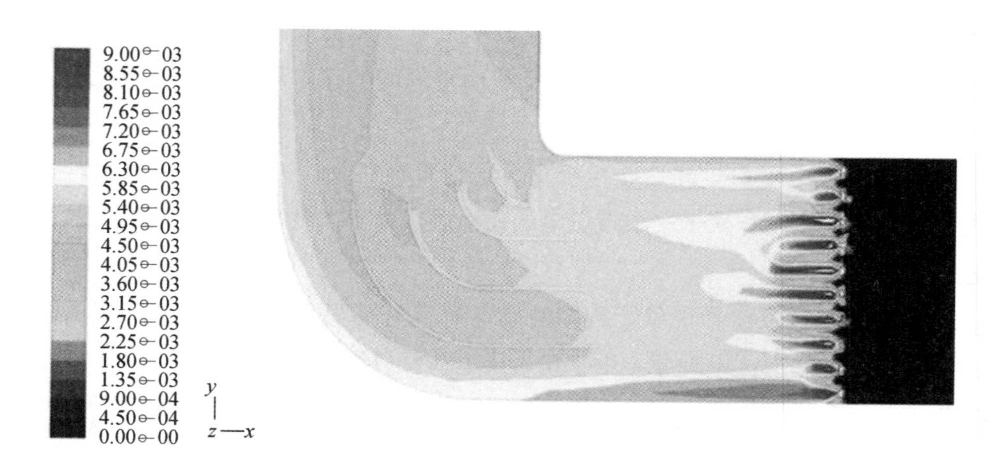

图 6-8 NH_3 摩尔浓度图

图中可以看出，当喷嘴流量均匀喷射时，喷口出口处氨气浓度分布不均，靠近烟道壁面的氨气浓度明显高于中间部分。这种不均匀性表明，一方面还原剂喷入量与烟气量存在偏差，从而造成还原剂与烟气混合不充分，影响脱硝效率；另一方面造成过度喷氨，威胁到烟气下游设备的安全运行。有研究测试表明，NH_3 逃逸率达到 2mg/L，空气预热器运行半年后其阻力增加 30%；NH_3 逃逸率达到 3mg/L，空气预热器运行半年后其阻力增加约 50%。

一般的 SCR 自动控制中，以 SCR 出、入口 NO_x 浓度作为烟气自动调节的参数，但 CEMS 数据采集具有一定的误差和滞后性，并且由于 SCR 反应器内烟气流速不均，CEMS 采样未必具备代表性，以上因素均会对 SCR 单闭环自动调节产生反应慢、调节失稳失准等影响。

精细化控制的总体思路是通过设备的局部优化，改善 SCR 烟道内流场分布特性。在 SCR 喷氨门前的烟道内，利用导向板技术将左、右侧烟道各分为 4 个区域，在每个区域采用直插式氮氧化物探头采集该区域内 NO_x 数值；并用差压表采集该区域内烟气流速数值作为参考，工业计算机将此数据收集处理，根据当前 NH_3 逃逸情况，计算出各区域的 NO_x 流量，按设定的脱硝效率计算出氨气流量，采用相应的控制策略来调整该区域对应的氨气调整门的阀位信号。此分区控制方案，可以明显地降低 SCR 入口烟气紊流现象，烟气浓度分布相对偏差减少，并能快速、实时地对不同区域内 NO_x 浓度分布、烟气量和出口逃逸率分布进行监测，进而为 SCR 精确控制提供基础。

为了获得更好的环保考核指标，精细化控制可以选择直接按照环保考核特点优化控制策略，即以烟囱入口处的 NO_x 浓度测量值作为调节目标，这样也为正常运行中的运行调整带来极大的方便。需要指出的是，根据现场试验结果，脱硝被控对象（NH_3 流量→烟囱入口处 NO_x 浓度）的响应纯延迟时间接近 3min，整个响应过程达十几分钟，是典型的大滞后被控对象，在此种方式下的控制难度将明显增加。为进一步实现喷氨量最优控制，精细化靶向控制理念可以与预测控制（MPC 控制）技术相结合，获得更好的控制品质。

采用预测控制技术的另一个优势在于可直接满足多变量系统的控制要求。在精细化控制的总体思路下，系统的可操纵变量由原来一个喷氨调节阀变为多区域下若干个喷氨调节阀，需要设置多个控制回路来稳定多个操纵变量。而若选择烟囱入口处 NO_x 浓度作为被控量，则反映的是多个操纵变量共同作用的结果。这样多个控制回路间就存在着不同程度的相互耦合。此外，为保障烟气下游设备的安全运行，还需关注 NH_3 逃逸作为被控量，这就进一步增加了多输入、多输出控制系统的控制难度。而预测控制技术通过过程模型和优化算法，可在多变量众多约束下找到各个调节阀的最佳操作点，实现喷氨量最优控制。

精细化靶向控制理念有望与预测控制实现进一步完美结合，以克服以往脱硝控制中受监测手段、流场分布、还原剂混合效果和多个被控变量等不良因素的影响，通过小区域及预测控制，实现喷氨量最优控制，减少 SCR 出口 NO_x 排放量和氨逃逸量，促进火电厂 SCR 脱硝控制系统迈上一个新的高度。

第二十二节 脱硝改造后对锅炉的影响

1. 烟气温度

在机组运行脱硝系统改造以后，SCR 催化剂提高了 SO_2 向 SO_3 的转化率，因而预热器冷端腐蚀有所加剧。为保护预热器后面的设备（如静电除尘器、烟道等），适当提高锅炉排烟温度，有利于保护这些设备。在烟气中，由于氨气含量很低，烟气成分变化不大，当省煤器出口烟气温度变化不大时，预热器通过追加热端换热面，排烟温度一般不受影响。但如果冷段堵塞未及时清理，会使排烟温度有所上升，但不足以会危及锅炉安全运行。

在锅炉低负荷工况时，烟气温度降低，氨气逃逸率上升，导致硫酸氢铵沉积带向预热器热端漂移，可能引起预热器热端堵塞。

2. 压差阻力

由于传热元件总高增加，预热器烟空气阻力通常增加150~200Pa，但如果冷段堵灰，阻力上升较明显。通常在氨气浓度1mg/L以下时，硫酸氢铵生成量很少，故预热器堵塞现象不明显，如NH_3逃逸增加到2mg/L，日本AKK的测试表明，预热器在运行6个月，阻力约增加30%；如NH_3逃逸增加到3mg/L，预热器在运行6个月，阻力约增加50%。这对风机的影响较大。

3. 预热器漏风

SCR的使用通常使预热器烟气侧负压增加1kPa左右。如使用换热系数不高的传热元件作为冷端元件，为达到同常规预热器相近的排烟温度，需增加预热器换热元件总高，这一般会使预热器烟空气阻力略有上升。预热器烟空气压力差增加不可避免地造成预热器漏风率上升，通过对30万等级锅炉预热器计算表明，漏风率增加量为0.5%~0.8%；对60万~70万等级锅炉预热器，漏风率增加量为0.4%~0.6%，由于目前预热器均采用完善的双道密封系统，烟空气压差的影响较早期的单道密封预热器为小，预热器漏风率总体上来讲上升轻微。

4. 烟气灰分

烟气中灰分很少时，硫酸氢铵在液相区以液滴形式存在；当燃料灰分/硫分比值<7时，灰分只能吸附部分硫酸氢铵液滴，但灰粒的黏性非常大，和部分纯硫酸氢铵液滴一起吸附到换热元件表面上；当燃料灰分/硫分比值>7时，烟气中灰尘在均匀弥散分布时，几乎可以吸附所有硫酸氢铵液滴，此时灰分的黏性也远比无硫酸氢铵液滴时为大。

一般在燃料成分满足灰分/硫分比值>7时，预热器冷端传热元件入口设防温度可以适当降低，幅度通常是22℃。

灰分高并不总是意味着预热器的工况变得安全了。保证残余NH_3在烟气中均匀分布也非常重要，对氨气喷入、反应和离开脱硝装置后的分布均匀性要进行良好控制，避免出现局部过高浓度区。为保证烟气成分均匀，烟道中采用导流设备是很有必要的。

5. 预热器腐蚀

目前SCR系统所用催化介质最常见的是氧化钛和氧化钒，能使脱硝效率大大提高。但是，部分SO_2也同时受其催化转变成SO_3，国外记录到的在SCR催化剂使用寿命内的平均数据约增加了2%~3%的转化率。对原先常规预热器设计时，如一些低硫煤（折算硫分在1.5%以下），冷端传热元件设计仅考虑采用普通耐腐蚀材料（通常是Corten钢），转化率增加后，将会缩短预热器冷段换热元件使用寿命。对130℃左右排烟温度的设计，常规预热器冷端腐蚀区仅在冷端100~200mm范围内，在增加了SO_3转化率后，硫酸露点通常上升5~10℃，预热器冷端受硫酸腐蚀区将上升到250~450mm，原先普通预热器设定的冷段300mm高度就显得不够了。因此，预热器转子的一些冷端构件和密封构件（在硫酸腐蚀区工作），必须使用如考登钢、NS1之类的材料，传热元件本身，应尽量使用搪瓷表面。

7. 预热器运行维护

随着脱硝设备运行的时间越来越长，氨气的逃逸率会越来越大，势必会引起硫酸氢氨的凝结加重。除了在元件选择上采用高冷端的镀搪瓷传热元件，加强吹灰也是保持预热器正常运行的一个必要手段。一种错误的想法是通过提高吹灰压力和吹灰频次来解决积灰问题。由于过高吹灰蒸汽压力（2MPa以上）可能使元件开裂，撕裂后的元件弯曲变形，碎片堵塞通道，使得后继的吹灰效果完全丧失，这种方法是完全不可取的。

目前普遍采用的清洗方式是使用双介质（蒸汽和高压水）吹灰器（半伸缩或全伸缩），通常冷端和热端各布置1台。正常使用时，用蒸汽吹灰，清除位于传热元件上下端面的积灰。在预热器阻力上升50%~60%时，用高压水冲洗。

高压水冲洗在预热器单台隔离状态下可以使用，但仅限于冷端，热端高压水冲洗仅用于在热段层内出现水泥样堵灰物时使用。热态使用水冲洗，不论是高压还是低压水，都会对转子产生很大的温度应力，甚至使转子出现严重不可恢复变形，必须慎重进行。

高压水冲洗的喷嘴是精心选择的，一般使用小口径（1.5mm左右，水压10~20MPa），数个喷嘴集中布置以提高清洗效果。但一次冲洗耗时较长，完全伸缩式需20h左右（60万机组），半伸缩型时间可以减半（单位时间水量加倍）。

当必须进行冷端在线水冲洗时，必须确保预热器完全隔离，在转子金属温度冷却到120℃以下时进行。因为即使用冷端水冲洗，高压水一般能贯穿整个转子而到达预热器上方。由于预热器在隔离阶段冷却较慢，烟气侧很难完全隔开（挡板并不能做到100%隔离），一种行之有效的做法是设立烟气出口空气旁路，连通冷二次风道和预热器出口烟道，低负荷运行送风机，从而保证预热器转子迅速冷却（一般2～3h）。更简单的做法是打开预热器烟气侧检修门，使预热器烟气侧压力大于隔离挡板前部烟道，从而阻止烟气在清洗阶段通过预热器转子。清洗时，被隔离预热器的送风机应打开，以保证吹干转子和维持预热器烟气侧压力高于挡板另一侧，清洗完毕后应继续用送风吹干转子。

第七章　新技术应用

第一节　智能吹灰优化系统

一般吹灰优化方案都是从锅炉经济性角度考虑的，这在锅炉正常运行中是合理的，但在实际运行中由于各种原因造成偏离正常工况，而此时还从经济性角度来考虑优化方案就不合理了。因此在制定吹灰优化方案时，必须考虑安全因素，按照安全优先的原则确定吹灰优化方案。

鉴于炉内温度测量难度较大，采用声波法组织温度场的测量，提供受热面污染程度实时监测：

（1）根据布置炉膛出口的声波测温仪所搭建的数据平台，炉膛结渣和积灰不仅导致本身吸热减少，还对水冷壁的安全造成威胁。当炉膛出口温度较高，有可能造成对流受热面超温时，应对炉膛进行吹灰。

（2）对炉膛和过热器等辐射、半辐射受热面，建立基于神经网络的锅炉炉膛等辐射受热面污染监测模型，通过能量和质量平衡，实时计算各受热面的实际传热系数及污染率，监测受热面污染程度。

吹灰优化系统实现了锅炉各受热面污染率的可视化，运行人员能及时了解锅炉各受热面的积灰污染程度；提供了吹灰判据准则，运行人员可以统计、总结何种负荷下容易积灰；可以监测到锅炉效率及排烟热损失，指导运行人员进行锅炉燃烧调整；减少了吹灰蒸汽量，降低了四管泄漏的概率。

第二节　超低排放技术路线

超低排放应统筹考虑低氮燃烧器、脱硝、除尘、脱硫、烟囱等设施的相互影响，充分发挥各环保设施对污染物的协同脱除能力，在满足烟气污染物达标排放的同时，实现环保设施经济、高效运行。

超低排放技术改造范围包括：烟气脱硝、低氮燃烧器、烟气脱硝装置。

烟气脱硫：湿法烟气脱硫装置。

烟气除尘：低温省煤器（降低烟气量和粉尘比电阻）+除尘器+湿法脱硫装置+湿式电除尘器（选装，脱除烟尘、SO_3、汞）+烟气再热器（改善石膏雨和白烟）。

氮氧化物排放控制路线：

（1）低氮燃烧器。

（2）SCR 脱硝系统。

（3）SNCR 烟气脱硝系统。

优先采用低氮燃烧技术、SCR 烟气脱硝技术实现氮氧化物达标排放。

如已采用 SCR 烟气脱硝技术，通过在催化剂预留层加装催化剂以提高脱硝效率。

可配合措施：配煤、SNCR 脱硝技术。

1. 烟尘控制技术

主要包括静电除尘器、电袋/布袋除尘器、脱硫除尘一体化改造、湿式电除尘器。优先选用除尘器提效改造与脱硫除尘一体化改造技术。

（1）除尘器提效改造：通过高频电源、旋转电机和分区供电等方式，挖掘现有除尘器除尘潜力。

（2）脱硫除尘一体化改造技术：通过优化喷淋层、除雾器设计或脱硫塔内安装高效除尘除雾装置，提高脱硫协同除尘效率，同时降低脱硫塔出口液滴含量。

2. 二氧化硫控制技术

二氧化硫控制技术包括单塔单循环、单塔双区、单塔双循环、串塔等技术。单塔单循环技术包括强化气液传质技术和提高液气比技术。强化气液传质：优化喷嘴布置、增加均流构件、控制吸收塔内部 pH 值。提高液气比：增加喷淋层、增加浆液量。

第三节 烟气再燃烧技术

目前采取低氮燃烧器的锅炉，主要是利用空气分级燃烧技术，在主燃烧区第一级燃烧区内使过量空气系数 $\alpha<1$，在还原性气氛中降低了生成 NO_x 的反应率，抑制了 NO_x 在这一燃烧中的生成量。为了完成全部燃烧过程，完全燃烧所需的其余空气则通过布置在主燃烧器上方的专门空气喷口送入炉膛，与第一级燃烧区在“贫氧燃烧”条件下所产生的烟气混合，在 $\alpha>1$ 的条件下完成全部燃烧过程。

部分燃烧器改造后的锅炉，由于掺烧或者电负荷需求的原因，磨煤机运行台数较多，制粉系统的风煤比较大，导致炉膛内氧量充足，氮氧化物生成量成倍增加，造成还原剂大量投入，但低负荷阶段烟气温度较低，过量的还原剂又会造成空气预热器、电除尘等处形成氨盐，同时导致再热气温参数偏低。因此如何控制低负荷时锅炉的氧量，成为降低氮氧化物急需解决的问题。

烟气再循环是目前采用较多的控制温度型 NO_x 的有效方法，它可应用于大型锅炉。选取温度较低的排烟，通过再循环风机将烟气、空气送入一次风或者二次风混合，然后一起送往炉内。

烟气再循环方法的特点是降低炉内温度和氧气浓度，从而使 NO_x 生成量降低。再循环对热力型 NO_x 具有抑制效果，而对燃料型 NO_x，其抑制效果就不显著。如果增大排气再循环率，NO_x 生成的下降率也随之增大，但存在着一个极限值。而且在实际工作时，要受到火焰稳定性、锅炉本体振动和维持蒸汽温度等因素的制约，所以在决定排气再循环率时，必须考虑各种工作条件，通常取再循环率为20%～30%。烟气再循环法的另外一个作用是低负荷时，能够调节燃烧器区域的含氧量，控制炉内温度场，同时改变炉内辐射受热与对流换热的吸热量比例。炉膛温度随再循环烟气量增加而降低，使辐射吸热量减少，但炉膛出口烟气温度变化不大。而对流受热面的吸热量却随烟气量增加而增加，从而达到提高再热气温的目的，有利于提高炉内参数。采用烟气再循环方法时，装置中需要有再循环泵和管路设备。

第四节　新材料换热器

当前一场火电厂换热器材料革命正在悄然兴起。随着“史上最严”火电排放标准——新《火电厂大气污染物排放标准》（GB13223－2011）开始执行，不少中国煤电企业开始在超低排放的细枝末节中找出路，试图摆脱燃煤行业“黑老粗”的刻板印象。烟气环保系统的关键元件——换热器，也逐渐进入环保企业视野。

随着最严排放标准的实施，火电厂烟气环保设备的需求量也将扩大。特别是脱硫脱硝、近零排放的趋势逐渐显现，燃煤电厂在选择除尘设备的同时，都会加装低温省煤器，以达到更好的减排效果。氟塑料超低温省煤器系统可安装于脱硫之前的烟气管道上，其回收的热可用于加热凝结水、加热空预热器进风和热网水。氟塑料具有非黏性表面效应，因而易清洁、抗垢能力强，较之传统的金属材质省煤器，避免了换热阻塞情况的发生（图7－1）。

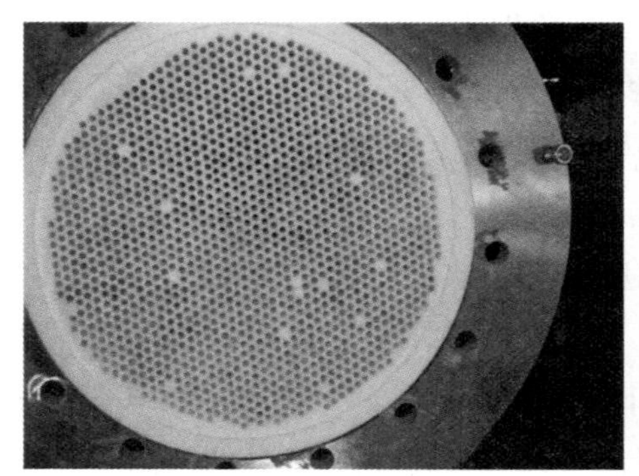

图7－1　氟塑料换热器

如果将GGH中换热器的金属材料替换成氟塑料，则是一种有效的替代方案。其耐腐蚀性高达20年以上。其零腐蚀、零泄漏、零沾灰的材质使电厂的维护成本大大降低。

第五节　燃气锅炉的余热利用

1. 余热回收的利用空间

随着供热锅炉的煤改燃，燃气锅炉越来越多地作为分布式热源点使用。燃气在锅炉燃烧后会放出大量的热量，但是这些热量对于传统燃气锅炉来说可以利用的热能只有一少部分，有很多热量随排烟白白浪费掉了。一般情况下普通燃天然气锅炉的排烟温度在120～200℃，这些烟气含有8%～15%的显热和11%的水蒸气潜热。很多市民都有印象，一到冬天，锅炉房周围烟雾缭绕，这是因为天然气中含有大量氢元素，燃烧产生大量水蒸气。排烟温度较高时，水蒸气遇室外冷空气后凝结，随着烟气排放，形成“白烟”。加装了烟气冷凝器的燃气余热回收设备主要目的就是通过冷凝器把烟气中的水蒸气变成凝结水，最大限度地回收烟气中含有的潜热和显热，使回收热量后排烟温度降至25℃左右。如果排烟温度从160℃降至25℃，则意味着中间135℃所产生的热量可被回收利用，大大节约了能源。

2. 回收意义

（1）节水。在热量回收的同时，产生大量的冷凝水。这些水经过燃烧，含少量酸性物质，经过碱中和及过滤，可用于锅炉补水或其他工业用途（以10t的锅炉为例，年运行时间150d计，全年可回收水3600t）。

（2）减排。天然气中烟气的有害成分主要是水蒸气、一氧化氮和二氧化氮。其中一氧化氮通过氧化可转化为二氧化氮，二氧化氮溶解于冷凝水中，可大大降低燃气锅炉烟气排放中的有害成分，是一个简单高效、低成本的燃气锅炉脱硝模式。

3. 热回收神器

既然余热这么好，为什么好多锅炉都不上设备呢？常规换热器，在排烟温度如此低的情况下，无法解决的问题就是腐蚀。如图7－2、图7－3所示，一般金属换热器只能坚持1～2年，而且冷却烟温不会超过20℃。提升材质主意不错，但成本回收时间较长。新材料的使用，有效解决了这一难题，氟塑料换热器完全无视低温腐蚀，而且烟气温度还可降50℃。

图7－2 被腐蚀的金属换热器

图 7－3　被腐蚀的管道

第六节　无启动炉的启动探讨

1. 启动蒸汽的用途

为确保锅炉、汽轮机组设备安全和达到工艺技术要求，火力发电厂锅炉汽轮发电机组的启动过程（包括冷态启动和热态启动）需要用到的蒸汽，包括锅炉点火油系统伴热和油枪吹扫蒸汽、锅炉水压试验加热蒸汽、预烘炉加热蒸汽、锅炉受热面清洗加热蒸汽、锅炉点火启动前炉水加热蒸汽、汽轮机冲转前轴封加热蒸汽以及除氧器加热蒸汽等，统称为启动蒸汽。其中最关键的是锅炉水压试验加热和汽轮机轴封加热。

（1）锅炉点火油系统伴热和油枪吹扫蒸汽。锅炉点火用油，大多选用轻柴油和重油等，环境温度较低时，点火用油黏度增大甚至凝结，影响循环流动性、雾化性和锅炉点火需求，一般采用加装蒸汽伴热管道进行加热；为防止油枪堵塞和积油，也在油枪启动前后用蒸汽进行吹扫。

（2）锅炉水压试验加热。锅炉水压试验，特别是超水压试验属破坏性试验，必须确保环境温度、炉水温度和汽包壁温达到要求时才可进行；否则，汽包和部分合金管道可能会发生低温冷脆而破裂等事故。通常在锅炉汽包或底部集箱加入启动蒸汽加热炉水，保证水压试验用水温度和锅炉汽包壁温控制在要求范围。

（3）锅炉受热面清洗加热。锅炉制造、安装过程中，锅炉受热面管道内壁会形成高温氧化物、产生腐蚀产物和积聚焊渣、泥沙污染物等，为保持受热面内表面清洁，防止受热面因结垢、腐蚀引起事故以及提高水汽品质，必须对新装锅炉进行清洗，包括碱洗和酸洗。为确保清洗效果，需将清洗液加热到40～140℃，具体根据清洗液的种类而定。一般启动蒸汽加热来提高清洗液温度。

（4）锅炉启动前炉水加热。目的是缩短锅炉冷态启动时间和减少锅炉启动燃油量，此种加热主要是预先在汽包或底部集箱通入启动蒸汽，将炉水加热到适当温度，但会引起水冷壁振动。

（5）除氧器加热。目的是加热给水，将给水中的气体排出，降低给水氧质量保证给水溶率低于 10μg/L 到合格范围。一般是通过辅助蒸汽系统接入启动蒸汽。

（6）汽轮机冲转前轴封加热。汽轮机冲转前，特别是热态启动，应先向轴封供汽，然后抽真空，以防止大量冷空气从轴封段被吸进汽轮机内，造成轴封段转子收缩，胀差负值增大，甚至超过允许值等而出现安全问题。依据汽轮机金属温度不同，投入的轴封蒸汽参数也不同。通常采用启动蒸汽进行加热。这些加热蒸汽的使用，关系到锅炉汽轮发电机组能否安全顺利启动投产，因此，如果不装设启动加热必须要有达到加热蒸汽的替代方案或解决加热蒸汽来源的措施。

2. 装设启动锅炉的分析

为无外来蒸汽供应的新建燃煤火力发电厂提供启动蒸汽。优点是压力低、出力小、启动快；缺点是效率低、能耗大。装设启动锅炉就是利用其优点，以实现第1台机组安全启动运行投产。同时也存在以下问题：

（1）启动锅炉是一套严格、完整的蒸汽压力锅炉系统，必须完全按特种设备监察规程进行管理，包括设计、安装和试运行、投产等，是一重大危险源，必须有一套严格的安全保障设施和管理措施，并须进行定期检测检验，取得安装许可和使用许可。

（2）投资大、使用时间短。基本是在第1台机组启动投产后即被废弃，其使用价值与投资极不匹配。

（3）处理困难。作为一笔固定资产，必须申请报废处理和办理移装或报废许可备案。

（4）其他方面，如占地面积大、能耗大、运行维护工作量大等，因其使用时间短也可不计。

3. 不装设启动锅炉的理论依据

（1）电厂锅炉与启动锅炉都是压力容器系统，是燃烧煤、油（或其他燃料）

而产生蒸汽的设备，只是启动锅炉压力低、容积小、启动方便、快捷；电厂锅炉压力高、体积庞大、启动时间长。

（2）对锅炉水压试验、烘炉、清洗或启动前加热来讲，介质都是在锅炉受热面管道内。清洗的碱和酸，一般情况下也是在炉水达到要求温度时才开始注入。因此，完全可利用本机组锅炉自配的点火油枪或其他专用油枪直接进行火加热。当然，燃油系统要提前施工、在水压试验前投入运行或采取移动式供油。

（3）对点火燃油可采用外敷保温材料，辅以电加热和油循环来确保燃油黏度满足油枪点火雾化要求；对油枪吹扫，可采用压缩空气，如此也可杜绝发生燃油因隔离不严而进入全厂辅助蒸汽系统的事故。

（4）对汽轮机轴封和除氧器，只能依赖蒸汽进行密封、加热。可利用本机锅炉冷态启动过程逐渐产生的新蒸汽、通过专门设置的减温减压装置提供合适压力温度的蒸汽进行加热；对大型机组也可结合、利用一次旁路装置减温减压后提供的蒸汽进行加热。

4. 汽轮机轴封和除氧器加热

这是最关键的问题之一，特别是轴封加热。如果此问题解决不了，机组将无法启动，但要利用本机组锅炉产生的一次新蒸汽作为汽轮机轴封蒸汽和除氧器加热蒸汽，似乎没有先例。由于一次蒸汽压力温度是变化的，而要实现轴封加热蒸汽相对稳定确实存在较大困难。为此采用如下办法：

（1）采用高温高压减温减压装置，将一次蒸汽减温减压到轴封加热蒸汽参数，也就是全厂辅助蒸汽参数。

（2）要求无论是冷态启动，还是热态或极热态启动，减温减压装置都能投入运行，并要提供满足轴封加热要求的蒸汽量，以确保汽轮机安全顺利启动。

（3）一次蒸汽参数较低时可全开调节阀、不需进行减温减压调节；一次蒸汽参数较高时则进行调节，且要平稳、线性要好。

采用汽轮机轴封和除氧器加热，使新建燃煤火力发电厂无外来启动蒸汽也不装设启动锅炉，却能够满足机组启动要求的，并且为投产后全厂停运机组检修提供了启动手段和措施。因其初始投资和运行维护费用小，技术工艺和设备都已有成熟应用经验，可推广到大型新建电厂，也可将减温减压装置应用于已投运机组改造。

第七节 烟气再循环技术研究

1. 1984 年

1984 年烟气再循环技术被提出，它可以使锅炉稳定运行而不增加过量空气系数，同时也抑制灰渣熔化结焦。系统过量空气减少量高达 50% 或者更多。过量空气系数较低时，排烟损失减少，节省了燃煤量，此外还减少 NO_x 的生成，使得锅炉尾部烟气更加符合环保要求。由于采用烟气再循环，减少了飞灰排放量和排烟混浊度。

2. 1997 年

1997 年，Joao Baltasar，Maria 提出了一种基于实验以及数值模拟的研究方法，研究了烟气再循环条件下燃烧的效果特性和污染物的排放状况。研究在一个小规模的实验室完成，基于数学模型，采用质量、动量和能量方程进行数值求解。烟气的数据显示，采用烟气再循环极大减少氮氧化物排放量，在燃烧稳定的情况下，其减少量与 CO 和未燃烧烃排放量关系并不明显。

3. 1998 年

1998 年 Yamada 等对工业粉炉进行燃烧试验的研究表明，采用烟气再循环进行富氧燃烧，O_2/CO_2气氛下系统中 NO_x 的排放量与传统空气燃烧情况相比可降低到 25%。

4. 2011 年

2011 年，S. Y Ahn 等以热力化学分析为基础，分析了流化床锅炉富氧燃烧技术采用烟气再循环以后，NO 在低温、低氧和多水蒸气条件下发生了还原反应，大大减少了 NO 的排放量。

第八节 污染物控制技术路线及相关技术

电力工业在“十一五”大气污染物控制中取得了巨大成就。烟尘、二氧化硫控制达世界先进水平，在超额完成国家节能减排任务的基础上，面对世界上最严排放标准《火电厂大气污染物排放标准》（GB13223－2011），该标准与美国、欧盟和日本相比，无论是现役机组还是新建机组，烟尘、SO_2和 NO_x 排放限值全面超过了发达国家水平。“十二五”前两年电力工业在大气污染控制方面迈出新步伐，取得新成就：

（1）除尘：99%以上的火电机组建设了高效除尘器，其中电除尘约占90%，布袋除尘和电袋除尘约占10%。烟尘排放总量和排放绩效分别由2010年的160万t和0.50g/kW·h，下降到151万t和0.39g/kW·h。

（2）脱硫：脱硫装机容量达6.8亿kW，约占煤电容量的90%（比2011年的美国高约30%），其中石灰石－石膏湿法占92%（含电石渣法等）、海水占3%、烟气循环流化床占2%、氨法占2%。SO_2排放总量和排放绩效分别由2010年的926万t和2.70g/kW·h，下降到883万t和2.26g/kW·h（低于美国2011年的2.8g/kW·h）。

（3）脱硝：约90%的机组建设或进行了低氮燃烧改造，脱硝装机容量达2.3亿kW，约占煤电容量28.1%，规划和在建的脱硝装机容量超过5亿kW，其中SCR法占99%以上。NO_x 排放总量和排放绩效分别由2010年的1055万t和2.6g/kW·h，下降到948万t和2.4g/kW·h（高于美国2010年的249万t、0.95g/kW·h）。国内外火电大气污染物排放限值比较（单位：mg/m^3）为有效应对史上最严厉的环保法规，实现烟尘20～30mg/m^3、二氧化硫50mg/m^3和氮氧化物100mg/m^3的排放限值，火电行业已在现在先进的除尘、脱硫和脱硝技术的基础上，积极研发、示范、推广可行的新技术、新工艺和创新技术，并有机结合技术和管理等因素，“建设好、运行好”烟气治理设施，持续提高火电大气污染物的达标能力。

1. 氮氧化物控制技术

氮氧化物控制技术在火电行业形成了“以低氮燃烧和烟气脱硝相结合”的技术路线。

（1）低氮燃烧：其技术成熟、投资和运行费用低，是控制 NO_x最经济的手段。主要是通过降低燃烧温度、减少烟气中氧量等方式减少 NO_x的生成量（约200～400mg/m^3），但它不利于煤燃烧过程本身，因此低氮燃烧改造应以不降低锅炉效率为前提。

（2）SCR：是技术最成熟、应用最广泛的烟气脱硝技术，也是控制氮氧化物最根本的措施。其原理是在催化剂存在的情况下，通过向反应器内喷入脱硝还原剂氨，将 NO_x 还原为 N_2。此工艺反应温度在 300～450℃之间，脱硝效率通过调整催化剂层数能稳定达到 60%～90%，与低氮燃烧相结合可实现 100mg/m^3 及更低的排放要求。其存在的主要问题是空气预热器堵塞、氨逃逸等。

（3）SNCR：在高温条件下（900～1100℃），由尿素/氨作为还原剂，将 NO_x 还原成 N_2 和 H_2O，脱硝效率为 25%～50%。问题是氨逃逸率较高，且随着锅炉容量的增大，其脱硝效率呈下降趋势。

（4）正在研发的新技术：

①脱硫脱硝一体化技术：针对我国 90% 以上燃煤电厂采用石灰石－石膏湿法脱硫工艺的特征，国电科学技术研究院开展了"大型燃煤电站锅炉湿法脱硫脱硝一体化技术与示范"研究，旨在石灰石－石膏湿法工艺的基础上，耦合研究开发的脱硝液、抑制剂、稳定剂等，在不影响脱硫效率的前提下，实现氮氧化物的联合控制。

②低温 SCR 技术：其原理与传统的 SCR 工艺基本相同，两者的最大区别是 SCR 法布置在省煤器和空气预热器之间高温（300～450℃）、高尘（20～50g/m^3）端，而低温 SCR 法布置在锅炉尾部除尘器后或引风机后、FGD 前的低温（100～200℃）、低尘（约 200mg/m^3）端。低温 SCR 技术，可大大减小反应器的体积，改善催化剂运行环境，具有明显的技术经济优势，是具有与传统 SCR 竞争的技术，是现役机组的脱硝改造性价比更高的技术。目前，国电科学技术研究院已完成该技术的实验研究，正在开展热态中间放大试验。

③碳基催化剂（活性焦）吸附技术：碳基催化剂（活性焦）具有比表面积大、孔结构好、表面基团丰富、原位脱氧能力高，且具有负载性能和还原性能等特点。既可作为载体制得高分散的催化体系，又可作为还原剂参与反应。在 NH_3 存在的条件下，用碳基催化剂（活性焦）材料做载体催化还原剂可将 NO_x 还原为 N_2。

2. 烟尘控制技术

火电行业形成了以技术成熟可靠的电除尘器为主（90%）、日趋成熟的袋式除尘器和电袋复合除尘器为辅的格局。为适应新标准要求，更高性能的除尘技术的正处于研发、示范、推广阶段。

（1）电除尘技术：该技术应用广、属于国际先进技术，同时还涌现了一些改进技术，如高频电源、极配方式的改进、烟尘凝聚技术、烟气调质技术、低低温电除尘技术、移动电极电除尘技术等。

（2）袋式和电袋复合除尘技术：近5年快速发展起来的除尘技术，正处于总结应用经验、规范发展阶段。

（3）湿式电除尘技术：其工作原理与传统干式电除尘相似，依靠的都是静电力，所不同的是工作环境为一“湿”一“干”，其装置通常布置在湿法脱硫设施的尾部。由于其处理的是湿法脱硫后的湿烟气，在扩散荷电的作用下，能有效捕集烟气中的细颗粒物及易在大气中转化为PM2.5的前体污染物（SO_3、NH_3、SO_2、NO_x）、石膏液滴、酸性气体（SO_3、HCL、HF）、重金属汞等，实现烟尘>10mg/m³及烟气多污染物的深度净化。目前，国电科学技术研究院已开发了该技术，并建立了300MW、600MW机组的示范工程。

3. 二氧化硫控制技术

火电行业形成了以石灰石—石膏湿法脱硫为主（92%）的技术路线。通过近10年来对脱硫工艺化学反应过程和工程实践的进一步理解以及设计和运行经验的积累和改善，在脱硫效率、运行可靠性、运行成本等方面有很大的提升，对电厂运行的影响明显下降，运行、维护更为方便。目前，正处于高效率、高可靠性、高经济性、资源化、协同控制新技术的研发、示范、推广阶段。

对新建的“增量”机组，新标准要求SO_2排放限值为100mg/m³、重点地区为50mg/m³。要实现该限值，单靠传统的湿法脱硫技术难于实现，需采用新技术，如已得到应用的单塔双循环、双塔双循环技术，正在开发的活性焦脱硫技术等。

对现役的“存量”机组，要求的排放限值为50~200mg/m³、高硫煤地区为400mg/m³，且于2014年7月1日开始实施。由于脱硫设施“十一五”期间非常规的井喷式发展，无论是技术本身，还是工程建设、安装调试、运行维护等均需要适合国情的调整、改进和优化过程。如核心技术的消化、复杂多变工况的适应能力；因建设工期紧造成设计投入力度低，缺乏对个案分析，简单套用成功案例；受低价竞争影响，大多按400mg/m³设计，设计裕度小，关键设备、材料的质量达不到工艺要求；系统调试不充分，缺乏优化经验；运行管理水平还达不到主机水平；电煤质量不可控，硫分大多高于设计值等。因此，超过90%按照2003年版标准建设的现役脱硫设施，要满足新标准要求，需要优化调整、技术改造、甚至推倒重建。

4. PM2.5 控制技术

火电行业对 PM2.5 的控制主要体现在 3 个方面：

（1）利用 ESP、BP 和电袋等高效除尘设施，最大限度地减少 PM2.5 一次颗粒物的排放。

（2）利用高效脱硫设施和脱硝设施，最大限度地减少易在大气中形成 PM2.5 的前体污染物（如 SO_2、NO_x、SO_3、NH_3等）。

（3）在湿法脱硫设施后建设烟气深度净化设施（如湿式电除尘器等），对燃煤烟气排放的烟尘、SO_2、NO_x、SO_3等多污染物进行末端协同控制，实现烟尘排放 $<10mg/m^3$、$SO_2<50mg/m^3$、$NO_x<100mg/m^3$。

电力工业是重要的基础性行业，面对资源约束趋紧、环境污染严重、生态退化的严峻形势，必将按照国家大气污染防治行动计划，长期承担大气污染物控制的减排重任。为此，火电行业本着创新驱动和推广应用并重的方针，以科技创新为动力，以先进环保技术为依托，以削减大气污染物排放量为根本，遵循“高效清洁燃烧—污染物协同控制—废物资源化”一体的控制路线，持续研发、应用低能耗、低物耗、低污染、低排放，资源利用率高、安全性高、经济性高、环境性高的先进的环保技术，实现电力工业绿色发展、循环发展和低碳发展。

第九节　两种吹灰器的对比

声波吹灰器是利用声波发生头将压缩空气携带的能量转化为高声强声波，声波对积灰产生高加速度剥离作用和振动疲劳破碎作用，使积灰产生松动而脱离催化剂表面，以便通过烟气或自身重力将其带走。在声波的高能量作用下，粉尘不能在热交换表面积聚，可有效阻止积灰的生长。

由于声波的全方位传播和空气质点高速周期性振荡，可以使表面上的灰垢微粒脱离催化剂，而处于悬浮状态，以便被烟气流带走。声波除灰的机理是“波及”，吹灰器输出的能量载体是“声波”，通过声场与催化剂表面的积灰进行能量交换，从而达到清除灰渣的效果。这种方式适合于松散积灰的清除，对黏结性积灰和严重堵灰以及坚硬的灰垢无法清除。

而传统的高压蒸汽吹灰器，是“触及”的方法，输出的能量载体是“蒸汽射流”，靠“蒸汽射流”的动量直接打击换热面上的灰尘，使之脱落并将其送走。这种方式适用于各种积灰的清除，对结性较强、灰熔点低和较黏的灰有较明显效果。

第十节　新型直流锅炉的优点

1. 结构特点

直流锅炉的结构特点是直流锅炉无汽包，工质一次通过各受热面，且各受热面之间无固定界限。直流锅炉的结构特点主要表现在蒸发受热面和汽水系统上，直流锅炉的省煤器、过热器、再热器、空气预热器及燃烧器等，与自然循环锅炉相似。

2. 适用于压力等级较高的锅炉

根据直流锅炉的工作原理，任何压力的锅炉在理论下都可采用直流锅炉。但实际上没有中、低压锅炉采用直流型，高压锅炉采用直流型的也较少，超高压、亚临界压力等级的锅炉就较为广泛地采用直流型，而超临界压力的锅炉只能采用直流型。

中低压锅炉容量较小，仪表较简单。自动化控制水平较低，对给水品质的要求不高，自然循环工作可靠，在经济上采用自然循环较合理。

当压力超过14MPa时，由于汽水密度差越来越小，采用自然循环的可靠性降低，自然循环锅炉的最高工作压力大约在19～20MPa。

当压力等于或超过临界压力时，由于蒸汽的密度与水的密度一样，汽水不能靠密度差进行自然循环，所以只能采用直流锅炉。

3. 蒸发管的布置方式

可采用小直径蒸发受热面管且蒸发受热面布置自由。直流锅炉采用小直径管会增加水冷壁管的流动阻力，但由于水冷壁管内的流动为强制流动，且采用小直径管大大降低了水冷壁管的截面积，提高了管内汽水混合物的流速，因此保证了水冷壁管的安全。

由于直流锅炉内工质的流动为强制流动，蒸发管的布置较自由，允许有多种布置方式，但应注意避免在最后的蒸发段发生膜态沸腾或类膜态沸腾。

在工作压力相同的条件下，水冷壁管的壁厚与管径成正比，直流锅炉采用小管径水冷壁且不用汽包，可以降低锅炉的金属耗量。与自然循环锅炉相比，直流锅炉通常可节省约20%～30%的钢材。但由于采用小直径管后流动阻力增加，给水泵电耗增加，因此直流锅炉的耗电量比自然循环锅炉大。

4. 启停和变负荷速度快

由于没有汽包，直流锅炉在启停过程及变负荷运行过程中的升、降温速度可以快些，这样锅炉启停时间可大大缩短，锅炉变负荷速度提高，因而也具有较好的变负荷适应性。

第十一节 烟塔合一技术

冷却塔排放烟气技术是指烟气不通过烟囱排放，而是通过玻璃钢烟道送至冷却塔内。在塔内烟气从配水喷淋层上方排放，与冷却水不接触。烟气温度大约在50℃左右，此温度高于塔内湿气温度，会与湿蒸汽发生混合换热，混合后会改变塔内气体流动情况，但进入烟塔的烟气占塔内气体的10%左右，对塔内气体流速影响甚微。塔内气体上升的原动力仍是热浮力，热浮力的计算 Z = 塔高 × 密度差 × g，其中 g 重力加速度，一般取 10N/kg。通常情况下，进入冷却塔的烟气密度低于塔内气体密度，对冷却塔的热浮力产生正面影响。

而对冷却塔阻力是否发生变化也不用担心，因为冷却塔的阻力主要来自配水装置，而烟气在其上方进入，对配水装置区间的阻力不产生影响，对总阻力的影响微乎其微（图7－4）。

图7－4 冷却塔内的排烟管道

由于烟气密度小于冷却塔空气密度，因此冷却塔提供的升力和扩散性超过了烟囱。冷却塔烟柱可以上升到大气非湍流层以上，这一点非常重要，因为非湍流层以下的天气状况直接促成烟雾的形成。与采取换热器再热的烟囱系统相比，冷却塔排放可以减少5%～7%的运行成本，冷却塔排放可以取消耗资巨大的烟气换热装置，并且显著降低排放物的地面平均浓度。这对于一味追求降低排烟温度的电厂来说，烟塔排放能够减少对环境的污染。

第十二节　烟气脱汞技术

汞，作为煤中一种微量元素，在燃煤过程中，大部分随烟气排入大气，进入生态环境的汞会对环境、人体产生长期危害。烟气中的汞主要以2种形式存在：单质汞和二价汞的化合物。

单质汞具有熔点低、平衡蒸气压高、不易溶于水等特点，与二价汞化合物相比更难从烟气中除去。汞的毒性以有机化合物的毒性为最大，汞能使细胞的通透性发生变化，破坏细胞离子平衡，抑制营养物质进入细胞，导致细胞坏死。汞能在鱼类和其他生物体内富集后循环进入人体，对人类造成极大危害，并对植物产生毒害，导致植物叶片脱落、枯萎。由于汞在大气中的停留时间很长，毒性也大。

我国各省煤中的汞的平均含量为0.22mg/kg，可见我国燃煤中汞含量普遍偏高，汞在煤中处于富集状态。汞的熔点为－38.87℃，在常温下具有很强的挥发性，这使它在燃煤过程中与其他微量元素有着不同的化学行为。在燃煤电厂中，原煤首先进入制粉系统，煤在破碎的过程中产生热量，一部分汞从煤中挥发出来。煤粉进入炉膛燃烧，高温将煤中的汞气化成气态汞（即单质汞，HgO），随着燃烧气体的冷却，气态汞与其他燃烧产物相互作用产生氧化态汞（Hg^{2+}）和颗粒态汞。

经过燃烧后，一部分汞伴随着灰渣的形成，直接存留于飞灰和灰渣中；另一部分汞在很高的火焰温度（超过1400℃）下，随着煤中含汞物质的分解，以单质形态释放到烟气中。飞灰中汞占23.1%～26.9%，烟气中汞占56.3%～69.7%，进入灰渣的汞仅占约2%。因此，控制燃煤汞污染，关键是控制烟气中的汞向大气中排放。

汞分为有机汞和无机汞。电厂锅炉煤粉的燃烧过程中，煤中的汞将因受热挥发并以汞蒸气的形态存在于烟气中。烟气中汞的存在形式主要包括气相汞（单质汞和气相二价汞）和固相颗粒汞，这三者称为总汞。

2000~2007年，美国能源部资助现场演示项目，在50多个电厂进行一个多月的实地测试。发现溴化活性炭除汞效果显著，活性炭喷射经济有效，尤其是喷射溴化活性炭最为有效。从2005年开始活性炭喷射（ACI）技术逐步商业化，现在全美10%的锅炉已经订购或安装了活性炭喷射系统。

1. 炉前溴化添加剂

燃煤电厂炉前溴化添加剂脱汞技术就是在电厂输煤皮带上或给煤机里加入溴盐溶液，也可直接将溶液喷入锅炉炉膛。在烟气中溴离子氧化汞元素形成Hg^{2+}，脱硝装置SCR可加强元素汞和溴的氧化形成更多的Hg^{2+}，Hg^{2+}溶于水从而被脱硫装置所捕获，从而达到除汞目的。这种技术对装备了SCR和脱硫装置的燃煤电厂来说脱汞效果好、成本低。而且由于加入煤里的溴相对煤本身含有的氯很少，所以添加到煤里的溴盐不会对锅炉加重腐蚀。现在很多装备了SCR和WFGD的美国燃煤电厂正在测试这种脱汞技术，其中一些电厂已取得了很好的汞控制效果。

2. 炉后喷射溴化粉状活性炭吸附剂

主要是粉状溴化活性炭在静电除尘器或布袋除尘器前喷入，烟气里的汞和活性炭上的溴反应并被活性炭吸附，最后被经典除尘器所捕集。

3. 国内普遍使用的汞减排方法是利用传统工艺及设备除汞、吸附剂除汞2类方法

静电除尘器（ESP）和布袋除尘器（FF）是电厂广泛使用的除尘设备。随着对颗粒物的控制，他们对烟气中的汞也有一定的去除效果。经过布袋除尘器后能去除约70%的汞，高于电除尘器的脱汞效率。美国电科院（EPRI）对干式电除器之后增加一个湿式电除尘器（WESP）的工艺进行小型试验后发现，WESP中的1个电场就可脱除95%的PM2.5和大约50%的氧化汞。

脱硫设施温度相对较低，有利于HgO的氧化和Hg^{2+}的吸收，是目前去除汞最有效的净化设备。由于烟气中的Hg^{2+}极易溶于水或者其他吸收液体，因此湿式脱硫系统（WFGD）对汞具有一定的去除效果。美国能源部（DOE）的测试结果显示，用石灰石作吸收剂的脱硫系统对总汞的去除效率为10%~84%，具体效果主要受烟气中Hg^{2+}含量的影响。在湿法脱硫系统中，洗涤液有时会使氧化态

汞通过还原反应还原成元素汞，造成汞的二次污染。目前，针对如何提高烟气中氧化汞的含量，进而提高 WFGD 系统的脱汞效率，普遍使用的方法是向烟气或吸收液中添加氧化剂。

吸附技术利用对汞具有良好吸附性能的物质，以喷射、固定床等形式对烟气中的汞进行吸附处理，增强汞的去除效果。

活性炭吸附是使用较早，也较成熟的技术，主要有 2 种利用方式。一种是在除尘装置前喷入活性炭，另一种是采用活性炭吸附床。美国能源部（DOE）的测试结果发现，活性炭吸附作用受到了烟气成分和温度的显著影响。

现在应用较多的是问烟气中喷入粉末状活性炭（PAC），吸附汞后从其下游的除尘器出去。但成本过高，相比活性炭，其他一些来源广泛、价格低廉的吸附剂备受研究者的关注，包括钙基类［$CaCO_3$、CaO、$Ca(OH)_2$、$CaSO_4 \cdot 2H_2O$ 等］、矿物类（沸石、矾土、蛭石、膨润土等）、金属及其氧化物类（贵金属、TiO_2、Fe_2O_3）、生物质类和飞灰等。

总之，汞污染的控制方式主要分为燃烧前脱汞、燃烧中脱汞、燃烧后尾部烟气脱汞。目前，国内外对于燃烧中脱汞的研究较少，主要是利用改进燃烧方式，在降低 NO_x 排放的同时，抑制一部分汞的排放。上面主要介绍了燃烧后尾部烟气脱汞的技术，下面对燃烧前脱汞技术进行简介。

洗煤和煤的热处理是减少汞排放简单而有效的方法。传统的洗煤方法可洗去不燃性矿物原料中的一部分汞，但是不能洗去与煤中有机碳结合的汞。这样只能是将煤中的汞转移到了洗煤废物中，但这对减少烟气中的汞还是有积极意义的。在洗煤过程中，平均 51% 的汞可以被脱除。另外一种技术是热处理工艺，由于汞具有高挥发性，在煤热处理的过程中，汞会受热挥发出来。对热处理脱汞技术研究表明在 400℃下可以达到最高 80% 的脱汞率。然而，在 400℃下也发生了煤的热分解，导致挥发性物质的减少，煤的发热量也有很大的降低。热处理脱汞技术还处于实验室阶段，有待进一步研究。

第十三节　低氮燃烧器技术

近年来，煤粉浓淡燃烧技术由于其良好的着火稳燃性能、低 NO_x 排放性能、抑制炉内结渣和高温腐蚀性能等优点，在我国得到了广泛的应用，获得了优良的效果。根据煤粉浓淡喷口布置位置的不同，可以分为上下浓淡燃烧技术和水平浓淡燃烧技术 2 大类。上下浓淡燃烧技术上下布置浓淡喷口，形成高度方向上的浓淡燃烧；而水平浓淡燃烧技术左右布置浓淡喷口，形成水平方向上的浓淡燃烧，所以又可称为左右浓淡燃烧技术。由于上下浓淡燃烧技术中浓喷口高度的水冷壁区域处于较强的还原性气氛中，容易造成水冷壁的高温腐蚀和结渣等问题，而水平浓淡燃烧技术中浓喷口布置于向火侧，淡喷口布置于背火侧，淡一次风气流在浓一次风气流和水冷壁之间形成一层含氧量较高的风膜，有利于在发挥浓淡燃烧技术优点的同时，有效地抑制炉内结渣和水冷壁高温腐蚀等问题，因此水平浓淡燃烧技术更为优越一些。

用以实现一次风浓淡分离的浓淡分离器多种多样，主要有：

（1）弯头分离：如 PM 燃烧器、WR 型燃烧器。

（2）旋风分离：煤粉空气混合物通过旋风子的离心分离作用被分为浓粉流和淡粉流。浓粉流作为一次风直接燃烧，而淡粉流作为乏气送入炉膛，通过调节乏气管上的挡板，可改变浓粉流和淡粉流的煤粉浓度比例。由于现场位置的限制，旋风分离式煤粉浓缩燃烧器较多地应用于 W 型或 U 型火焰锅炉上，如美国 Foster Wheeler 公司的旋风式煤粉浓缩燃烧器、日本 IHI 公司大量程煤粉燃烧器（WR－PC）燃烧器也采用一个卧式的旋风分离器实现浓淡分离，锅炉最低负荷可降低至满负荷的 35%，并能降低 NO_x 排放量，但该燃烧器结构复杂，改造工作量较大。

（3）旋流叶片式：通过旋流叶片将煤粉气流分为浓淡两股。

（4）百叶窗式：煤粉气流通过百叶窗式煤粉浓缩器后分为浓淡两股。

（5）挡块式：利用挡块将弯头外侧的浓煤粉流导向到弯头内侧。

第十四节　新型电除尘

1. 常规静电除尘的缺点

（1）常规静电除尘器无论采用何种振打清灰方式，都必然引起振打扬尘而造成除尘效率损失。

（2）常规静电除尘器难以有效克服由于反电晕所造成的除尘效率损失。

（3）常规静电除尘器难以有效克服由极板粘灰所造成的除尘效率损失。

2. 旋转电极的原理

移动电极是指采用可移动的收尘极板，固定放电极和旋转的清灰刷子来组成的移动电极电场。当粉尘被捕集到收尘极板且尚未达到形成反电晕的厚度时，就随移动电极一起转移到没有烟气流通的灰斗内，被旋转的刷子彻底清除，收尘极板又恢复到清洁的状态。由于清灰是在无烟气流通的灰斗内进行，因而消除了粉尘的二次飞扬。通过变频无级调速，可以实现极板移动速度与旋转电刷角速度的不同配比，适应不同煤种的烟气及各种工况条件的变化。

移动电极技术的开发应用既弥补了常规静电除尘器对高比电阻、超细粉尘、高黏度粉尘难收难清、振打容易二次扬尘等不足，又弥补了布袋除尘器的设备阻力大、运行费用高，日常维护工作量大，难以处理高温、高湿烟气以及布袋的后处理等方面的缺陷。（图 7－5）

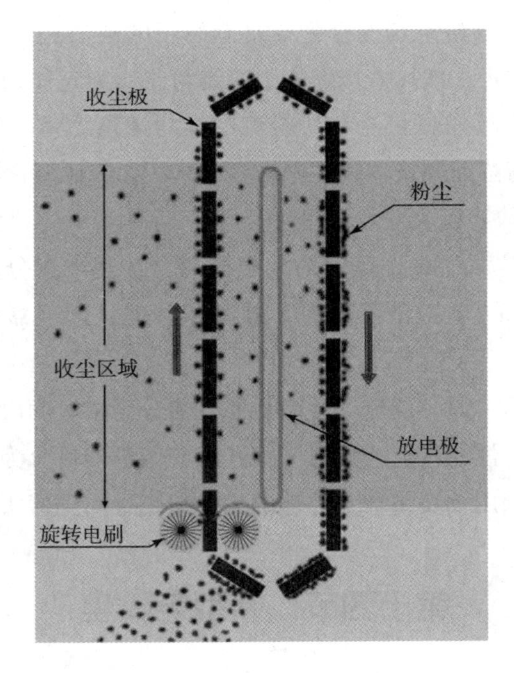

图 7－5　移动电极除尘器

3. 移动电极的优点

（1）能高效收集高比电阻的粉尘。

（2）节省空间、节省能源。一个移动极板电场相当于 1.5～3 个固定极板电场的作用，而消耗的电功率仅为固定电极的 1/2～2/3。

（3）采用不锈钢丝旋转刷清灰方式，清灰效果佳，粉尘二次飞扬几乎为零。

第十五节 另类的发电技术

太阳能烟囱发电的构想是在 1978 年由德国 J. Schlaich 教授首先提出的。随后由德国政府和西班牙一家电力企业联合资助，于 1982 年在西班牙建成世界上第一座太阳能烟囱发电站。这座电站的烟囱高度为 200m，烟囱直径 10.3m，集热棚覆盖区域直径约为 250m。白天，涡轮发电机的转速为 1500r/min，输出功率为 100kW；在夜间涡轮发电机的转速为 1000r/min，输出功率为 40kW（图 7－6）。

图 7－6　太阳能烟囱发电假想图

太阳能烟囱发电技术成功地将 3 种成熟技术结合为一体：温室技术、烟囱技术和风力透平机技术。集热棚用玻璃或塑料等透明材料建成，并用金属框架作为支撑，集热棚四周与地面留有一定的间隙（高度为 H）。大约 90% 的太阳可见光（短波辐射）能够穿过透明的集热棚，被棚内地面（直径为 R）吸收，同时由于温室效应，集热棚能够很好地阻隔地面发出的长波辐射。因此，太阳能集热棚是太阳能的一个有效捕集和储存系统。棚内被加热的地面（温度为 T）与棚内空气（温度为 T1）之间的热交换使集热棚内的空气温度升高，受热空气由于密度下降而上升，进入集热棚中部的烟囱（半径为 r，高度为 H）。同时棚外的冷空气（温度为 T）通过四周的间隙进入集热棚，这样就形成了集热棚内空气的连续流动。热空气在烟囱中上升速度提高，同时上升气流推动涡轮发电机运转发电。

第十六节　飞灰取样器

1. 撞击式飞灰取样器

传统的飞灰取样装置，就是这种简单结构的取样器，一根粗管子直插烟道中部，下面 2 个隔断门，条件好的会在下面装个罐子（图 7 - 7）。

图 7 - 7　撞击式飞灰取样器

这种取样器代表性差，受磨损影响严重，加之取样门不严密的话，取样数据只能作为参考数据。

2. 红外线式飞灰测量仪

红外线式取样器测量原理依据碳粒对红外线反射率的不同测量飞灰含碳量。使用前需用已知灰样进行标定，得到反射率与飞灰含碳量的关系曲线。使用效果初期还可以，但随着磨损及烟道变形，测量数据就会出现较大偏差，最突出的问题就是数据很长时间不会发生变化，连个趋势都显示不了（图 7 - 8）。

图7－8 红外线式飞灰测量仪

3. 微波法飞灰取样器（图7－9）

图7－9 微波法飞灰取样器

微波法飞灰取样器根据飞灰中未燃尽的碳对微波能量的吸收特性，进行分析确定飞灰中碳的含量。微波衰减法是采用抽吸取样方法，将烟道内的灰样收集到取样瓶内，再经过测量设备进行微波测量。锅炉飞灰中含有未燃尽的碳颗粒，由于碳具有导电性，它对微波具有吸收作用。所有的微波检测设备只能对飞灰含碳量测出一个相对线性关系值，含碳量的绝对值，需要通过人工对同一飞灰样本（仪器测量过的样本）进行化学分析一次，测出含碳量的绝对值，对微波检测设备进行一次标定。

它的特点是准确性高，但是取样管容易堵塞，故障率要高一些。

第八章　热电技术

第一节　吸收式热泵原理

吸收式热泵是以溴化锂溶液为吸收转换热量工质的一种热泵设备，可以将低温度水的热能提取并转移到较高温度的水中。该设备对环境没有污染，不破坏大气臭氧层，而且具有高效节能的特点。热电厂配备溴化锂吸收式热泵，回收电厂部分凉水塔排放到大气中的热量，达到节能、减排、降耗的目的。为集中供热系统增加了热量，提高了电厂的综合能源利用效率，同时可以减少电厂循环冷却水蒸发量，节约水资源，并减少向环境排放热量，具有非常显著的经济和社会与环境效益。

1. 吸收式热泵的原理

溴化锂吸收式热泵是利用溴化锂水溶液作为吸收转换热量的工质对，通过热能回收转换技术，将低品位余热的热量转移到高品位热媒中，从而实施热量从低温介质向高温介质转移的设备。吸收式热泵的原理，如图 8－1 所示。

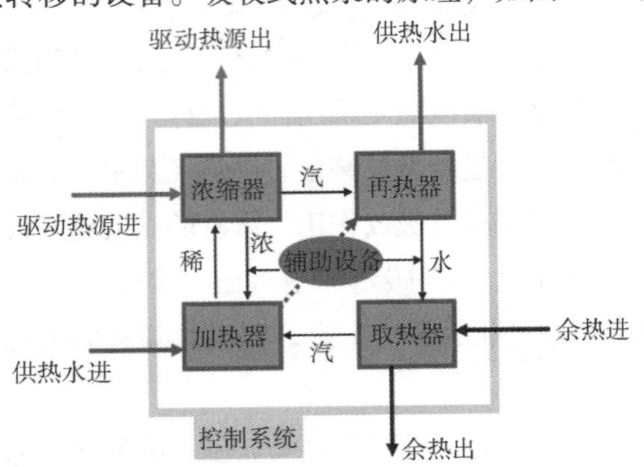

图 8－1　吸收式热泵原理图

从图 8 –1 可以看出，溴化锂吸收式热泵由取热器、浓缩器、加热器和再热器 4 个部件构成。其中取热器内一直保持真空状态，利用水在一定的低压环境下，吸收热量后会低温沸腾、汽化蒸发的原理，吸收余热后使低温水汽化，将水变成水蒸气；水蒸气进入加热器，通过淋滴在换热管外表面的溴化锂浓溶液吸收水蒸气，利用溴化锂浓溶液强大吸水性的特性，吸收水蒸气放出大量的热，将加热器中循环管路的水加热，使其温度升高；浓缩器的作用就是对溴化锂浓溶液吸收水蒸气溶液变稀后再进行浓缩，重新得到具有强大吸水性的溴化锂浓溶液；再热器是利用浓缩器内蒸汽，加热浓缩溴化锂稀溶液变成浓溶液而蒸发出来的二次蒸汽，对再热器循环管路中经过加热器加热的热水进行再加热，从而获得较高的热水出口温度。

以下分别对各过程的原理逐一进行介绍。

过程一：余热热量的提取，如图 8 –2 所示。

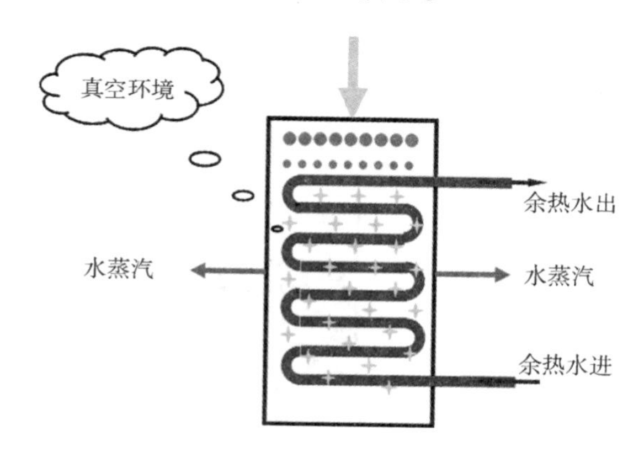

图 8 –2 余热提取原理图

在真空的取热器内，利用水在负压状态下沸点降低的原理，来自再热器的蒸汽凝水喷淋在取热器换热管外表面。凝水吸收换热管内部低温余热水（或者乏汽）的热量，蒸发汽化产生低压水蒸气进入两侧加热器，完成余热提取的过程。

过程二：余热热量的转移。

在加热器内，利用溴化锂浓溶液的吸水放热性能，来自浓缩器的溴化锂浓溶液分布在加热器换热管外表面，吸收来自取热器的水蒸气，溶液的温度迅速升高，加热换热管内需要提高温度的热媒，实现了低温热源的热量向被加热热媒转移，同时溴化锂溶液由浓变稀，不再具有吸水性，需要浓缩后循环使用，如图 8 –3所示。

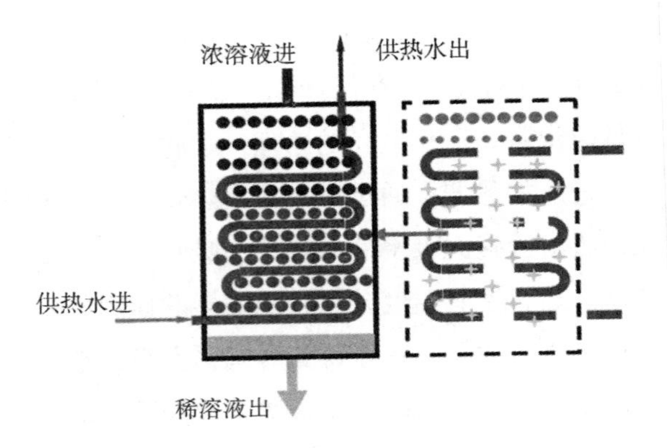

图 8－3　热量转移原理图

过程三：吸收工质的浓缩。

在浓缩器内，利用驱动热源的热量，对来自加热器的溴化锂稀溶液进行浓缩，产生的浓溶液继续回到加热器内继续吸收水蒸气加热供热水，溶液浓缩产生的二次蒸汽至再热器，如图 8－4 所示。

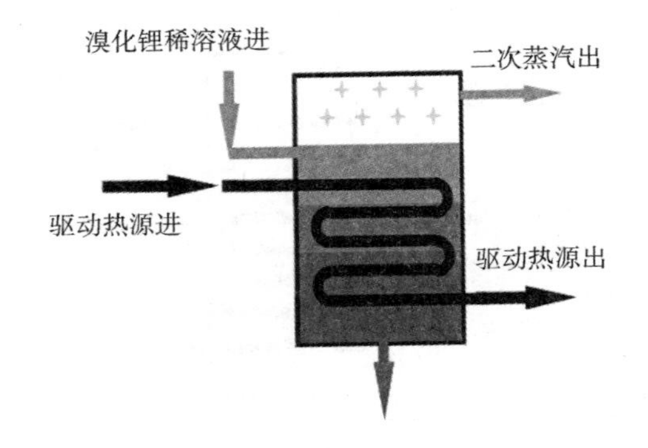

图 8－4　工质浓缩原理图

过程四：二次蒸汽再加热，如图 8－5 所示。

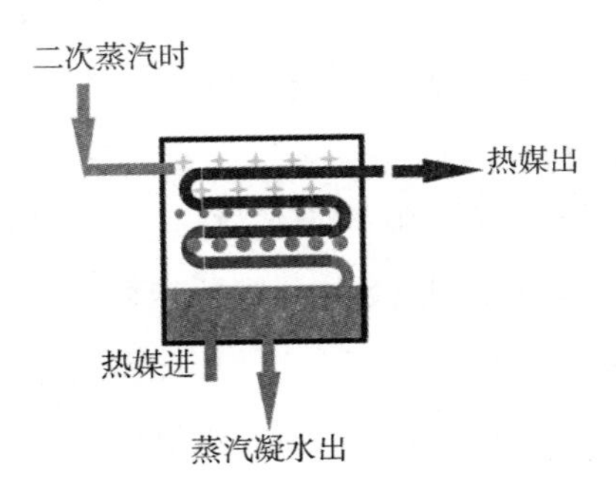

图 8－5　二次再加热原理图

应用于电厂的吸收式热泵可以分为 2 大类，分别是循环水型溴化锂吸收式热泵和乏汽直进型溴化锂吸收式热泵。前者主要应用于湿冷电厂和间接空冷电厂，后者主要应用于直接空冷电厂。

应用于电厂的吸收式热泵原理，如图 8－6 所示。

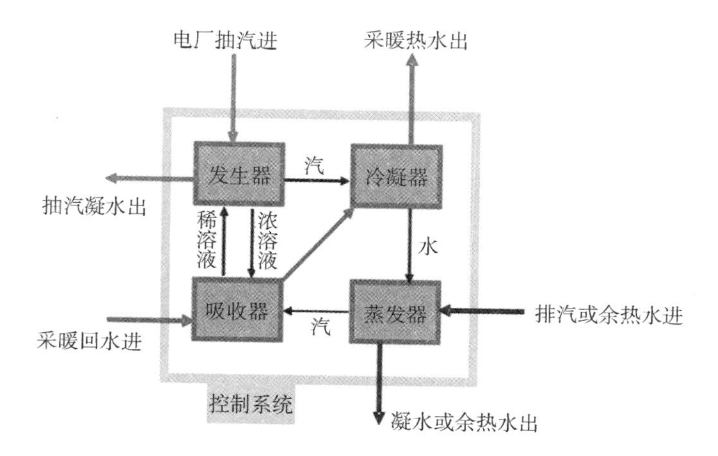

图 8－6　电厂热泵原理图

蒸汽单效吸收式热泵热平衡图，如图 8－7 所示。

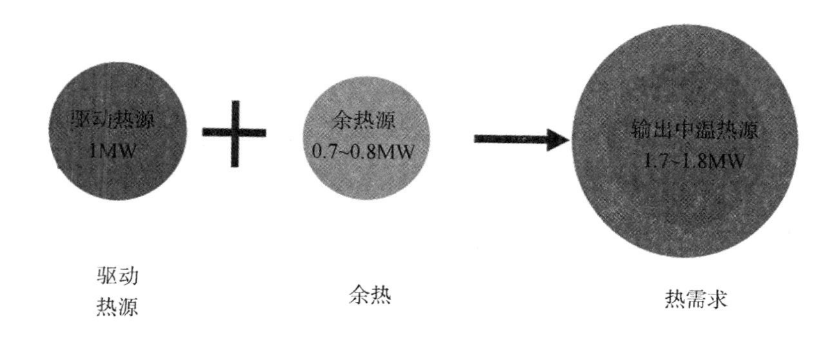

图 8－7　热泵效率原理图

2. 吸收式热泵在电厂的应用

截至 2014 年，已经使用双良吸收式热泵设备的电厂分布，如图 8－8 所示。

目前已有 30 多家电厂使用双良吸收式热泵回收余热供热，年总回收余热量 2592 万 GJ 以上，余热供热面积 4500 万 m^2。

（1）回收余热提供城市集中供热，每年可以：

①节约能源 110 万 t 标煤。

②减少 CO_2 排放 301. 2 万 t。

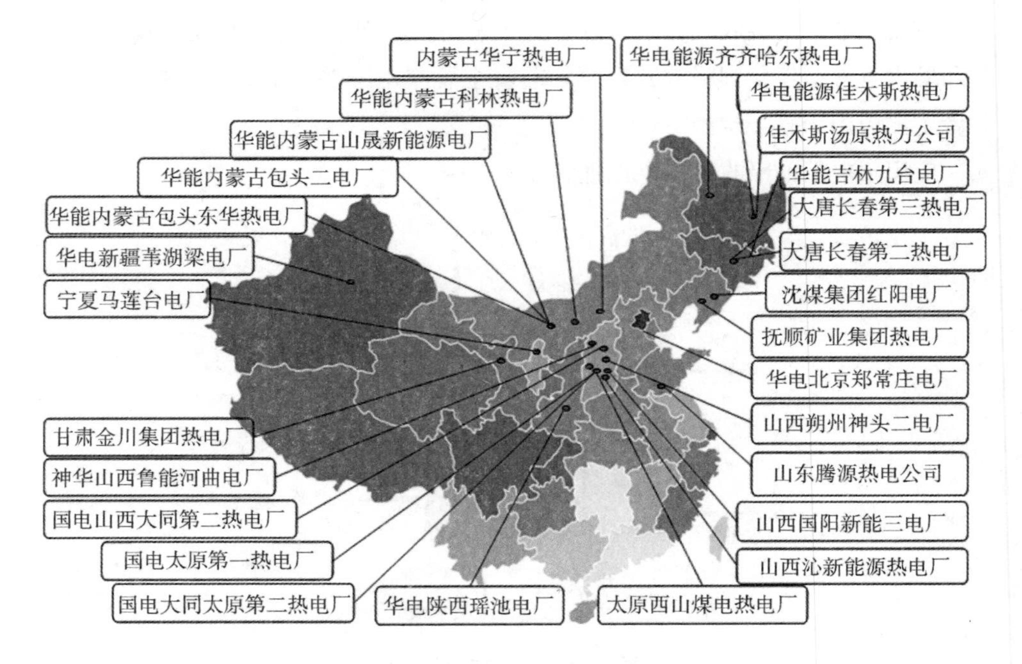

图 8-8　热泵应用分布图

③减少 SO_2 排放 3.44 万 t。

④减少 NO_x 排放 1.63 万 t。

⑤减少锅炉灰渣排放 73.6 万 t。

⑥减少锅炉烟尘排放 2655 万 t。

（2）利用吸收式热泵回收电厂余热进行供热，主要优势体现在：

①吸收式热泵耗电量仅为制热量的 0.5‰～1‰，厂用电量少。

②吸收式热泵制取热水出口温度高，最高出水达到 95℃。

③吸收式热泵需要的驱动蒸汽压力低，可以直接利用采暖抽汽。

④吸收式热泵节能改造无须对电厂汽轮机原系统进行改造。

⑤与高背压供热相比，吸收式热泵供热无须大幅度提高背压，有利于电厂安全运行和降低发电煤耗。

⑥吸收式热泵属于静态运转设备，运行故障率低，运行可靠性高。

⑦目前国内已经有数十家电厂采用吸收式热泵回收电厂余热提供供热，技术成熟可靠。

第二节 基于吸收式换热的热电联产集中供热技术原理

1. 技术背景

冬季采暖是关乎百姓的民生工程，2013 年北方城镇采暖供热能耗为 1.81 亿 tce，占全国建筑能耗的 24%，是建筑节能的重中之重。冬季是严重雾霾天气的频发时期，为满足供热需求而消耗的大量化石燃料是大气污染主要来源之一，相较交通、工业等全年稳定污染排放源，供热的污染排放集中在冬季，是北方城市治理大气污染的首要对象，如图 8－9 所示。

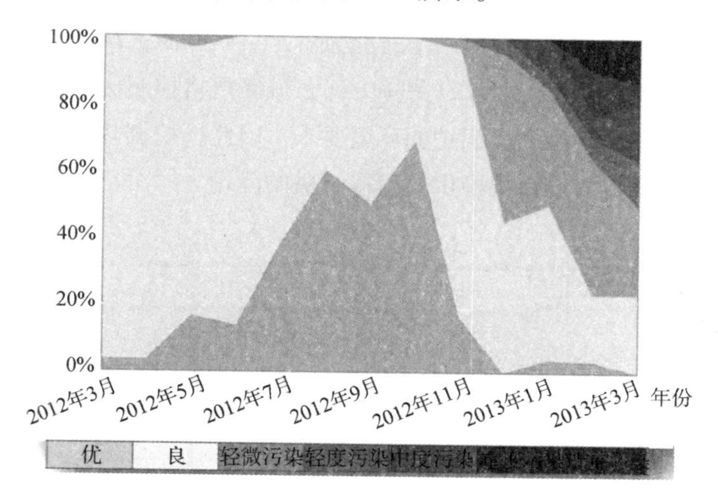

图 8－9 大气污染发展趋势

集中供热是我国城市主要的采暖方式，约占到 70%。我国能源结构以煤为主，燃煤热电厂和锅炉房是 2 种主要集中热源，如图 8－10 所示。由于热电联产能源利用效率高，而且污染物集中处理、排放少。可以说，热电联产集中供热是北方采暖的主要方向。

2. 技术原理

常规热电联产集中供热系统如图 8－11 所示，其主要存在 2 个问题，一是城市热网输送能力面临了瓶颈，热网供回水温差一般在 60℃左右；二是热电厂尚有大量余热未被利用，以典型 300MW 机组为例，通过凝汽器由循环冷却水带走的热量约占输入总能量的 21%，占供热量的 46%。而余热回收也存在 2 个主要

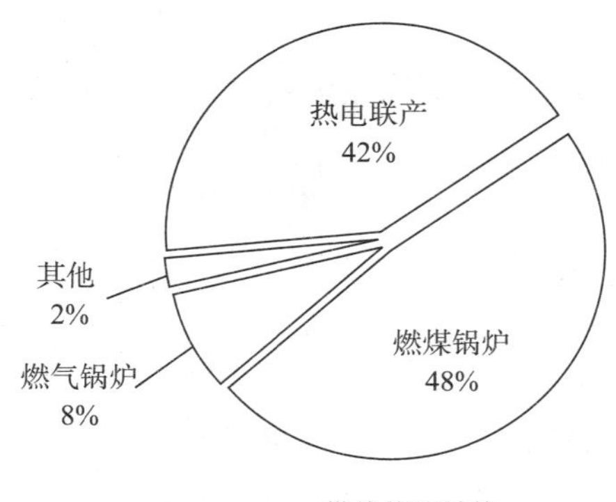

图 8－10　北方地区供热结构

难点：一是余热品位低，多数循环水或乏汽温度为20～40℃；二是余热回收增加的供热能力，现有系统设计的热网输送能力不足。一方面，城市化进程中集中供热面积迅速增长的供热民生要求；另一方面，城区严格控制区域锅炉房及燃煤电厂的建设，逐步取缔小型燃煤锅炉的环境要求。因此，挖掘热源供热能力、增大管网输送能力，已成为城市集中供热亟待解决的问题。

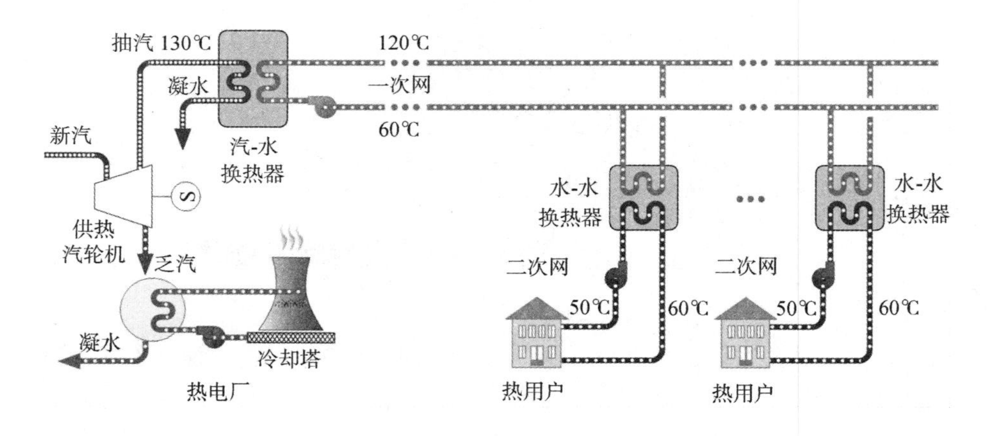

图 8－11　热电联产系统简图

近些年，清华大学提出“基于吸收式换热的热电联产集中供热技术”，以集中供热系统存在的 2 处不可逆损失为技术切入点，以供热抽汽 0.4MPa/140℃，一次网供回水温度 120/60℃，二次网供回水温度 60/50℃为例，在热源处，热源与一次网之间换热的不可逆损失；在热力站处，存在着一次网与二次网之间换热的不可逆损失。

（1）热力站环节。

本技术针对热力站环节发明了大幅度降低一次网回水温度的吸收式换热方法（专利号 ZL 200910091337. 7，ZL 200810101064. 5，特许 2010 - 536008 日本），提出吸收式换热概念，发明了吸收式换热方法，突破常规换热的温差极限，一次网回水温度显著低于二次网温度（达到 20℃以下），提高热网输送能力 50% 以上，同时，热网回水温度的降低也为回收电厂余热创造了有利条件。集中供热系统热力站不可逆损失，如图 8 - 12 所示。

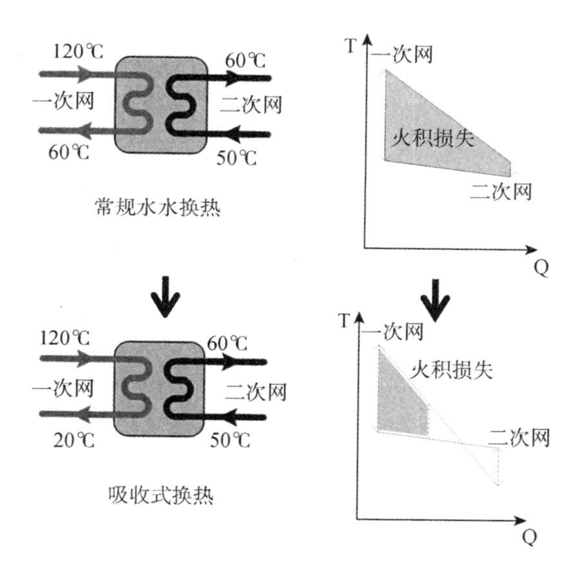

图 8 - 12　热力站不可逆损失

目前研发的吸收式换热机组以溴化锂/水为工质，是由热水型吸收式热泵和水—水换热器组成，一次网高温供水首先作为驱动能源进入吸收式热泵发生器中加热浓缩溴化锂溶液，然后再进入水—水换热器直接加热二级网热水，最后再返回吸收式热泵作为低位热源，在热泵蒸发器中降温至 20℃左右后返回一次网回水管；二级网回水分为两路进入机组，一路进入吸收式热泵的吸收器和冷凝器中吸收热量，另一路进入水—水换热器与一级网热水进行换热，两路热水汇合后送往热用户。这种吸收式热泵—换热器组合的吸收式换热方式的机组原理，如图 8 - 13所示。其利用蕴含于热力站环节的大温差换热环节的可用能，对一级网热水进行有效的梯级利用，进而使得热网回水降低至 20℃（显著低于二级网回水温度），由此为热能工程的供热系统方式带来很大的变化：

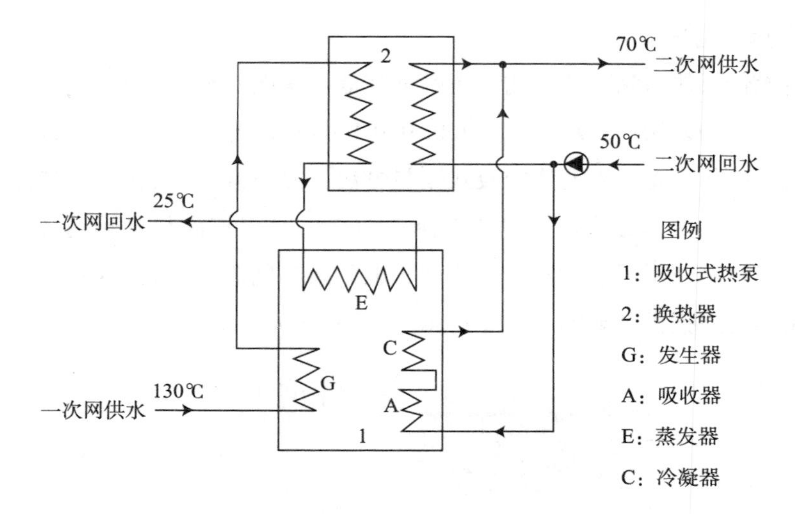

图 8－13 热泵—换热器方式原理图

①通过大幅降低一次网回水温度，拉大管网的输送水温差，降低热网的输送水量，从而大幅提高热网的输送能力，降低一次网初期投资和循环水泵电耗。

②低温回水（20℃左右）可以直接接收冷凝器中的低温热量，从而使一部分低品位热量直接用来加热低温回水，减少了提取冷凝器低品位热量的任务。

已研发的吸收式换热机组类型主要有：热水型吸收式换热机组，一次热网水驱动，降低回水温度；补燃型或直燃型吸收式换热机组，一次热网水驱动，燃气补燃调峰，增加供热量，进一步提高供热能力。

（2）热源环节。

针对热电厂加热环节，回收汽轮机乏汽余热的梯级加热方法，充分利用一次网回水温度降低的有利条件，利用汽轮机采暖抽汽驱动，回收乏汽余热，梯级加热热网水，实现提高热电厂供热能力 30% 以上，降低供热能耗 40% 以上，如图 8－14所示。

综上，提出基于吸收式换热的热电联产集中供热技术的整体解决方案，如图 8－15 所示。在热力站（能源站）内设置吸收式换热机组，以热网水驱动，降低回水温度；电厂内设置余热回收专用机组，以汽轮机采暖蒸汽驱动，吸收乏汽余热。该技术充分利用能源高低品位差的做功能力，降低传热环节的不可逆传热损失，一方面实现一次网低温回水，提高供回水温差，增加管网输送能力，避免既有管网改造，节约新建管网的投资，为回收电厂循环水余热提供了必要条件；另一方面回收热电厂凝汽余热，提高热电联产系统整体能效。

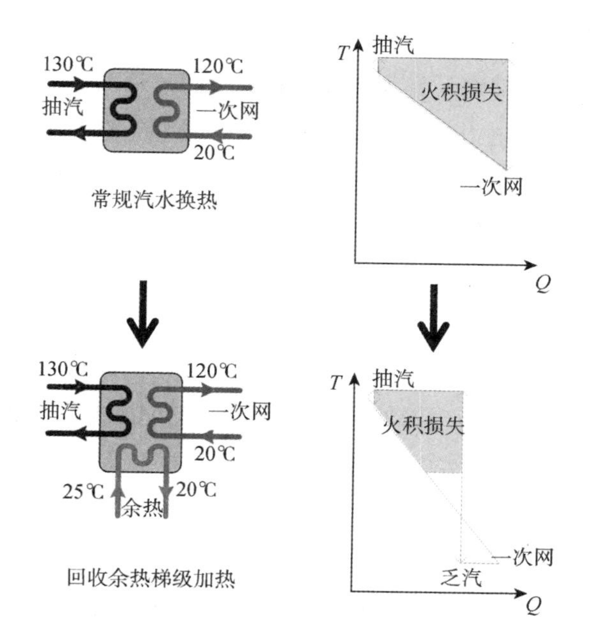

图 8－14 梯级加热方式

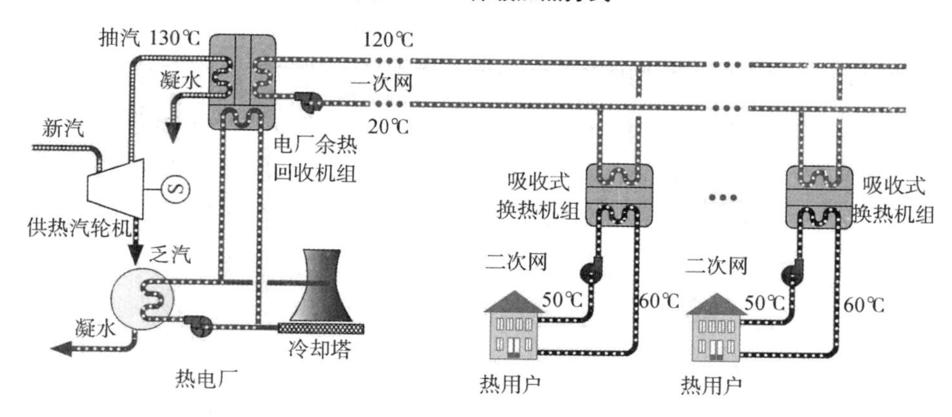

图 8－15 基于热泵的热电联产系统

3. 展望

在节能减排的大环境下，北方城市供热系统正在迎接一场革命，未来城市供热模式主要呈现几个主要特征：

（1）低品位余热、电和天然气的城市热源结构。

低品位余热包括热电联产、电厂乏汽余热以及冶金、化工等其他工业低品位余热等，承担供热的基础负荷。除了中、低温热能以外，电力可以作为驱动能源配合利用低品位热源或者用以降低热网回水温度，而天然气作为以低品位热源为基础的城市集中热网调峰热源。从降低大气污染来看，对于燃煤热电联产，应选择远离城市中心的燃煤热电厂作为热源，其余全部都是工业余热、电和天然气等清洁能源供应。从城市电力支撑需要一定比例的城市电源考虑，可以在城市中控制建设合理规模的天然气热电联产系统，同时兼顾电力调峰。在节能方面，形成以低品位热源为主的供热能源结构，取代独立锅炉房供热，将使北方城市供热能耗降低一半。

（2）热、电、气协同的运行模式。

以城市热网为纽带，在北方城市形成热电气协同的运行模式。在热网系统中建设蓄热装置，实现热网与电网的协同，乃至让城市供热系统起到为电网调峰的作用，并从中得到经济上的实惠。由于天然气的蓄存要比电和热的蓄存更加容易，天然气在城市能源中除了承担必要的民用和工业燃气需求外，将起到为热网、电网调峰作用，需要建设储气库、LNG 厂站等必要的天然气调峰设施，并在调峰运行过程中确保天然气运行的经济性。

（3）低品位热源利用的关键——低温供热。

低温供热的主要特征是城市热网回水温度的大幅度降低，由现在的50～70℃降低至10～20℃，建筑物热用户位于低温采暖末端，使二次热网供回水温度降低至30～40℃，甚至更低。而热网供水温度需要综合考虑低品位热源高效经济利用和热网输送能力2个因素。对于远离城市中心的热源，尤其是热电联产，供水温度为120～130℃；对于城市中心及附近的热源供水温度可合理降低。在低温供热实施过程中，需要针对城市供热系统现状，采取相应的过渡技术和措施，实现供热温度的逐步降低，比如在老城区集中设置中继能源站等。

（4）热网呈现长距离超大管网趋势。

低品位热源一般具有容量大、远离负荷中心的特征，单一热源的供热能力动辄数千万甚至上亿建筑平方米，而且一般分布在远离中心城市的地区，需要超大规模供热管网长距离输送至供热负荷中心。对于热网而言，超低温回水温度所形成的热网大温差供热，可使热网输送能力提高80%，为大规模远距离输送热量奠定了基础，从经济合理角度可以将数百千米以外的热源送至城市。

第三节 吸收式热泵设备在热电厂的节能应用技术

应用案例 1：华电新疆苇湖梁发电有限公司

吸收式热泵回收电厂循环水余热集中供热系统示意图，如图 8－16 所示。

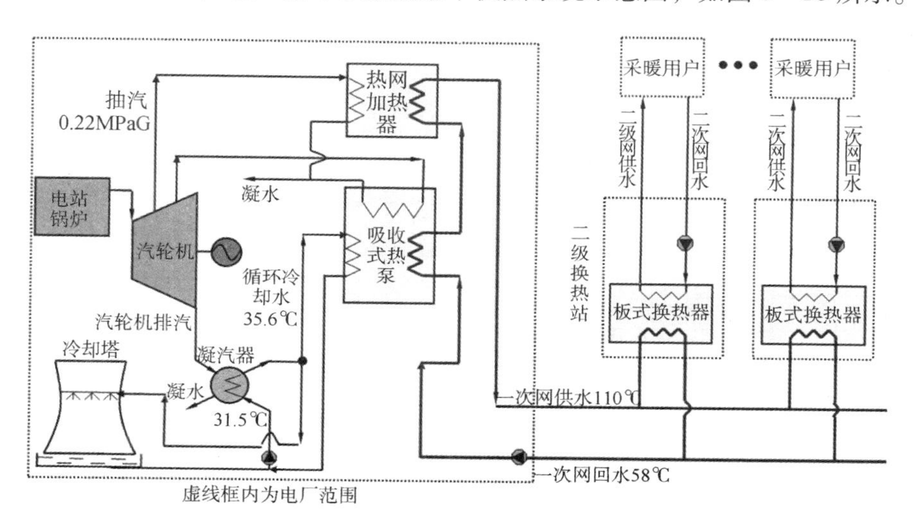

图 8－16 余热利用集中供热示意图

2011 年 12 月 1 日—12 月 6 日西安热工研究院有限公司对华电新疆苇湖梁发电有限公司吸收式热泵回收凝汽器循环水余热供热系统进行了性能试验。

性能试验的目的：

（1）设计工况下余热回收热量考核。

（2）余热回收机组及其附属设备的电耗考核。

（3）热泵系统投运后循环水节约水量测算。

（4）热泵机组投运对厂用电率的影响分析。

（5）热泵机组投运对机组真空度的影响及发电量的影响分析。

试验结果一见表 8－1。

表 8－1 试验结果一

项目	T01 工况	T02 工况
热网水吸热量	118.37MW	121.02MW

续表

项目	T01 工况	T02 工况
抽汽放热量	68. 64MW	71. 30MW
回收余热功率	49. 73MW	49. 72MW
热泵 COP 值	1. 72	1. 70
热泵系统耗电量	132. 47kW	140. 58kW
节约循环水流量	274. 27t/h	222. 31t/h
热网水系统压损	63. 1kPa	63. 9kPa

试验结果二见表 8 – 2。

表 8 – 2 试验结果二

项目		T01 工况	T02 工况
全厂发电功率不变不投热泵	全厂试验热耗率	7606. 9kJ/kW · h	7614. 1kJ/kW · h
	全厂试验供电煤耗率	311. 9g/kW · h	310. 9g/kW · h
热泵投运的情况下	全厂试验热耗率	6731. 2kJ/kW · h	6752. 0kJ/kW · h
	全厂试验供电煤耗率	276. 0g/kW · h	275. 6g/kW · h
热泵投运下的节约煤耗率		35. 9g/kW · h	35. 2g/kW · h
热泵投运下的节约煤耗率（平均值）		35. 6g/kW · h	

注：以上试验数据摘自西安热工研究院有限公司《新疆华电苇湖梁发电有限公司汽轮机组冷凝废热集中供热项目热力性能测试报告》。

应用案例 2：大同第一热电厂改造工程

2010 年 12 月基于吸收式换热的热电联产集中供热技术应用于大同第一热电厂改造工程，其基于吸收式换热的热电联产集中供热系统，如图 8 - 17 所示。同煤集团“两区”总供热面积638 万 m^2，共对 14 座用户热力站进行改造，合计采暖面积 273 万 m^2，使一次网回水降低至 20～30℃左右，改造后一次网返回热电厂的综合回水温度可降低到 37℃左右。

大同一电厂为 2×135MW 直接空冷机组，每台主机配置一台 HRU85 型余热回收机组，余热回收机组采用汽轮机排汽作为低温热源，采用五段抽汽作为高温热源，加热热网循环水对外供热。每台余热回收机组供热能力为 85MW，其中回收乏汽流量约为 100t/h，驱动蒸汽流量约为 30t/h。最大抽汽工况下抽汽与乏汽热量比较见表8－3。就整个采暖季而言，从热负荷延时曲线图分析得出，抽汽供热量与乏汽供热量近似相等，如图8－18所示。

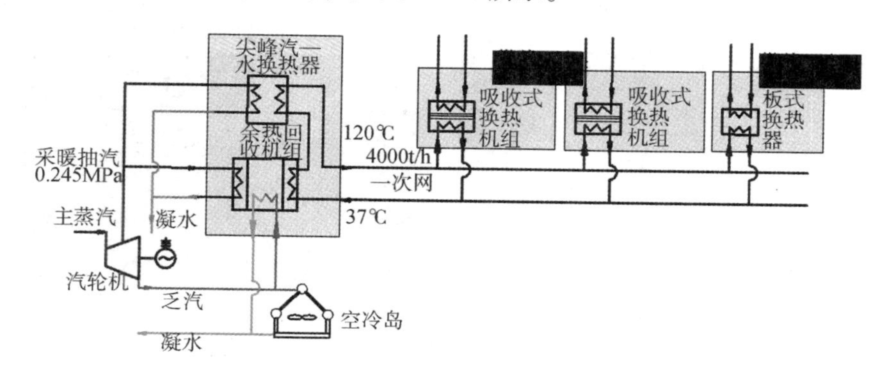

图8－17 热电联产供热示意图

表8－3 热量比较表

名称	最大抽汽工况	
	流量/（t/h）	热量/MW
汽轮机抽汽	400t/h	268MW
回收乏汽	200t/h	132MW
合计	—	400MW

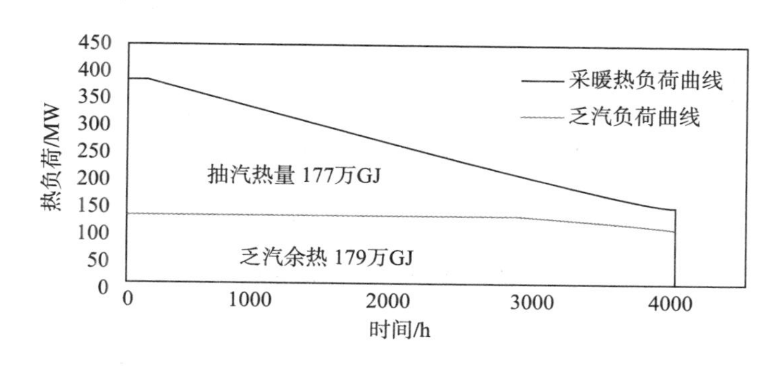

图8－18 两种方式的供热量比较

该项目于2010年底改造后投产使用，为了进一步分析热电联产系统采用该技术后的应用效果，分别对电厂余热回收专用机组及吸收式换热机组进行了性能测试，并为采用该技术前后热用户室内温度进行测量。其外形图，如图8－19所示。

图 8－19　吸收式热泵外观

首先对电厂余热回收专用机组进行测试，主要测试参数为机组进出口温度及流量，测试时间步长为 2min。由于在该系统中电厂余热回收专用机组主要承担基本负荷，尖峰负荷由汽轮机抽汽承担，所以电厂余热回收专用机组运行工况较为稳定，测试期间电厂余热回收专用机组进出口温度及抽汽和乏汽供热量如图 8－20所示。2 台机组流量及回收乏汽量见表 8－4，2 台机组共回收乏汽热量 134.1MW。

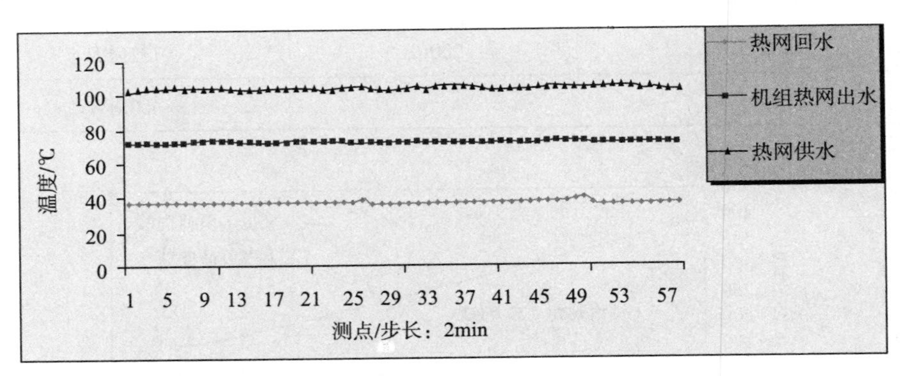

图 8－20　供热温度趋势图

表 8－4　数据对比表

参数	1 号机组	2 号机组
一次网流量/（t/h）	105.7	112.7
一次网回水温度/℃	37.0	37.1
乏汽回收热量/MW	64.3	69.8

如图 8 -21 所示，常规热电联产系统采用该技术后显著变化为一次网回水温度显著降低，对于常规热力站板式换热器而言，由于必要的换热端差，一次网回水温度必须高于二次网回水温度，而吸收式换热机组通过吸收式热泵与板式换热器结合，实现了一次网回水温度显著低于二次网回水温度的目标，因而在不影响二次网参数前提下显著增加了管网输送能力。再对热力站处的吸收式换热机组进行测试，实验选取的机组位于恒安中学热力站，该热力站采用了 1 台 AHE100 型吸收式换热机组，采暖面积为 13.4 万 m^2。从热力站一次网及二次网长期运行数据分析，热力站采用吸收式换热机组后一次网回水温度降低到 25℃ 左右，同时保证了二次侧供回水参数。

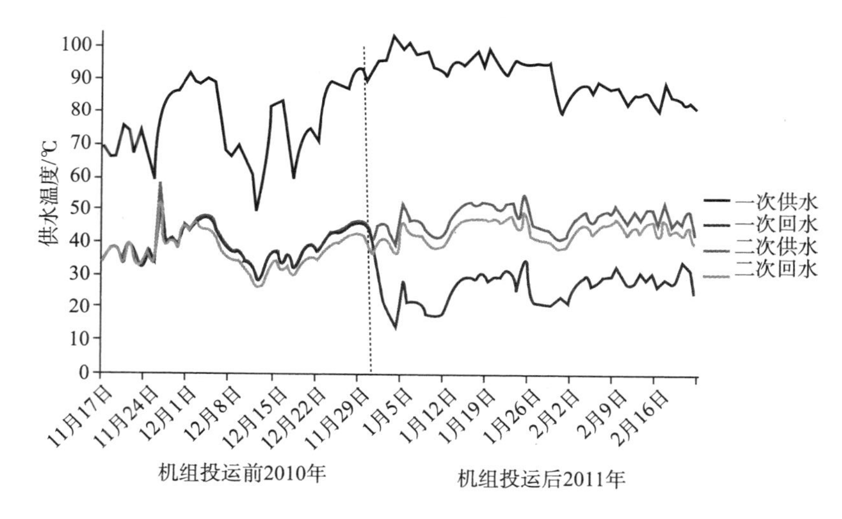

图 8 -21　投运前后对比趋势图

为了进一步了解采用该技术后用户的热舒适性，还对鹏程物业 A 区随机选取 10 个用户房间内温度进行测试，实验结果表明采用新技术改造后，以往用户室内温度过低的问题得到了解决，改造后房间温度基本维持在 18℃ 以上，用户热舒适性得到了显著改善，如图 8 -22 所示。

前面分别对电厂处和热力站处的机组运行工况进行了测试，就系统整体而言，由于回收电厂乏汽热量用于供热，因而电厂抽汽供热量显著降低，在采用该技术前后用户供热量组成情况（见图 8 -23），其测试时间步长为 2h。可见系统投运后总供热量中乏汽余热供热占据了近一半以上。

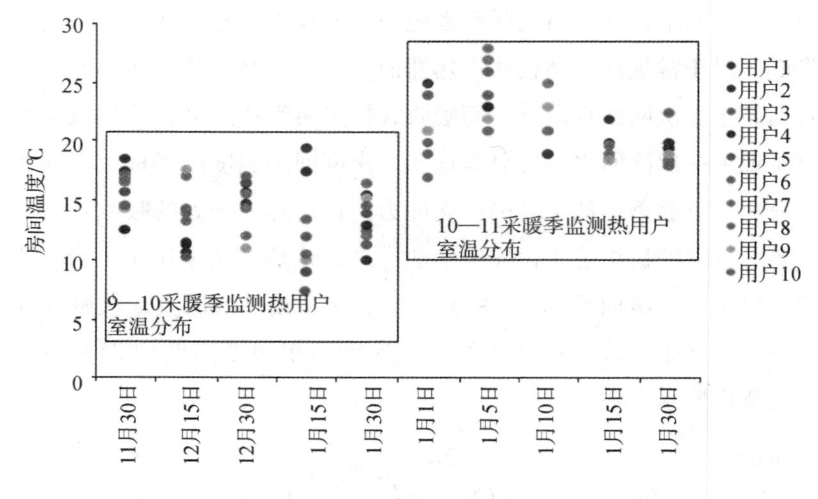

图 8-22　10 户随机测试结果图

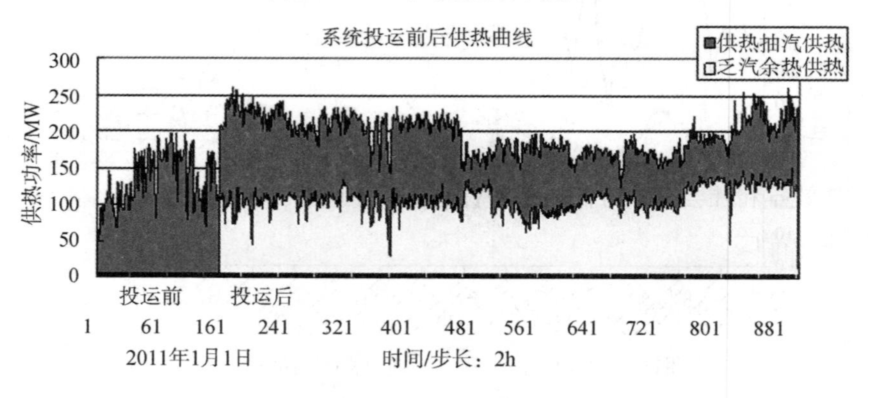

图 8-23　吸收式热泵投运前后供热曲线

表 8-5 给出了大同一电厂采用该技术前后电厂供热能力、供热能耗及污染物排放等参数变化。实施基于吸收式循环的热电联产集中供热技术改造后，将大同第一热电厂外供热能力增加至 400MW，解决了大同市棚户区供热能力不足的问题，由于回收凝汽余热用于供热，整个采暖季节约 7.5 万 t 标煤；此外，采暖季大量汽轮机乏汽是通过电厂余热回收机组凝结降温，由此可大量节约空冷岛的电耗。实施基于吸收式循环的热电联产集中供热技术改造后，可减少 CO_2 排放量 17.2 万 t/a，SO_2 排放量 557t/a，NO_x 排放量 485t/a，灰渣量 16000t/a。电厂热网首站部分工程总投资 5093 万元，每年收回乏汽余热量扣除税金以及泵耗等其他成本之后，动态投资回收期 3.45 年。由此可见该技术显著的节能减排效果及经济效益。

表 8-5 热泵改造前后参数对比

名称		数值
电厂供热能力	改造前	268 MW
	改造后	400 MW
	增加幅度	49 %
供热能耗	系统总供热量	356 万 GJ/a
	回收余热	179 万 GJ/a
	节约标煤量	7.5 万 t
	节能率（%）	50%
污染物排放	减排 SO_x	557 t
	减排 NO_x	485 t
	减排 CO_2	17.2 万 t
	减排灰渣量	1.6 万 t

综上所述，该项工程在工艺技术、建设条件上是成熟的，节能效益、环保效益、经济效益和社会效益方面显著，标志着基于吸收式换热技术在大型集中供热系统的成功推广。

第四节 压缩式高温热泵废热回收技术

1. 高温热泵技术原理

空调制冷技术问世已经 100 多年，空调已逐渐成为人们日常生活的必需品，空调制冷的同时必然产生大量的热，如果这部分热能可以被有效地利用，提供日常生活热水，不仅可节约大量的燃料，而且可以减少废热污染，缓解城市的热岛效应。但经过无数专业人员几十年的努力，这个问题一直没有很好地解决。主要的难点在于热泵制冷同时要提高制热的品质，必须提高冷凝温度，这就必然增加电耗，同时伴随着制冷量下降，“能效比”会大大降低，这是由热力学基本规律决定的，与采用哪种机型或工质无关。这就自然形成了一种思维定式，即热泵应用一定要追求较高的蒸发温度和较低的冷凝温度，学术界始终把热泵高温应用视为禁区。另外受常规制冷剂性能和工作压力的限制，即使降低“能效比”，也很难获得高于50℃的热水，热泵高温应用的尝试大都沿用研究特殊工质的技术路线。这方面的研究一直没有取得实质性的进展，空调行业的技术、工艺、产品基本上已经完全同质化。

众所周知，水往低处流。而欲将水提升或传输时，则须依靠某种动力驱动的水泵。同样道理，热可以自发地从高温物体传向低温物体，而欲从低温物体传向高温物体，也必须依靠使用某种动力驱动的装置—热泵。这也就是热力学第二定律所阐述的：热不可能自发地、不付代价地从低温物体传到高温物体。当热泵在将热由低温物体传至高温物体的过程中，在低温物体一端，由于热的失去而产生制冷效应；在高温物体一端，则由于热的获得而产生制热效应。因此，在热泵工作的过程中，制冷与制热 2 种效应是同时并存的。概括地说，就是一个过程，2 种效应。但在实际应用中，或用其制冷，或用其制热，或用其同时制冷及制热。同时制冷及制热除外，热泵单独用作制冷或制热时，其相对的另一种效应是不加以利用的。

长期以来，热泵的制冷功能在空调等领域应用相当广泛，而其制热功能的应用则相对推迟和少了许多。原因并不复杂，天然冷源的作用十分有限，正是为了追求人工冷源，人们开发和逐渐完善了制冷机—应用其制冷功能的热泵。而热却可以通过柴草煤炭以及油气等的燃烧很容易获得。不必要花费过多的金钱去购置热泵这种精密的设备和交付昂贵的电费。20 世纪 70 年代能源危机之后，人们开始对可以利用低品位热能的热泵重视起来。国内从 90 年代开始，由于热泵制造技术的引进使其性能提高、人们环保意识日渐提高、电力供应状况的改善使用电政策发生转变等原因，热泵的制热功能引起人们的关注，制冷与制热双功能的热泵应用渐多。

正所谓存在决定意识，由于长期以来在空调领域内，热泵主要用于制冷，理论著述也多以制冷为主线，一般只在末尾单列热泵章节，简略表述其制热功能。论著也多以空调制冷或空调冷源为名。而在以热泵为名的专著中，则以其制热功能为主要内容。对于热泵，实际上存在狭义和广义 2 种理解。按照狭义理解，只有以制热或制热兼制冷为目的时，才称其为热泵。并且定义，以空气或水为低温热源的热泵，即空气源热泵和水源热泵。装有四通换向阀、制冷制热双功能者，也被称为“热泵式”或“带热泵的”，等等。而广义的理解，热泵的功能即包括制冷，也包括制热或制冷兼制热。制冷机实际上是用作制冷的热泵。也可以说，制冷机即热泵，或确切地说，制冷机是热泵的一种类型。因此，在空调领域认识这一概念应该统一为热能空调，而非空调制冷与热泵分立。

2. 热泵的理论循环

正卡诺循环也称动力循环，是把热能转换成机械能的循环；逆卡诺循环，称为热泵循环，即消耗一定的能量，使热由低温热源流向高温热源的循环。逆卡诺循环是以热力学第一、二定律为基础的理想循环。理想循环在于说明原理，实际上不可能实现，也不可能获得热泵循环的状态参数。蒸汽压缩式热泵，是利用工质的压缩、冷凝、节流和蒸发的循环相变，来实现热从低温物体向高温物体的传输的。在对其进行分析计算时，最具指导意义的是压焓（$p-h$）图所示的蒸汽压缩式热泵的理想循环图8－24中 Pc 为工质的冷凝压力，Pe 为工质的蒸发压力。1～2 为压缩机内的等熵压缩过程；2～2’及2’～3为等压冷却及冷凝过程；3～4为绝热节流过程；4～1 为等压蒸发过程。当热泵循环的各状态参数确定后，便可在 $p-h$ 图上确定各状态点及循环过程，并可进行理论循环的热力计算。

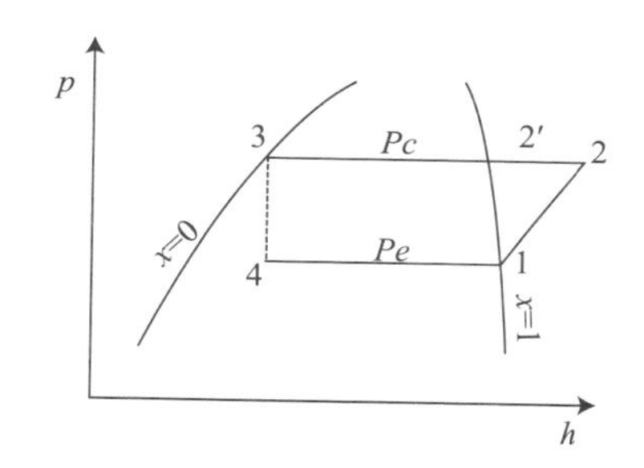

图8－24 $p-h$ 图（压焓图）

①单位质量工质的制冷量（或吸热量）。

$$q_e = h_1 - h_4 \quad \text{kJ/kg} \tag{8-1}$$

②单位质量工质的压缩功。

$$w = h_2 - h_1 \quad \text{kJ/kg} \tag{8-2}$$

③单位质量工质的放热量（或制热量）。

$$\begin{aligned} q_c &= h_2 - h_3 \\ &= (h_1 - h_4) + (h_2 - h_1) \\ &= q_e + w \quad \text{kJ/kg} \end{aligned} \tag{8-3}$$

④热泵循环的理论制冷系数。

制冷工况时单位制冷量与单位压缩功之比，用 $COP_e^{'}$ 表示，即

$$COP_e^{'}=\frac{q_e}{w}=\frac{h_1-h_4^{'}}{h_2-h_1} \tag{8-4}$$

由式（8－4）与图8－24可见，热泵在制冷时，当制冷工况确定，冷凝温度（及相对应的冷凝压力）越高，则单位压缩功越大，热泵的制冷系数越小；反之，冷凝温度（及相对应的冷凝压力）越低，则单位压缩功越小，热泵的制冷系数越大。

⑤热泵循环的理论制热系数。

制热工况时单位制热量与单位压缩功之比，用$COP_c^{'}$表示，即

$$COP_c^{'}=\frac{q_c}{w}=\frac{h_2-h_3}{h_2-h_1} \tag{8-5}$$

或

$$COP_c^{'}=\frac{q_e+w}{w}=COP_e^{'}+1 \tag{8-6}$$

由式（8－5）与图8－24可见，热泵在制热时，当制热工况确定，蒸发温度（及相对应的蒸发压力）越低，则单位压缩功越大，热泵的制热系数越小；反之，蒸发温度（及相对应的蒸发压力）越高，则单位压缩功越小，热泵的制热系数越大。另由式（8－6）可见，热泵在制热工况时，其制热系数是永远大于1的。这是因为热泵制热的实质是基于热的传输，而燃料燃烧或光、电转化成热，其效率则不可能超过1。

经过多年的研究与实践，发明的空气热能制热技术、基本原理也是经典热力学中卡诺循环理论，但发明的跟进功原理，提出了崭新的技术路线、创造性地解决了这一难题。利用特殊的冷凝换热机理，在不改变工质，不降低“能效比”，不损害压缩机的前提下，将单极热泵的出水温度提高到100℃以上。与传统的低温型热泵比较，产生热能的数量虽然没有增加，但能量价值得到了提升，为热泵技术在制热领域的应用开辟了广阔的前景。

空气热能设备系列将夏季供冷、冬季供热、生活热水、可饮用开水等功能集于一体，采用先进的系统设计理念，真正实现了在空调系统中和在维持低冷凝压力水平从而维持冷、热两端高效运行的前提下，进行空调的同时，吸收全部冷凝热以制取高温生活热水的目的，完美地实现了节能环保的时代要求，高温热泵设备在热电领域应用重大节能手段。图8－25为高温热泵设备制热原理图。

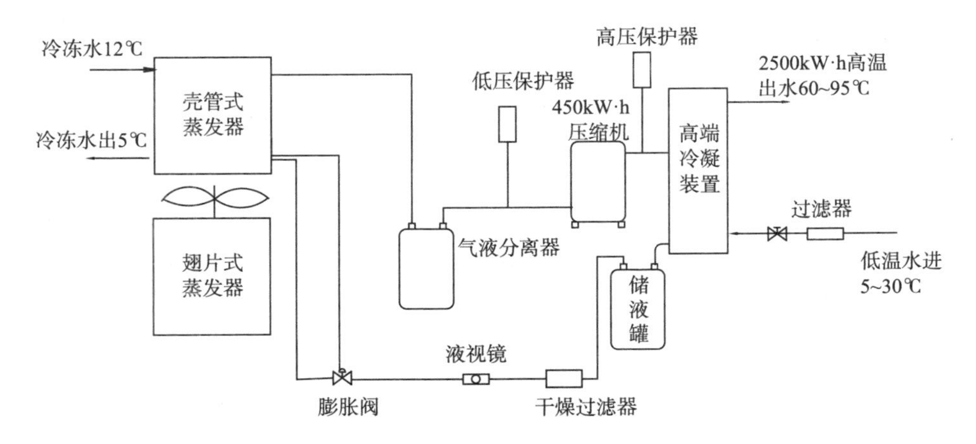

图 8－25　高温热泵制热原理图

该原理在世界上首次提出了电力系统，在发电的同时，吸收全部冷凝热以替代抽气加热水的目的，而维持冷热两端高效运行提高发电效率，是具有开拓性意义的新一代高新技术应用。

3. 高温热泵（高温冷凝器）在压焓图中的体现（图 8－26）

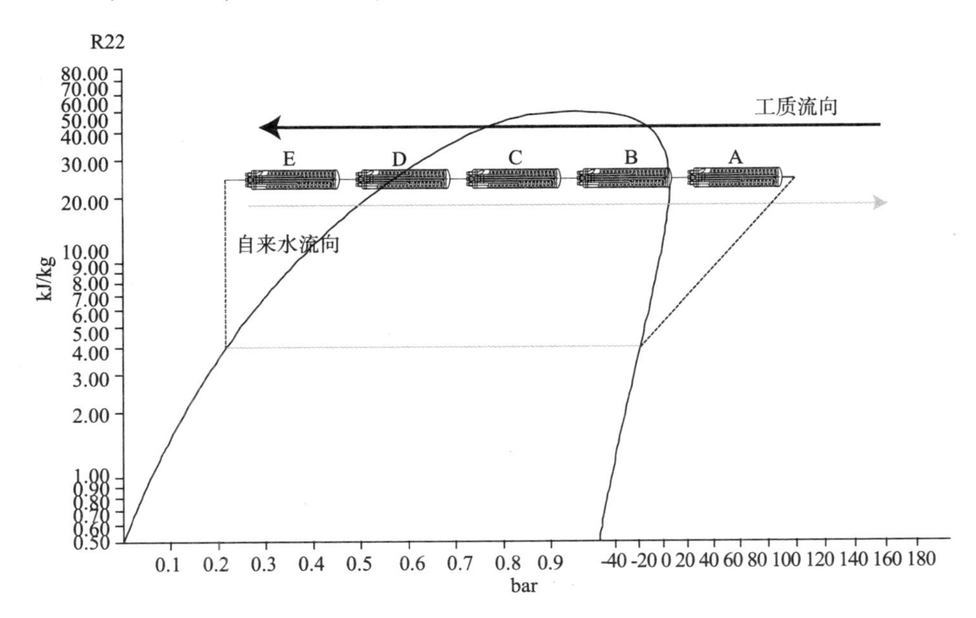

图 8－26　高温冷凝器原理图

具体分析：因为如果将出水温度确定在 70℃，那么出水量即冷凝水量和冷却水量可以近似地认为是相同的。当出水温度在 80℃ 以上时，才会产生冷凝热量过大，造成冷凝部分（相变过程）往后端整体漂移，从而缩小了过冷度，冷凝不充分引起系统工况变化可能造成压缩机工况变化恶劣。避免这种情况出现，就要从这多出的冷凝出发，比如可以排出一部分冷凝水，所以在排放高于80℃以上热水时，如不排放55℃热水，必须增加匹配相应的冷凝器保证足够的过冷度。对于这一点，采用分级加热，就是所说的“串联冷凝器”。这种“逐级冷凝、梯级升温、高温取热、全热回收”的原理正好是技术核心点。

高温型热泵设备同传统锅炉相比有许多优点：全年制热水温度高，制热可节能和节省费用80%左右。节省了大量的不可再生能源（燃油、燃气、电能）；有好的蓄能作用；没有任何污染；能缓解城市“热岛效应”。无论是“高温热泵热水设备”技术及理论，还是基于压缩式热泵原理—逆卡诺循环原理，与常规的热泵原理一样，整个系统主要由压缩机、冷凝器、节流阀、蒸发器等4大部件组成。但是，与目前市场上传统型及常规的热泵热水系统相比，技术创新在于一改压缩式循环热泵系统的高温换热器件——冷凝器的设计及原理思路，大胆提出了热力“跟进功原理”思路，将冷凝器的换热机理由传统的单一蓄热式换热思路，创新设计变换成由多个冷凝器单元逐级级联而成为一个整体式高端冷凝器部件，既实现了工质流经过高端冷凝器高温进、低温出之目标，同时也实现了水流经过高端冷凝器低温进、高温出水之制热目的，实现了“在不改变工质、不损害压缩机、不降低能效比”热泵的高温应用。

为进一步研究探索其中高温冷凝机理，经过设备性能测试实验，运行中螺杆大型热泵供暖设备，据数据分析表明：在不损失设备的制热量和能效比的情况下，设备在华北地区冬季制热能效比 $COP>3.0$ 以上。

综上，要实现高温热泵设备制热高温热水80℃以上的目标，必须彻底解决冷凝器的换热结构问题，即说彻底解决冷凝器的换热机理结构创新设计，这是常规的热泵实现制取高温热水必经之路。

高温热泵之所以能够高效地产生高温水，其主要原因是采用了高端冷凝系统原理。该系统贯穿于设备的整个冷凝过程，每一个分段冷凝器都是一个相对独立的高效换热器。当冷水和高温工质相对运动时，工质在各个分段冷凝器内进行高效换热，水流和工质流在各个分段冷凝器中换热的时间是不同的，流体在压力的作用下扰动的形式也不同，所以能够在工质冷凝的各个阶段保证将其潜热换热到冷凝水中。从上述压焓图中可见，无论是在气相区、两相区都有分段冷凝器的存在，而且在两相区内分段冷凝器的数量要大于气相区，各个分段冷凝器以串联的形式存在，高温水的确是吸收了气态显热、如图 8－26 A 段冷凝器所示，但是自来水经过 E、D、C、B 各个分段冷凝器的加热已经把冷凝系统的潜热完全吸收，进入 A 段冷凝器前水温已达 80℃（各个分段冷凝器之间有一定的温差约 10℃）系统的显热只是将 80℃的水再加热成 90℃的水输出，而 E 段冷凝器输出的工质已达 50℃以下，这样充分保证了系统的过冷度，所以系统能够安全可靠地运行。总之以所描述的高端冷凝系统在实际运用中它是一端高温（A 段）一端中温（C 段）另一端低温（E 段），而普通热泵整个冷凝系统基本上是一个温度，所以它不可能产生高温水，否则将影响它的安全运行。

总的来说，基于吸收式换热的热电联产集中供热技术是“逐级冷凝、梯级升温、高温取热、全热回收”，简称跟进功原理，实现了热泵的高温利用。